航空类专业职业教育系列教材

燃气涡轮发动机系统

主　编　邓君香　刘　熊　田　巍

副主编　梁卫颖　王洪涛

西北工业大学出版社
西安

【内容简介】 本书共分为 10 章,主要内容包括发动机燃油和控制系统、发动机操纵系统、发动机起动和点火系统、发动机空气系统、发动机反推系统、发动机指示系统、发动机滑油系统、发动机地面维修、发动机管理和辅助动力装置等。

本书可用作高等学校飞机机电相关专业的燃气涡轮发动机课程的教材,也可供航空公司、飞机维修相关单位的技术人员培训和自学使用。

图书在版编目(CIP)数据

燃气涡轮发动机系统 / 邓君香等主编. —西安: 西北工业大学出版社,2024.1
航空类专业职业教育系列教材
ISBN 978 - 7 - 5612 - 9183 - 2

Ⅰ. ①燃… Ⅱ. ①邓… Ⅲ. ①航空发动机-燃气轮机 职业教育-教材 Ⅳ. ①V235.1

中国国家版本馆 CIP 数据核字(2024)第 014732 号

RANQI WOLUN FADONGJI XITONG
燃 气 涡 轮 发 动 机 系 统
邓君香 刘熊 田巍 主编

责任编辑:华一瑾		策划编辑:华一瑾	
责任校对:曹 江		装帧设计:董晓伟	
出版发行:西北工业大学出版社			
通信地址:西安市友谊西路 127 号		邮编:710072	
电 话:(029)88493844,88491757			
网 址:www.nwpup.com			
印 刷 者:兴平市博闻印务有限公司			
开 本:787 mm×1 092 mm		1/16	
印 张:17.125			
字 数:427 千字			
版 次:2024 年 1 月第 1 版		2024 年 1 月第 1 次印刷	
书 号:ISBN 978 - 7 - 5612 - 9183 - 2			
定 价:68.00 元			

如有印装问题请与出版社联系调换

前　言

　　燃气涡轮发动机是装备现代大、中型民用航空飞机的动力装置,是飞机的心脏。航空机电维修人员掌握燃气涡轮发动机的相关知识,对高效维护飞机及其发动机具有至关重要的作用。"燃气涡轮发动机"课程是飞机机电设备维修专业的一门必修课。

　　根据民用航空飞机发动机维修相关专业人才培养方案,"燃气涡轮发动机"课程分为"燃气涡轮发动机原理与结构"和"燃气涡轮发动机系统"两部分,本书为"燃气涡轮发动机系统"部分的教材。本书根据高等职业教育的特点,遵循行业标准,内容紧扣《民用航空器维修人员执照管理规则》(CCAR-66R3)和《航空器维修基础知识和实作培训规范》中的基础知识 M5 模块"航空涡轮发动机"培训大纲,以民航各大、中型现役主流机型和最新机型的燃气涡轮发动机系统的相关内容为主进行介绍,并使用大量的原理图和发动机图片,便于读者理解。

　　本书共分为 10 章,介绍了燃气涡轮发动机系统的相关内容,主要包括发动机燃油和控制系统、操纵系统、起动和点火系统、空气系统、反推系统、指示系统、滑油系统、发动机地面维修、发动机管理和辅助动力装置等。本书在相关知识点的对应位置提供了扩展内容的视频或动画的二维码,可供读者扫码观看,便于直观理解。本书每章后面附有课程思政拓展阅读内容和思考题;书后附录中列出了缩略语的中英文全称,便于读者学习发动机有关的英文缩略语,提高英语学习能力和查看英文维护手册等英文资料的能力,为今后胜任飞机发动机维护相关工作打下坚实的基础。

　　本书每章后附有一篇课程思政拓展阅读内容。其中,有两篇分析了航空业内典型空难事故案例的经过及原因,并对案例进行了反思。从事机务维修的工作人员需做到民航"三个敬畏"——敬畏生命、敬畏规章、敬畏职责,认真对待每一次的维修工作,做到"干一行,爱一行,钻一行";其他几篇介绍了 ARJ21 支线客机、C919 国产大飞机、AG600 水陆两栖飞机、CJ1000A 国产涡扇发动机、涡扇15 "峨眉"涡扇发动机,同时讲述了大国工匠、全国劳模和为保证民航飞行安全而敬业工作的质量工匠等的励志故事,以培养读者精益求精的大国工匠精神,激发读者科技报国的家国情怀。

本书既可用作大、中专院校飞机机电设备维修、飞行器动力工程相关专业的燃气涡轮发动机课程的教材,也可供航空公司、飞机维修相关单位技术人员培训和自学使用。

本书由邓君香、刘熊、田巍担任主编。第 1、4、7 章由刘熊编写,第 2 章由梁卫颖编写,第 3、5、6 章由田巍编写,第 8、9 章和附录由邓君香编写,第 10 章由王洪涛编写。本书由邓君香统稿。

在本书的编写过程中,笔者参考了很多中文教材、英文原版教材、各种飞机和发动机维护手册等,同时得到了广州民航职业技术学院各级领导和民航企业的大力支持和帮助,在此一并表示最诚挚的谢意。

由于水平有限,书中不足之处在所难免,恳请各位专家和读者批评指正。

编 者

2023 年 9 月

目　录

第1章 发动机燃油和控制系统

1.1 发动机燃油和控制系统概述

发动机燃油和控制系统通常包括燃油分配系统和燃油控制系统,燃油分配系统从飞机油箱获得燃油,并以适合于燃烧的形式向发动机燃烧室供应燃油,同时向发动机附件系统提供伺服压力燃油来操纵发动机附件。燃油控制系统通过控制发动机稳定工作状态、过渡工作状态下的燃油流量,从而保证发动机在所有工作状态下都能够安全、稳定工作。

1.2 发动机控制系统

1.2.1 发动机控制的基本任务

发动机控制的基本任务:控制装置通过调节可控变量,控制被控对象的被控参数,消除干扰对被控参数的影响,使被控参数最终等于给定值。

(1)控制系统:由被控对象和控制装置组成。

(2)被控对象:被控制去完成某项工作的设备或装置,如发动机。

(3)控制装置:用以完成既定控制任务的机构总和,如发动机的控制器。

(4)被控参数:表征被控对象的工作状态又被控制的参数,如发动机的转速。

(5)可控变量:能影响被控对象的工作过程,用来改变被控参数大小的物理量,如发动机的燃油流量。

(6)给定值:控制系统在某一确定工作状态下,要求被控参数所达到的规定数值或范围,如驾驶员的指令值。

(7)干扰量:作用于控制装置和被控对象上,能引起被控参数发生变化的外部作用量,如飞行高度的变化。

1.2.2 发动机控制系统的基本类型

发动机控制系统按照控制原理可以分为开环控制、闭环控制和复合控制。

1. 开环控制

控制装置与被控对象之间只有顺向作用而没有反向联系的控制过程,称为开环控制,如图 1-1 所示。

在开环控制中,控制装置和被控对象同时感受外界干扰,改变可控变量,补偿干扰量引起的被控参数变化,按补偿原理工作。其优点是控制及时、稳定;其缺点是不能补偿所有干扰,控制精度差。

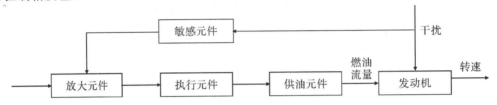

图 1-1　发动机开环控制系统

开环控制实例:飞行高度增加→进入发动机的空气流量减少(若不补偿,则会引起发动机转速增大)→膜盒膨胀→挡板活门的开度增大→随动活塞上移→柱塞泵的斜盘角变小→供油量减少→保持转速不变,如图 1-2 所示。

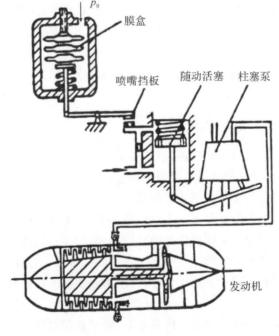

图 1-2　发动机开环控制实例

2. 闭环控制

控制装置与被控对象之间既有顺向作用又有反向联系的控制过程,称为闭环控制,如图 1-3 所示。

在闭环控制中,整个控制系统形成一个闭合回路。闭环控制系统按偏离原理工作:优点是精度高,不仅能修正外界干扰引起的参数变化,而且对内部部件性能退化所造成的被控参数变化也能修正;缺点是控制不及时,易引起过调和振荡。

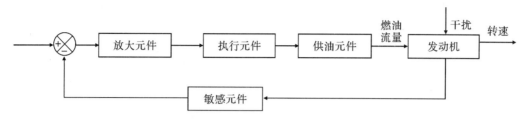

图1-3 发动机闭环控制系统

闭环控制实例:当发动机稳定工作时,发动机的转速和给定值相等,分油活门处于中立位置,控制器各部分都处于相对静止状态。当干扰引起偏离时:飞行高度增加→空气流量减少(涡轮功大于压气机功)→转速增大→离心力变大→分油活门上移→随动活塞下移→柱塞泵斜盘角变小→供油量减少→转速回落,恢复到给定值,如图1-4所示。

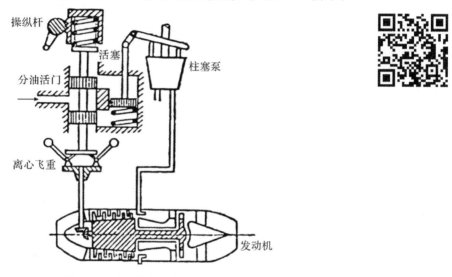

图1-4 发动机闭环控制实例

3.复合控制

复合控制,是开、闭环控制的结合,如图1-5所示。其兼有开、闭环控制二者的优点:①精度高;②及时、稳定;③能补偿所有干扰;④能弥补各自的缺点。

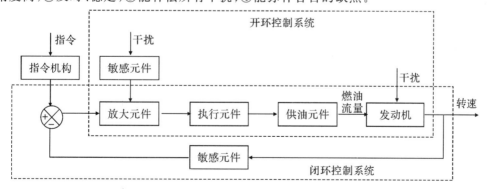

图1-5 发动机复合控制系统

1.3 发动机燃油分配系统

1.3.1 发动机燃油系统的功用

发动机燃油系统的功用是：在各工作状态下，将清洁、无蒸汽、增压、计量好的燃油供给发动机，同时向发动机附件系统提供伺服压力燃油来操纵发动机附件。飞机在不同飞行阶段，需要不同的推力，对应发动机不同的工作状态，也就是供给发动机不同的燃油量。发动机控制应避免发动机在工作中出现超温、超转、喘振、熄火和超扭。

典型发动机燃油分配系统的供油过程如图1-6所示。飞机燃油系统将燃油从飞机燃油箱供给发动机的低压燃油泵开始，就进入发动机燃油分配系统。燃油在低压燃油泵中流过增压，然后流进燃油加温器，和滑油进行充分的热交换，使燃油的温度升高。燃油从燃油加温器出来后流进燃油滤进行过滤和清洁。燃油从燃油滤出来后，流进高压燃油泵，进一步增大燃油的压力，提供燃油系统的最终压力，保证燃油的雾化效果和伺服燃油的足够压力。燃油从高压燃油泵出来后，分成两路：第1路燃油是要进入发动机燃烧室进行燃烧的主燃油，流进燃油控制器，燃油控制器内括燃油计量活门和高压燃油切断活门，用于计量燃油流量和切断燃油；第2路燃油是伺服燃油，流过伺服燃油加温器后流进燃油控制器，提供操纵发动机附件所需的动力。

第1路的主燃油从燃油控制器出来后，流进燃油流量传感器，测量用于燃烧的实际燃油量，之后流过燃油分配活门和燃油总管，最后从燃油喷嘴喷向燃烧室进行燃烧。不同型号的发动机的燃油分配系统有所不同，但大体上是相近的。

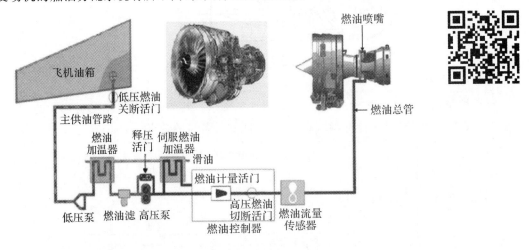

图1-6 发动机燃油分配系统的供油过程

1.3.2 发动机燃油系统的主要部件

1. 燃油泵

燃油泵的主要功用是供油和增压。送到发动机燃油系统的燃油压力取决于飞机燃油系统,一般来说,如果飞机的增压泵有故障,那么发动机的燃油系统应该能照常工作。因此,一般发动机燃油系统串联有两个油泵,即低压泵和高压泵。低压泵,又叫增压级,其主要作用是给高压泵进口提供所需流量和压力的燃油,防止高压泵出现气蚀。高压泵,又叫主级,其主要作用是在各种工作状态和发动机的转速下,保证向发动机的燃油系统提供所需的最终压力的燃油。

低压离心泵和高压齿轮泵通常组装在一个壳体内,通过一根传动轴传动,如图1-7所示。燃油从进口先进入低压离心泵,然后进入高压齿轮泵;当泵后压力达到设定值时,释压活门打开,以防止泵后压力过高损坏下游部件而造成漏油。典型发动机燃油泵组件如图1-8所示。

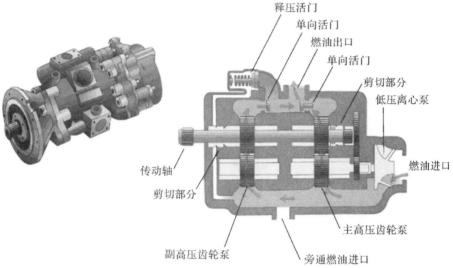

图1-7　一种发动机驱动的燃油泵

图1-8　典型发动机燃油泵组件

油泵是一种将机械能转变为压力能的机械。根据供油增压原理,油泵可以分为两大类:容积式泵和叶轮式泵(非容积式泵)。

（1）容积式泵。依靠泵的抽吸元件做相对运动，交替改变元件间的自由容积进行吸油、排油。供油量取决于元件一次循环运动中自由容积的变化量。在一定的供油量下，泵根据出口处的液体流动阻力来建立压力。这类泵在航空发动机上应用较广，如齿轮泵、柱塞泵和旋板泵（叶片泵）。

（2）叶轮式泵：也叫非容积式泵。它依靠叶轮做旋转运动，使经过叶轮的液体的动能和压力能增大，在叶轮后的扩压器中再将液体的动能部分滞止，转化为压力能。这类泵有离心泵、汽心泵等。

目前民航发动机上用得最多的是渐开线直齿外啮合齿轮泵、轴向倾斜式变量柱塞泵、旋板泵和离心泵。

齿轮泵由一对尺寸相同的外啮合齿轮、壳体、端盖和传动轴等组成，如图 1-9 所示。齿轮泵的工作原理分为吸油和排油：①吸油过程：轮齿脱开啮合→容积变大→压力下降→实现吸油。②排油过程：轮齿进入啮合→容积变小→压力上升→实现排油。

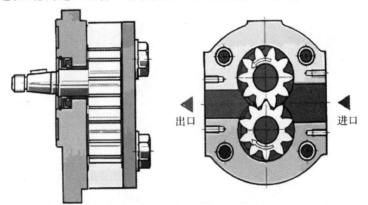

图 1-9 齿轮泵

齿轮泵是定量泵，流量和转速有一一对应关系。当转速不变时，供油量通过旁通回油调节，即齿轮泵的供油量始终高于需油量，超出需要的油量返回油泵进口。

柱塞泵基本组成部件为柱塞、斜盘、转子和分油盘，如图 1-10 所示。转子内沿周向均匀分布有若干个柱塞孔腔，柱塞就安装在这些腔内，柱塞靠弹簧和油压始终顶紧在斜盘的工作面上，转轴带动转子旋转，而转子的端面始终与分油盘贴合在一起。

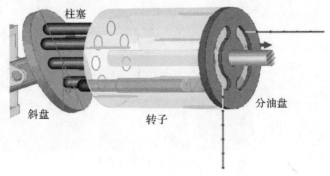

图 1-10 柱塞泵

柱塞泵可以做成变量泵，柱塞泵的供油量不仅取决于转速，还取决于斜盘角度。当转速不变时,供油量可以通过改变斜盘角度调节。柱塞泵的工作原理分为吸油和排油:①吸油过程:柱塞伸出→容积变大→压力下降→实现吸油。②排油过程:柱塞缩回→容积变小→压力上升→实现排油。

2. 燃油滤

燃油滤的主要功用是过滤燃油,保持燃油的清洁。

燃油滤通常有粗油滤和细油滤之分。粗油滤一般在燃油进入喷嘴之前,主要过滤主燃油,防止喷嘴堵塞,起保护作用;细油滤一般是一次性油滤,在油滤堵塞后进行更换。通常用"微米"或者"目"来表示油滤的过滤度。"目"是指每平方英寸①过滤面积上的孔数。

燃油滤组件一般由滤芯和旁通活门组成,如图 1-11 所示。当油滤堵塞时,旁通活门打开,保证在供油的过程中,燃油不会中断。某些油滤还包括红色的堵塞指示器或压差电门,向维修人员或驾驶舱发出油滤堵塞的警告指示信息。典型发动机的燃油滤如图 1-12 所示。

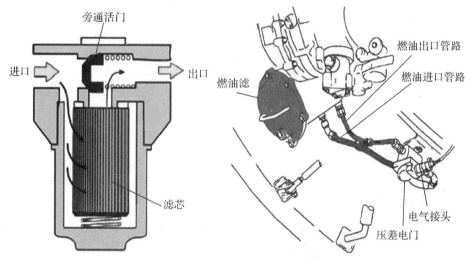

图 1-11　燃油滤

图 1-12　典型发动机的燃油滤

---

① 英寸(in):1 in=2.54 cm。

3. 燃油加温器

燃油加温器的主要功用是给燃油加温,防止结冰引起油路堵塞。加温的方法包括使用发动机热滑油或者从压气机引气。在使用压气机引气给燃油加温时,在起飞、进近、复飞等关键的飞行阶段是不能使用的,这是为了防止出现熄火的可能。

空气/燃油热交换器如图 1-13 所示,电磁线圈通电,打开空气活门,热空气从引气进口进入,用压气机引气给燃油加温。

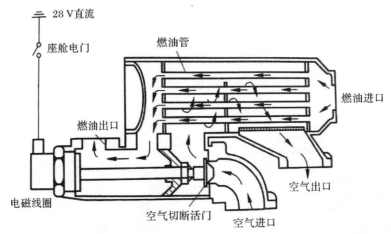

图 1-13 空气/燃油热交换器

燃油/滑油热交换器(见图 1-14)使用燃油来降低滑油的温度,同时提高燃油的温度。在热交换器中,有两种不同的油液——燃油和滑油流动。燃油单向流过交换器中的一半芯管从而流到另一端,在端盖另一端燃油围绕导流板流动,并通过另一半芯管流回燃油出口处。滑油从热交换器滑油进口流入,围绕燃油管周围流动,由内导流板导流,然后从滑油出口流出。主燃油/滑油热交换器中的燃油口与滑油口均有旁通活门,当燃油和滑油发生堵塞时,可以旁通芯管,不进行热交换。典型发动机的燃油/滑油热交换器如图 1-15 所示。

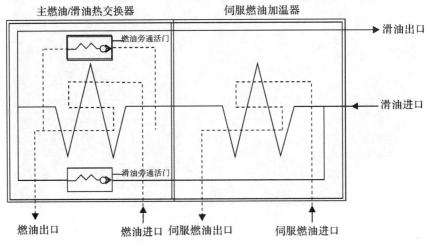

图 1-14 燃油/滑油热交换器

图 1-15　典型发动机的燃油加温器

4. 其他燃油部件

燃油控制器的主要功能是负责计量燃油,并供应动力油控制一些作动筒和活门。该部分内容将在 1.4 节具体介绍。

经过高压泵增压后的燃油进入燃油控制器,计量好的燃油离开燃油控制器到燃油流量传感器,它测量实际供给喷嘴的燃油质量流量。该部分内容将在第 6 章具体介绍。

燃油流到燃油分配活门,经燃油总管将计量好的燃油分送到各个燃油喷嘴。

燃油喷嘴是发动机燃油系统的终点。燃油喷嘴的基本功能是使燃油雾化或汽化,以保证燃油快速燃烧。为保证各流量下喷嘴都有良好的雾化,有的发动机在低流量下仅部分喷嘴工作,在高流量下所有喷嘴工作。

燃油喷嘴可分为雾化型和汽化型。

雾化型喷嘴已发展成 5 个不同的品种,即单油路喷嘴、可调进口喷嘴、双油路喷嘴、溢流式喷嘴和空气雾化式喷嘴。雾化是燃油被破碎成极细的油珠的过程。油珠越细,蒸发越快,如图 1-16 所示。图 1-16(a)表示在低燃油压力下形成了称为油泡的连续油膜;图 1-16(b)表示在中等压力下薄膜在边缘处破裂形成喇叭口的形状;图 1-16(c)表示在高燃油压力下喇叭口的形状向孔口缩短,形成雾化极好的喷射。

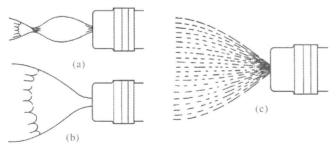

图 1-16　燃油雾化的各个阶段
(a)油泡;(b)喇叭口;(c)喷射

（1）单油路喷嘴。单油路喷嘴首先在早期喷气发动机上使用，如图1-17所示，它有一个内腔，使燃油产生漩涡，还有一个固定面积的雾化孔。在较高的燃油流量，即在较高的燃油压力时，这种燃油喷嘴能提供良好的雾化质量；但是，在低的发动机转速和在高空的条件下，要求的油压较低，这种喷嘴就不适合了。

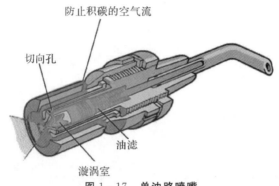

图1-17 单油路喷嘴

（2）双油路喷嘴。双油路喷嘴（见图1-18）包括初级燃油总管、主燃油总管和两个独立的孔，其中一个孔比另一个孔小很多。较小的孔处理较低燃油流量，较大的孔随着燃油压力的增大供应较高的燃油流量。这种类型喷嘴采用增压活门将燃油分配到不同的总管。随燃油流量和压力的增大，增压活门移动，逐渐使燃油进入主燃油总管和主油孔。这里给出组合的两个总管供油，与单油路相比，在相同的最大燃油压力下，双油路喷嘴能够在较宽的流量范围内实现有效雾化，而且在高空条件下，当要求低燃油流量时，也可获得有效的雾化。

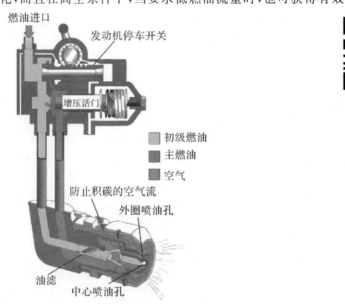

图1-18 双油路喷嘴

（3）空气雾化喷嘴。空气雾化喷嘴（见图1-19）喷出的是油气混合气。它的优点是：油气混合得比较均匀，避免了局部富油，减少了积碳的形成，减少了排气冒烟，不要求很高的供油压力，可以在较宽的工作转速范围内使燃烧室出口温度分布比较均匀。它的缺点是：在发动机起动时,气流速度较小,压力较小,另外还会造成雾化不良。

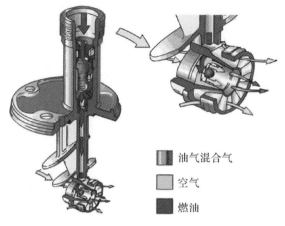

油气混合气

空气

燃油

图 1 - 19　空气雾化喷嘴

(4)蒸发管式喷嘴。蒸发管式喷嘴(见图 1 - 20)指燃油在蒸发管内汽化并与空气混合,其燃烧稳定;但是使用蒸发管喷嘴在发动机起动时仍然需要雾化喷嘴。典型发动机的燃油喷嘴如图1 - 21所示。

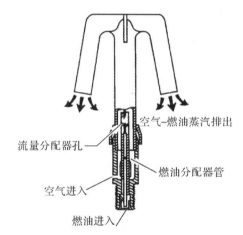

空气-燃油蒸汽排出

流量分配器孔

燃油分配器管

空气进入

燃油进入

图 1 - 20　蒸发管式喷嘴

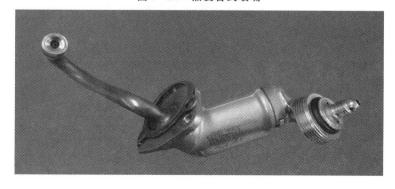

图 1 - 21　典型发动机的燃油喷嘴

一些发动机机型将燃油系统分成低压燃油系统和高压燃油系统。

低压燃油系统的主要作用：将燃油以适当的压力、流量和温度供应到高压燃油泵，防止出现汽塞、气蚀及结冰，以保证发动机正常工作。部件通常包括低压泵、燃油滤、燃油/滑油热交换器及传感器。

高压燃油系统的主要作用：进一步提高燃油压力，使进入燃烧室的燃油压力足够高，满足喷嘴工作压力的要求，达到理想雾化。部件通常包括高压泵、燃油控制器和多个燃油喷嘴等。

此外，还包括一些传感部件，以满足提供燃油流量的自动控制响应的发动机要求。为防止停车后，燃油在重力作用下从喷嘴滴出并形成积炭，在喷嘴内通常有单向活门，在停车关断燃油后，总管压力降低，单向活门关闭。

1.3.3　CFM56－7B 发动机燃油分配系统

下面以 CFM56－7B 发动机为例，介绍发动机的燃油分配系统，如图 1－22 所示。

燃油从飞机油箱流出，经过发动机燃油泵组件后进行燃烧。燃油泵组件包括 1 级低压离心泵、1 个燃油滤和 1 级高压齿轮泵。燃油首先经过低压离心泵增压后流出，流经整体驱动发电机(Integrated Drive Generator，IDG)的滑油冷却器，对 IDG 的滑油进行冷却；然后流经发动机主燃油/滑油热交换器，实现对油槽返回滑油的冷却；之后燃油重新流回燃油泵组件，进入燃油滤，过滤后的燃油经过高压齿轮泵进行二次增压，使燃油压力达到所需的工作压力。从齿轮泵流出的燃油根据不同用途分为两路。第一路燃油直接流到液压机械装置(Hydro-Mechanical Unit，HMU)，经 HMU 计量后送出，流经燃油流量传感器，燃油流量传感器将燃油流量信号提供给驾驶舱仪表进行显示；随后燃油流过燃油喷嘴油滤，并通过燃油总管分配给燃油喷嘴，经雾化后喷入发动机燃烧室与空气混合后进行燃烧。从高压齿轮泵流出的另外一路燃油被称为伺服燃油，为防止结冰，通过燃油泵组件上的清洗油滤过滤后，燃油流到伺服燃油加温器，经加热后流到液压机械装置的伺服控制系统，伺服控制系统再将伺服燃油提供给发动机的某些附件，从而实现对发动机附件的操纵。

CFM56－7B 发动机燃油分配系统主要部件的位置如图 1－23 所示。其主要部件有燃油泵组件(见图 1－24)，IDG 滑油冷却器(见图 1－25)，主燃油/滑油热交换器(见图 1－26)，燃油滤(见图 1－27)，HMU(见图 1－28)，燃油流量传感器(见图 1－29)，燃油喷嘴油滤[见图 1－29(a)]和燃油总管和燃油喷嘴[见图 1－29(b)]。

燃油泵组件安装于发动机风扇机匣左侧附件齿轮箱(Accessory Gear Box，AGB)的后安装面。燃油滤是燃油泵组件中的一个部件。液压机械装置安装在燃油泵组件的后安装面上。IDG 滑油冷却器位于风扇框架后部 7 点钟位置[1]。伺服燃油加温器安装在燃油泵组件上部的主燃油/滑油热交换器后安装面上。燃油喷嘴油滤位于发动机风扇机匣顶部附近 10 点钟位置。燃油总管从燃油喷嘴油滤沿着左侧的风扇机匣向下延伸至 6 点钟位置的风扇支

---

① 　点钟位置：这是一种时钟定位方向，以自身为中心点，参照钟盘面的 12 个点，定义自身正前方为 12 点钟方向，正右方为 3 点钟方向，正后方为 6 点钟方向，正左方为 9 点钟方位，详细划分按照顺时针方式进行。该定位用来确定目标与自身的"相对位置"。

柱,然后总管沿着 6 点钟位置的高压压气机机匣,向围绕着燃烧室机匣的燃油喷嘴供油,共有 20 个燃油喷嘴。

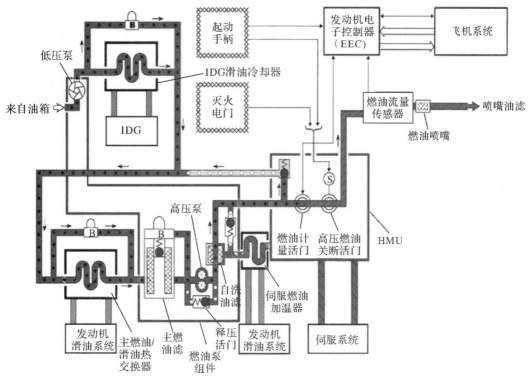

图 1 - 22　CFM56 - 7B 发动机燃油分配系统

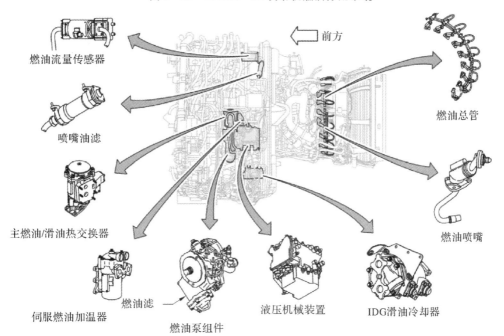

图 1 - 23　CFM56 - 7B 发动机燃油分配系统的部件位置

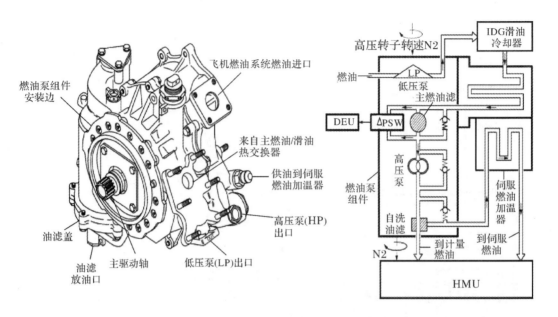

图 1-24 CFM56-7B 发动机燃油泵组件

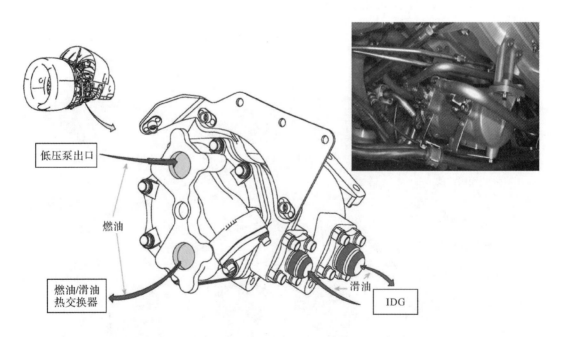

图 1-25 CFM56-7B 发动机 IDG 滑油冷却器

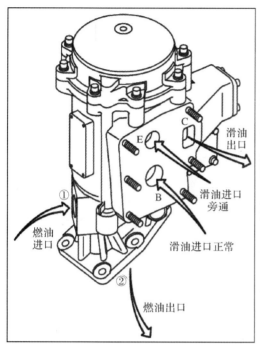

图 1 - 26 CFM56 - 7B 发动机主燃油/滑油热交换器

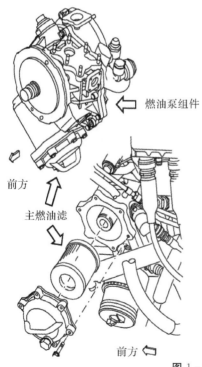

图 1 - 27 CFM56 - 7B 发动机燃油滤

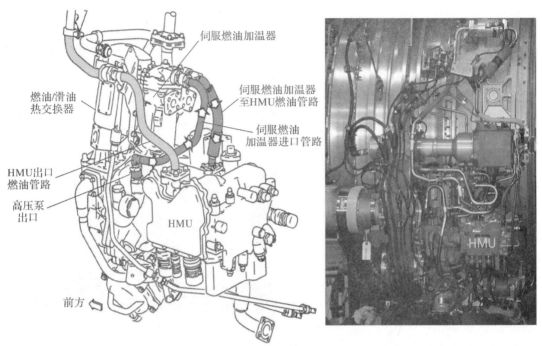

图 1 - 28 CFM56 - 7B **发动机 HMU**

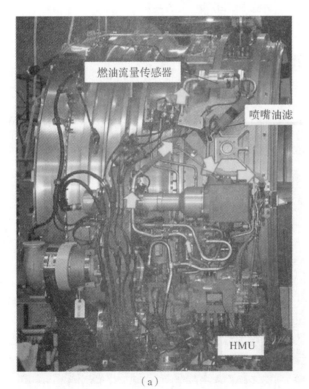

（a）

（b）

图 1 - 29 CFM56 - 7B **发动机燃油系统的主要部件**

燃油流动路径如图 1 - 30 所示。首先是飞机燃油系统→燃油泵组件（低压泵）→IDG 滑油冷却器→主燃油/滑油热交换器→燃油泵组件（燃油滤）→ 燃油泵组件（高压泵）。然后分成两路：①第一路高压燃油→液压机械装置→燃油流量传感器→燃油喷嘴油滤→燃油总管→燃油喷嘴；②第二路高压燃油→伺服燃油加温器→伺服系统。

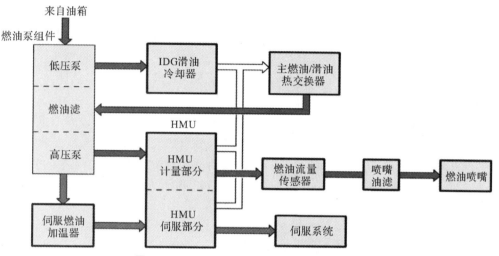

图 1 - 30　CFM56 - 7B 发动机燃油流动路径

1.4　发动机燃油控制系统

1.4.1　发动机控制的基本功能

发动机控制按照控制功能可以分为稳态控制、过渡控制和安全限制。

（1）稳态控制：在人工指令不变的情况下，对外界干扰引起的发动机状态变化，能消除干扰的影响，保持既定的发动机稳定工作点不变的控制功能，如恒速控制。

（2）过渡控制：在人工指令改变的情况下，控制发动机从原有工作状态，平稳、快速、准确地过渡到所选定的新的工作状态，如加速控制。

（3）安全限制：在各种工作状态和全部的飞行条件下，保证发动机主要参数不超出安全范围，如燃油控制器确保发动机转速改变期间没有超温、超转、压气机失速、燃烧室熄火等。

发动机在工作过程中，向燃烧室供油的量要满足当时进入发动机的空气量和气流速度，否则发动机将不能正常工作。若供油太多，燃烧后的温度太高容易烧坏涡轮，或者出现富油熄火；若供油太少，又会出现贫油熄火。从早期的发动机到现代先进的发动机，发动机燃油控制系统的发展经历了三个阶段——传统的液压机械式控制、监控型电子控制、现代的全功能数字式发动机控制（Full Authority Digital Engine Control，FADEC）。

1.4.2 液压机械控制器

液压机械式控制器曾是航空发动机上使用比较多的控制器,它有较高的可靠性,人们对其有良好的使用经验。

液压机械式燃油控制器的主要功用:感受各种参数,按照驾驶员的要求,向燃烧室供应足够的燃油,使发动机产生需要的推力。它除了控制供往燃烧室的燃油外,还操纵控制发动机的可变几何形状,例如可调静子叶片、可调放气活门等,保证发动机稳定工作和提高发动机的性能。液压机械式控制器的计算是由凸轮、杠杆、滚轮、弹簧、活门等机械元件组合实现的,用压力油作为伺服介质。气动机械式控制器的计算则是由薄膜、膜盒、连杆等气动、机械元件组合进行的,用压气机空气作为伺服介质。

JFC60-6 燃油控制器(用于 MD-82 飞机的 JT8D-200 系列发动机)的工作原理如图 1-31 所示,控制器通常由计算系统和计量系统两部分组成。控制器按照预先确定的供油计划,作为油门杆角度、压气机出口压力、压气机进口温度和发动机转速的函数调节供油量。

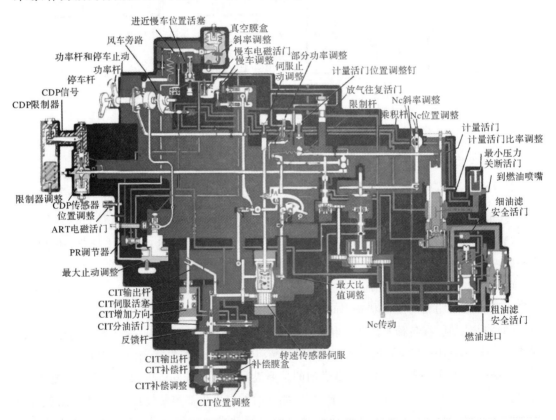

图 1-31　JFC60-6 燃油控制器的工作原理

计算系统的主要功用:在发动机所有工作阶段控制计量部分的输出;感受各种参数,包括发动机转速、压气机出口总压、压气机进口总温、油门杆角度等。计算系统通常由压气机出口压力传感器、压气机出口压力限制器、压气机进口温度传感器、转速调节器及操纵机构等组成。计量系统的主要功用:按照驾驶员要求的推力,根据发动机的工作状态和飞机的飞行状态,在发动机的工作限制之内,依据计算系统计算的流量向燃烧室供应燃油。计量系统通常由粗油滤和细油滤、计量活门、压力调节活门、最小压力和关断活门、风车旁路和停车活门等部件组成。

燃油流量取决于计量活门的节流面积和前后压差。流量与面积成正比,与压差的二次方根成正比。用压力调节活门感受计量活门进出口的压力,保持压差不变,使得供油量只与计量活门的流通面积有关,如图 1 - 32 所示。在压力调节活门中,通常将双金属式的温度敏感元件作为温度补偿器,补偿燃油温度变化对供油量的影响。

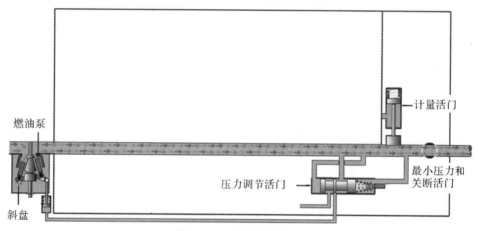

图 1 - 32　燃油计量原理

民航发动机常用燃油控制器的共同特点如下:

(1)同燃油控制器联用的燃油泵通常有齿轮泵(包括增压级和主级)、柱塞泵和叶片泵。柱塞泵可按需油量向燃烧室供油;齿轮泵、叶片泵则要求燃油控制器将超出需要的燃油返回油泵进口。

(2)控制器一般分为计算部分和计量部分。计算部分感受各种参数,在发动机的所有工作阶段控制计量部分的输出。计量部分按照驾驶员要求的推力,在发动机工作限制之内,依据计算系统计划的燃油流量供往发动机喷嘴。

(3)改变燃油流量一般通过改变计量活门的流通面积和计量活门前、后压差实现。相当多的燃油控制器,利用压力调节活门(压差活门)保持计量活门前、后压差不变,通过改变计量活门的通油面积来改变燃油油量。为了补偿燃油温度的影响,在压力调节活门内常装有温度补偿器。

(4)转速调节器通常实施闭环转速控制。

(5)一些燃油控制器采用三维凸轮作为计算元件(见图 1 - 33),由凸轮型面给出加速的供油计划。三维凸轮感受一个参数移动,感受另一个参数转动。凸轮型面上每一点即代表该组参数下不发生喘振、超温、熄火的允许值。

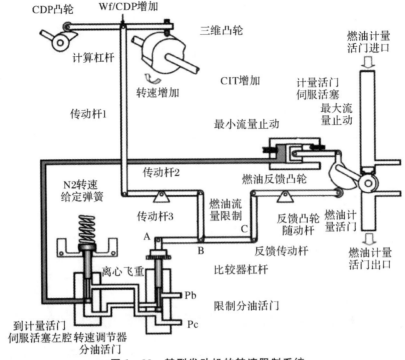

图 1-33　某型发动机的转速限制系统

（6）最小压力和切断活门（见图 1-34）在发动机工作时，起增压活门的作用，即控制离开控制器的最低计量燃油压力，使喷嘴雾化模型良好并保证控制器内伺服机构正常工作所需的最低压力；发动机停车时，活门关闭，切断供油。

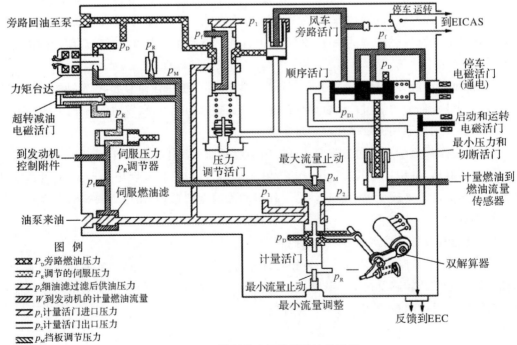

图 1-34　某型发动机的燃油计量装置

7)风车旁路活门及油泵卸荷活门(见图 1-34)在发动机工作时,风车旁路活门关闭(不卸荷),油泵后燃油压力上升,打开最小压力活门向燃油总管供油;在发动机停车时,该活门打开,使油泵卸荷活门处于卸荷状态,给处于风转状态下的发动机所驱动的油泵卸荷。

(8)进入燃油控制器的高压油,先经燃油滤过滤。粗油滤过滤后的燃油作为主燃油,另一部分经细油滤过滤后作为伺服油。

地面慢车也叫低慢车,是发动机能稳定工作的最低平衡转速,用于在地面状态工作。高慢车也叫空中慢车或进近慢车,可在空中使用,设置高慢车的目的是保证复飞时迅速加速。飞机着陆前以高慢车转速工作,若成功着陆,自动转为低慢车工作。高、低慢车的转换由控制器上的慢车电磁活门感受空/地感应机构的信号,以断电/通电方式实现。

1.4.3　监控型电子控制

1.监控型电子控制系统的组成和特点

随着航空领域的发展,人们对发动机控制也提出了更高的要求。需要监视和控制的参数越来越多,控制回路不断增加。为了提高飞机发动机的性能,对发动机控制的精度要求也越来越高。而且,随着发动机控制和飞机系统之间联系的增加以及状态监视、故障诊断等功能的扩充,飞机和发动机一体化控制的水平要求不断提高。而传统的液压机械式控制器采用的各种计算元件所能计算的参数是很有限的,如果要增加控制参数,势必带来控制器的质量、体积、成本等的增加,并且还难以实现。因此,在现代燃气涡轮发动机控制中,传统的控制器的发展受到了限制,而采用电子控制的要求愈加迫切。现代飞机的发动机电子控制系统大体可分为监控型控制和全功能数字电子控制,从研制试验到实际应用,已经取得了巨大的成功,在民用飞机、军用飞机、直升机等控制领域都得到了广泛的应用。

监控型电子控制器是在液压机械式控制器上再增加的一个发动机电子控制器(Electronic Engine Controller,EEC),两者共同实施对发动机的控制。例如,用于 B737-300 型飞机上的 CFM56-3 发动机,发动机主控制器(Main Engine Controller,MEC)和功率管理控制器(Power Management Controller,PMC)共同工作;用于 B757 飞机上的 RB211-535 发动机,燃油流量调节器(Fuel Flow Governor,FFG)与发动机电子控制器 EEC 共同工作。

在这种类型的发动机控制中,液压机械式控制器作为主控制器,负责对发动机的完全控制,包括起动、加速和减速等。发动机电子控制器具有监督能力,可以对推力进行精确控制,并对发动机重要工作参数进行安全限制。电子控制便于同飞机接口,易于推力管理、状态监视以及信号显示和数据储存。

监控型电子控制器的特点如下:

(1)液压机械式燃油控制器是主控制器,电子控制器是辅助控制器。

(2)如果发现 EEC 有故障,可以冻结调准在当时位置,同时通知驾驶员。驾驶员可以使 EEC 退出工作,即回到不能下调的位置,由液压机械式控制器恢复全部控制。

（3）EEC 通过力矩马达与液压机械控制器联系,实现电/液转换。

4）在该型控制中,多数液压机械控制器的供油计划高于 EEC 的供油计划,EEC 通过减少液压机械控制器的供油达到目标值,即称下调。

（5）EEC 参与工作时,对于外界条件的变化,它可以精确保证选定的目标值。EEC 可以精确保证 EPR 或 N1 的实际值等于要求值。

（6）EEC 有自检功能,可检测故障,为飞行人员和地面维护人员提供方便。

（7）EEC 一般装在风扇机匣外侧,这里是发动机上环境相对较好的部位,其上安装有减震座,利用环境空气进行冷却。有的 EEC 位于飞机电子设备舱。

（8）EEC 由专用发电机供电,飞机电源也供给 EEC 作为备用电源及地面试验电源。

2. CFM56-3 发动机燃油控制系统简介

CFM56-3 发动机燃油控制系统是监控型电子控制系统,它包括发动机主控制器 MEC 和功率管理控制器 PMC。

（1）发动机主控制器 MEC。CFM56-3 发动机主控制器 MEC（见图 1-35）是液压机械式控制器。MEC 在所有的发动机工作状态通过计量到燃油喷嘴的燃油流量控制发动机的 N2 转速。驾驶舱操纵油门杆的机械信号通过传动机构输送到 MEC 的功率杆。MEC 根据功率杆的位置,确定对应的核心发动机需求转速（N2*）。核心发动机的需求转速（N2*）也会根据风扇进口压力和温度进行修正。MEC 自动调节燃油流量,以保持核心发动机转速（N2）等于需求转速（N2*）,还要确保在任何工作条件下的燃油安全限制。如果工作条件发生变化,设定的加速和减速供油计划的燃油限制也相应变化。MEC 还可以通过外部作动筒自动调节可调静子叶片（Variable Stator Vane,VSV）和可调放气活门（Variable Bleed Valve,VBV）,提供燃油压力信号操纵高压涡轮间隙控制系统。

图 1-35　CFM56-3 发动机 MEC

图 1-36 所示为 CFM56-3 发动机 MEC 控制功能方框图,来自高压燃油泵出口的燃油（Ps）进入 MEC,到达燃油计量活门,燃油计量活门可根据油门杆角度、风扇进口压力（Ps12）、风扇进口温度（T2）、N2 转速和燃油限制系统的信号,控制燃油流量。

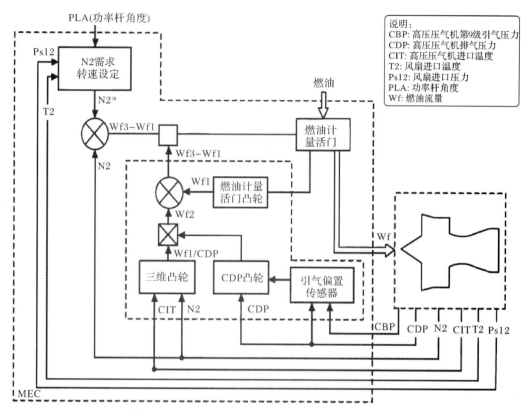

图 1-36　CFM56-3 发动机 MEC 控制功能方框图

（2）功率管理控制器 PMC。功率管理控制器 PMC（见图 1-37）是模拟电子监控控制系统，具有有限功能。它通过超控 MEC，调定修正的风扇转速，给出最佳的推力控制。

图 1-37　CFM56-3 发动机 PMC

过渡态控制是由核心发动机控制（N2 转速控制）提供的，因为核心发动机特性决定限制参数（温度、喘振、熄火等）。核心发动机控制仅仅是总推力的一个近似控制。发动机的稳态控制应使 N1 修正转速保持不变，这是推力的精确控制。CFM56-3 发动机控制的设计是:液压机械部件(发动机主控制器)控制核心发动机转速,电子超控系统(功率管理控制器)提供风扇转速(N1)的主控制,如图1-38所示。

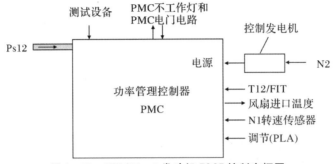

图1-38　CFM56-3发动机PMC控制方框图

PMC计算和计划风扇修正转速作为功率杆角度(PLA)、风扇进口静压(Ps12)、风扇进口温度(T12)和N1转速的函数。PMC提供输出电流到MEC内的力矩马达,可使力矩马达带动喷嘴挡板运动,从而改变力矩马达伺服活塞左腔的压力,使力矩马达伺服活塞运动。力矩马达伺服活塞的运动通过传动机构重新定位N2转速给定轴,从而改变调节器给定弹簧的预紧力,调节器分油活门移动,打开油路,改变燃油计量活门的开度,改变燃油流量,从而改变N2转速。

1.4.4　全功能数字式发动机控制

目前,国际上新型的民用航空发动机大多采用全功能数字式发动机控制(Full Authority Digital Engine Control,FADEC)系统,主要有用于B737NG飞机的CFM56-7B发动机,用于A320系列飞机的CFM56-5发动机和V2500发动机,用于B777飞机的GE90发动机,用于A330飞机的PW4000系列发动机、CF6发动机和Trent700发动机。

1.FADEC系统的组成和特点

FADEC系统的组成如图1-39所示,是管理发动机控制的所有控制装置的总称。发动机电子控制器EEC是它的核心,所有控制计算由计算机进行,通过电液伺服机构输出控制液压机械装置及各个活门、作动筒等,因此液压机械装置HMU是它的执行机构。

在发动机控制方面,FADEC系统的功能包括输出参数(推力或功率)控制,燃油(起动、加速、减速、稳态)流量控制,压气机可调静子叶片VSV和可调放气活门VBV控制,涡轮间隙主动控制,高压压气机、涡轮冷却空气流量控制,发动机滑油和燃油的温度管理,发动机安全保护以及起动和点火控制,反推控制。

在FADEC系统中,液压机械装置已不再具有计算功能,控制计算全部由中央处理机执行,但燃油计量功能、操纵可变几何形状作动筒以及活门的伺服油和动力油仍由它提供,即成为EEC的执行机构。液压机械装置HMU也称为燃油计量装置(Fuel Metering Unit,FMU),保留除计算功能以外的原有功能。典型HMU的具体功能有计量燃油流量,限制最大、最小供油量,保证最低燃油压力,停车时切断燃油,发动机风转状态下给油泵卸荷,发动机超转保护,提供高压油和伺服油到发动机控制附件等。

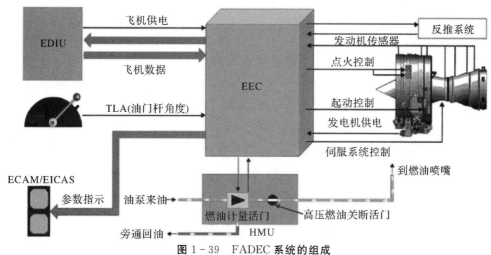

图 1-39 FADEC 系统的组成

在数据通信方面,EEC 可以把输入的模拟信号转换为数字信号,同时 EEC 也可以把数字信号转换为模拟信号,以操纵电液伺服机构、电磁活门以及供给驾驶舱显示。FADEC 系统大多采用 ARINC429 数据总线或 ARINC629 数据总线,经发动机数据接口组件 EDIU (Engine Data Interface Unit)将飞机数据传输给 EEC。发动机控制数据、状态、故障信息亦由数据总线传输给飞机。

FADEC 系统有两个基本功能——信息处理功能和发动机控制功能。

信息处理是指 FADEC 系统输入、处理和输出电子数据的能力。EEC 搜集环境和发动机内的工作状态信息,利用这些信息计算保持发动机工作在高效率性能水平下所需的燃油和空气流量;信息处理也使 EEC 同飞机其他计算机通信,如共用显示系统(Common Display System,CDS)、大气数据惯导组件(Air Data Inertial Reference Unit,ADIRU)、飞行管理计算机(Flight Management Computer,FMC)等。和监控型发动机电子控制系统相比,FADEC 系统有更广泛的信息处理能力。

信息处理功能由以下两个系统提供支持——传感器系统和信息处理系统。传感器系统由安装在发动机上的传感器和探头组成。它收集发动机工作信息和环境信息,包括温度、压力输入、发动机转速、反推位置和燃油流量等,送到信息处理系统的计算机 EEC。信息处理系统接受发动机传感器系统信号输入、飞机信号输入和发动机控制系统伺服作动筒位置信号反馈输入,控制和定位发动机控制系统伺服机构工作,并监控 FADEC 系统工作情况,把监控数据、故障状况输送给飞机维护系统。

发动机控制功能是指 FADEC 系统实际控制发动机工作、性能和效率的能力。它包含对燃油流量的精确控制,对发动机空气流量的控制,对涡轮间隙的控制和对起动点火的控制。

FADEC 是容错系统,余度控制,对于不重要的故障,它仍可继续工作。

EEC 都是双通道设计,一个被称为通道 A,另一个为通道 B。通道之间可以相互通信,如图 1-40 所示。两个通道完全相同并持久工作,但两个通道之间是相互独立的。两个通道持续接收输入信号并对其进行处理,但只有一个通道处于控制状态。为了增加系统工作的可靠性,到一个通道的所有输入经过跨通道数据链(Cross Channel Data Link,CCDL),可给另外一个通道使用。这使得其中的一个通道的一些重要输入信号有故障,两个通道仍然保持正常工作;跨通道数据链也可以使 EEC 比较输入信号,平均误差。

控制通道故障可自动切换到备用通道工作;所有通道都产生故障时,可转换到故障-安全状态;EEC 接受余度的传感器及飞机输入,并同计算的数据进行比较后选用;输入、输出故障能自动切换到余度的传感器和作动筒;对于以发动机压力比(Engine Pressure Ratio,EPR)控制推力的,如果计算 EPR 有困难,可以转换到通过转速 N1 控制推力。

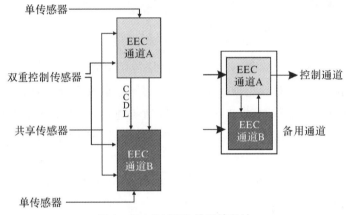

图 1-40 FADEC 的系统设计

EEC 通常实施闭环控制,EEC 同 HMU 接口使用力矩马达或电磁活门,如图 1-41 所示。HMU 中的电液伺服活门(Electro-Hydraulic Servo Valve,EHSV)将依据输入信号以改变挡板活门开度,然后通过改变计量活门一个油腔或两个油腔的油压来控制计量活门开度。一些 HMU 采用压力调节活门保持计量活门前、后压差恒定,通过改变计量活门的流通面积从而改变发动机的供油量。

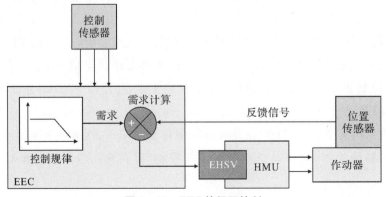

图 1-41 EEC 的闭环控制

　　FADEC 系统的优点：①提升发动机性能,降低燃油消耗;②减轻驾驶员负担,提高可靠性,改善维护性;③为控制的进一步发展提供很大的潜力。由于感受的参数不受限制,因此可以进行复杂的计算,从而能够实现对各个部件的最佳控制。

　　2.CFM56 - 7B 发动机 FADEC 系统

　　CFM56 - 7B 发动机 FADEC 系统是以计算机为基础的发动机电子控制系统,如图 1 - 42所示。

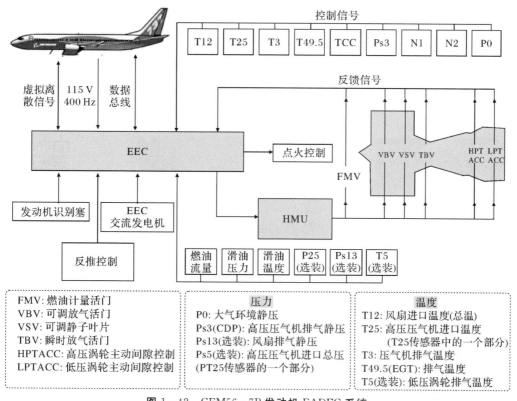

图 1 - 42　CFM56 - 7B 发动机 FADEC 系统

　　FADEC 系统提供以下功能:发动机功率管理和推力设置、燃气发生器控制、发动机超限保护、主动涡轮间隙控制、冷却空气控制、发动机起动/关断、发动机点火控制、发动机工作状态显示、故障检测和维护信息。它主要包括发动机电子控制器 EEC、液压机械装置 HMU和相关部件(各种活门、作动筒和用于控制和监控的传感器)。每个 EEC 包含两个计算机,一个计算机被称为通道 A,另一个计算机被称为通道 B。EEC 执行发动机控制计算并监控发动机的工作状态。HMU 将来自 EEC 的电信号转换成伺服燃油压力以驱动发动机活门和作动筒。

　　(1)发动机电子控制器 EEC。EEC 是整个 FADEC 控制系统的核心,如图 1 - 43 和图1 - 44所示。它是一台双通道计算机,封装在一个铝制外壳内,固定在风扇机匣右侧 2 点钟位置(从后向前看)。有 4 个带有缓冲器的安装螺栓,缓冲器可以隔离振动。两条金属带能确保 EEC 接地连接。

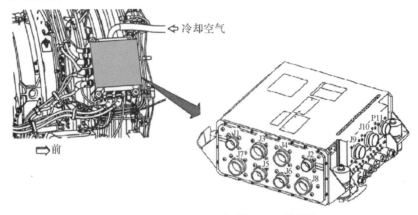

图 1 - 43 CFM56 - 7B 发动机 EEC 的位置

图 1 - 44 CFM56 - 7B 发动机 EEC

　　为保证正常工作,EEC 需要冷却以保持内部温度在允许的极限范围内。一个冲压空气进气口可以提供冷却空气,对 EEC 进行冷却。冲压空气进气口是在发动机进口整流罩的外侧 1 点钟位置,如图 1 - 45 所示。外界环境空气从风扇进口整流罩右侧的进气斗进入。冷却空气流过 EEC 内部腔室,然后从冷却空气出口排出。

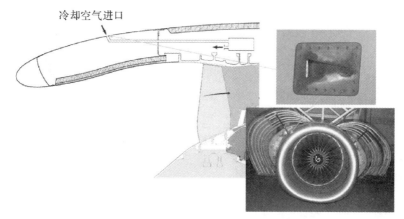

冷却空气进口

图 1 - 45　EEC 的冷却空气进口

EEC 使用电接头接收和发送数据至飞机和发动机。这些接头是 J1 至 J10。

发动机识别塞连接至 P11,识别塞供给 EEC 以发动机构型的数据。

EEC 空气接头从发动机的不同位置获取空气压力。压力传感器是 EEC 的一部分,它可以将接受的空气压力转换成数字信号。空气压力信号包括以下几类:PO(外界空气静压)、Ps13(风扇出口静压)、P25(高压压气机进口压力)和 Ps3(高压压气机出口静压)。

EEC 是由两个专用计算机组成的双通道数字式电子控制器,当一个通道工作的时候,另一个通道备用,任何一个通道都可以单独控制发动机工作。EEC 的两个工作通道分别是 A 通道和 B 通道,两个工作通道一直接收输入信号,进行处理和产生输出信号,但每一时刻仅仅一个通道输出信号来控制发动机工作,另一通道的输出信号被转换继电器中止在 EEC 内部。控制发动机工作的通道称为主动通道,不输出信号的通道称为备用通道。当发动机 N1 转速大于 76%,且要转换为主动通道的控制通道工作正常时,两个通道控制相互转换。

发动机识别塞如图 1 - 46 所示,可以使 EEC 知道发动机序号和发动机推力额定值。发动机识别塞是发动机的电子身份证,它提供以下信息给 EEC:发动机类型(7B)、N1 配平等级、推力等级、发动机状况监控(选项)、发动机燃烧室构型。

EEC 交流发电机位于附件齿轮箱 AGB 的顶部前安装面,打开左侧风扇整流罩可以接近 EEC 交流发电机。EEC 交流发电机由壳体、静子组件和转子组成,如图 1 - 47 所示。静子有两组独立的线圈,一组线圈为通道 A 供电,另一组为通道 B 供电。

EEC 交流发电机是 EEC 工作的主交流电源。飞机电源系统 115 V、400 Hz 转换汇流条也可向 EEC 提供 115 V、400 Hz 的电源。正常情况下由 EEC 交流发电机向 EEC 供电,EEC 交流发电机由两个独立的线圈分别向 EEC 通道 A 和通道 B 供电。飞机交流转换汇流条 1 是一号发动机 EEC 的备用电源。飞机交流转换汇流条 2 是二号发动机 EEC 的备用电源。EEC 内的逻辑电路自动选择正确的电源。当 EEC 交流发电机不能供电时,飞机电源系统交流转换汇流条向 EEC 供电。

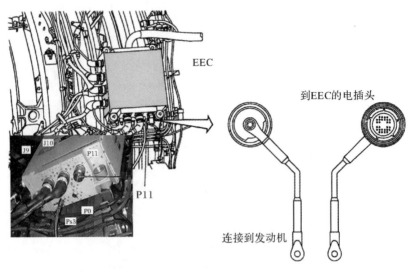

图 1 - 46　CFM56 - 7B 发动机识别塞

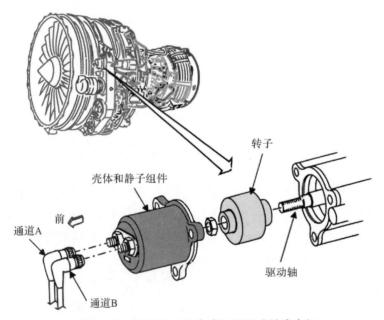

图 1 - 47　CFM56 - 7B 发动机 EEC 交流发电机

EEC 使用模拟的和数字的输入数据计算发动机燃油和控制输出操作发动机。EEC 与发动机系统和部件的接口包括发动机识别塞、液压机械装置 HMU、发动机空气系统、发动机传感器、燃油流量传感器、EEC 交流发电机和点火系统，如图 1 - 48 所示。

(2)液压机械装置 HMU。HMU(见图 1 - 28)是 FADEC 系统中另一个非常重要的部件，它安装在高压燃油泵后面，并从 EEC 和飞机系统接收信号，控制发动机计量供油和伺服供油。

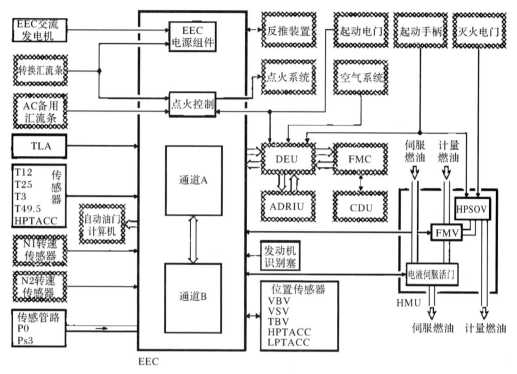

图 1 - 48　CFM56 - 7B 发动机 EEC 接口

EEC 发送控制数据到 HMU。HMU 将有关燃油计量活门（Fuel Metering Valve，FMV）和高压关断活门（High Pressure Shut-Off Valve，HPSOV）的位置数据发送到 EEC，EEC 发送控制信号到 HMU 中的伺服系统，如图 1 - 49 所示。

HMU 中的电液伺服活门 EHSV 将这些电信号转换成用于下列部件的燃油压力信号：

1）燃油计量活门 FMV。

2）瞬时放气活门（Transient Bleed Valve，TBV）。

3）高压涡轮主动间隙控制活门（High Pressure Turbine Active Clearance Control Valve，HPTACCV）。

4）低压涡轮主动间隙控制活门（Low Pressure Turbine Active Clearance Control Valve，LPTACCV）。

5）可调放气活门 VBV。

6）可调静子叶片 VSV。

起动手柄和灭火手柄与 EEC 无关，分别控制 HPSOV。HPSOV 控制燃油从 FMV 流入燃油喷嘴。起动手柄在慢车位置时，发送打开活门信号到 DEU，DEU 将此打开信号传送到 EEC。EEC 通过控制来自燃油计量活门 EHSV 的伺服燃油压力来控制 FMV。FMV 解算器将 FMV 位置信号返回 EEC。燃油流过打开的 FMV 使得 HPSOV 打开，如图 1 - 50 所示。

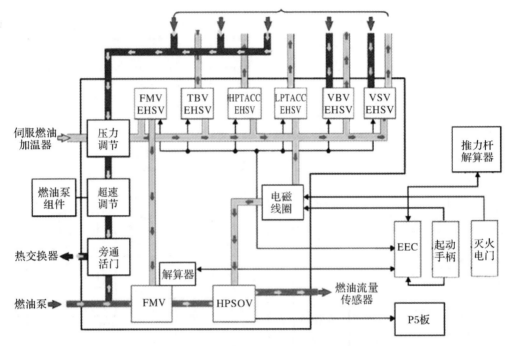

图 1-49　CFM56-7B 发动机 HMU 功能

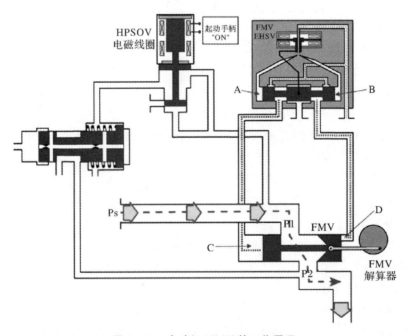

图 1-50　发动机 HMU 的工作原理

当起动手柄移动到停车位置时,控制电磁活门导通,伺服燃油压力关闭 HPSOV。控制电磁活门接通时,来自 FMV 的燃油压力不能打开 HPSOV。灭火手柄电门也能接通控制电磁活门。当 HPSOV 关闭时,燃油停止流向燃油喷嘴。机械的超速调节器确保 N2 转子不会转动过快。

　　发动机燃油控制系统可以控制发动机运转所需的燃油流量,如图 1-51 所示。涡扇发动机推力的控制是通过调节供往燃烧室的燃油流量来实现的。当需要增大正推力时,向前推动推力手柄,发动机燃油控制系统增大了进入燃烧室的燃油流量,提升了气体对涡轮做功的能力,增大发动机转速和空气流量,从而增大发动机推力。

　　当推油门时,推力手柄解算器将推力手柄运动的角位移信号转换成电信号,传送到EEC。EEC 根据推力手柄的信号,以及大气环境状况和引气状况计算出一个 N1 指令值。EEC 输出信号到燃油计量活门(FMV),使其开大,增加供往燃烧室的燃油流量,使 N1 转速增大,直到 N1 实际转速达到指令值。

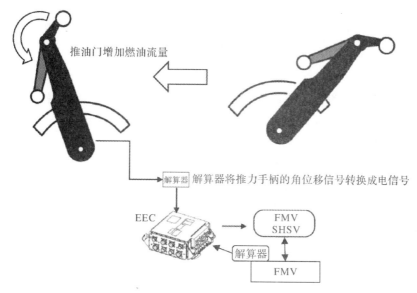

图 1-51　推油门增加燃油流量

1.5　发动机燃油系统的维护

1.5.1　航空燃油

1. 燃油燃料

　　燃气涡轮发动机使用的燃油称为航空煤油,燃油需要有较高的热值,硫的质量分数必须低,凝固点在 $-40 \sim -53$ ℉[①]。此外,由于发动机燃油系统的部件润滑是采用燃油来实现的,因此燃油还需具有一定的润滑性。尽管单位质量的航空汽油热值稍高于同等质量的航空煤油的热值,但煤油密度大,因此燃气涡轮发动机所使用的每加仑航空煤油比同等体积的航空汽油具有更多的热能。燃气涡轮发动机燃料燃烧所形成的氧化物大多是气体,气体流

----

① 华氏度(℉)=32℉+摄氏度(℃)×1.8。

过涡轮叶片时对涡轮叶片造成的物理损伤较小,但固体颗粒物在流过导向器和涡轮转子叶片时会造成物理损伤或者导致涡轮叶片冷却孔堵塞,造成冷却不足,从而导致叶片或导向器烧坏。因此,保持燃烧后的气流中固体颗粒物含量最低是选择燃料的另一个要求。

在商用和通用航空器中,最常用的燃气涡轮发动机使用的燃料有以下几种类型:

(1)Jet - A:重煤油基燃料,闪点为 110~150 ℉,凝固点为 -40 ℉,18 600 Btu/lb①(英制热量单位);类似于海军 JP-5 燃油。

(2)Jet - A1:除了凝固点为 -58 ℉外,同 Jet - A 一样。类似于北约带添加剂的 JP-8 燃油。

(3)Jet - B:重汽油基燃料,闪点为 0 ℉,凝固点为 -76 ℉,18 400 Btu/lb;类似于军用 JP-4 燃油。

Jet - A、et - A1 和 Jet - B 是主要的商用燃油,对于大多数燃气涡轮发动机是可互换使用的。军用 JP-4 和 JP-5 常适于作备用燃油。

2. 燃油添加剂

燃油添加剂是加入燃油中的一种化合物,其含量虽少,但它能改进和提高燃油品质。燃油添加剂通常由分配器预混在燃油中或者在飞机加油时由勤务人员适量添加。在各种等级燃油中允许加入燃油添加剂的类型和量是依据适当的规则进行严格控制的。

(1)防氧化剂:防止在燃油系统的元件上形成由于燃油氧化而产生的胶质沉淀,同时也防止在喷出燃油中形成过氧化物。

(2)抗静电剂:消除由于燃油在高速传输过程中产生静电的有害影响。

(3)抗腐剂:保护燃油系统中的含铁金属,防止腐蚀,如管道和油箱。有些抗腐剂可提高喷出燃油的润滑性。

(4)金属钝化剂:减弱一些金属,尤其是铜对燃油氧化的催化作用。

(5)燃油防冰剂:降低由于高空低温导致从燃油中析出的水分的冰点,并防止形成冰晶。这些冰晶将阻碍发动机中的燃油流动。这种添加剂不会影响燃油本身的冰点。

1.5.2　典型发动机燃油系统的维护工作

发动机燃油系统的维护工作主要有燃油渗漏检查、燃油部件的更换、定期更换燃油滤滤芯等。一般在发动机运转时执行发动机燃油系统渗漏检查工作,有时还需要在发动机运转时打开发动机风扇整流罩检查来判断具体渗漏的部位,所以要严格遵守发动机安全通道(见图 1-52)及打开发动机风扇整流罩的限制,以免造成人员受伤或设备损坏。发动机燃油具有毒性,若燃油不慎溅入眼睛,则立即用大量清水冲洗并视情就医,拆换燃油系统部件时应戴橡胶手套,皮肤长时间直接接触燃油可能会造成皮肤伤害。发动机运转时燃油温度很高,进行燃油部件拆换时应等待发动机关车后冷却下来,以免造成人员烫伤。

1. 燃油渗漏检查

发动机燃油系统部件和安装接口比较多,燃油经燃油泵增压后压力大,所以燃油渗漏是

---

① 1 Btu/lb=2.326 J/kg

常见的故障。当发现发动机燃油系统渗漏时,首先要判断渗漏部位,然后测量单位时间内的渗漏量。不同机型的发动机,其燃油渗漏放行标准不同,但一般会存在一个门槛值,不超过门槛值时可以放行。需要注意的是,燃油系统安装时会用到橡胶密封圈,橡胶密封圈受温度影响较大。在寒冷天气或长时间停场后,发动机起动时可能会有渗漏发生,这是温度低导致橡胶密封圈收缩或硬化,一般可以让发动机慢车 5 min 以上,待燃油温度上升、橡胶封圈受热膨胀后再观察渗漏情况,如果渗漏停止,则可正常放行发动机。

2. 燃油部件更换

因故障或其他原因更换发动机燃油系统部件时,需严格按照手册程序和紧固件的规定力矩值安装。国内机队已出现多起在拆换燃油计量组件和燃油/滑油热交换器的过程中,因操作不当而造成空中燃油大量泄漏的事件,为此各民航地区管理局和航空公司都颁发过加强发动机燃油系统部件拆换维护工作的通知或维护提示。在安装结束后,一般需要进行慢车测试或更高功率测试,查看渗漏情况。

3. 定期更换燃油滤滤芯

发动机燃油系统主燃油滤滤芯一般需要定期更换,但是当驾驶舱的燃油面板或相关位置出现燃油滤旁通指示时,也要检查燃油滤是否真被污染物堵塞。在更换燃油滤滤芯时,必须严格按照飞机维护手册相关程序来进行。

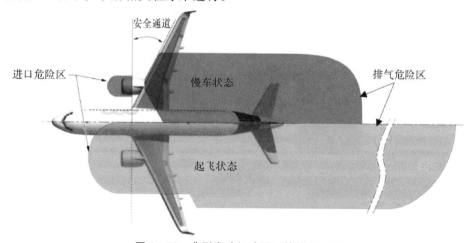

图 1-52　典型发动机地面运转的危险区

▶ 拓展阅读

案例分析:英国航空 38 号航班事故

1. 事件经过

2008 年 1 月 17 日,发生事故的 B777 客机(英国航空 38 号航班)准备进场降落时,机上两台罗尔斯·罗伊斯 Trent895 发动机突然失去动力,连驾驶室内的电子仪器都全部自动关闭,飞机只得靠剩余空速滑翔降落。当时飞机还有 20 s 便着陆,离地只有 122 m。由于当时飞机已失去动力,所以飞机以 550 m/min 的速度快速下降,最后飞机在伦敦希斯罗机场 27L

跑道前方约 1 000 ft① 的草坪上紧急着陆(见图 1-53)。飞机着陆时左侧主起落架刺穿主机翼并卡住,右侧主起落架也严重受损且与机身分离,落在飞机数百米以外,而其中两个机轮与轮轴一同脱落。两台发动机都被压毁。飞机于草地上划下几条深坑,最后在伦敦希斯路机场 27L 跑道头上停下。机上 152 人全数经逃生滑梯安全逃生,有 47 人受伤。

图 1-53 受损的 B777 客机

英国航空失事调查局经初步调查称,客机在降落前约 150 m 上空两台发动机同时失灵,并对机师发出的加速指令没有反应,而且机上的计算机系统也没有发出警报。机长在着陆时,才发现情况异常,于是飞机被迫以仅余的升力,以滑翔方式降落于草坪上,落地点距离跑道始端大约 1 000 ft。

另外,客机在着陆时机上的供电系统来自客机辅助输电系统,意味着机上的主供电系统当时是停止运作的状态。

最初的结论是,飞机在坠毁前,两台发动机都是突然停止运作的。然而,后来的调查发现,其中一台发动机在飞机坠毁前,仍然在继续运转。

2.真实原因

2008 年 9 月的调查报告指出,事故与飞机燃料系统结冰有关。调查人员在飞机的燃料箱发现了 5 L 水。在降落前 1 min,燃料输送管道受阻,导致飞机急速下降。飞机燃料结冰并不寻常,因为飞机燃料可抵受 -38 ℃ 的低温。当时 38 号航班飞机从北京飞往伦敦时,飞经西伯利亚上空,有可能在该地遭遇极低的低温。报告指出,当时飞机在该航段飞行时,保持着平稳的状态飞行,令燃料欠缺流动。

3.事故之后

调查结果出炉后,罗尔斯·罗伊斯公司迅速作出回应,重新设计了燃油热交换器,他们

---

① 1 ft=0.304 8 m。

移除了燃油热交换器表面突出的换气口,让表面变得更加平坦,这样即使结冰,冰晶也不会直接掉入燃油热交换器表面,不会影响正常的燃油输送。

波音公司也更改了配备罗尔斯·罗伊斯 Trent 895 涡轮风扇发动机的 B777 的飞行手册,将"不应在'燃油温度低于−10 ℃的高空'持续飞行逾 3 h"改为"不应在'燃油温度低于−10 ℃的高空'持续飞行逾 2 h"。并且,建议在极地飞行的航班上使用含水量更少的燃油以降低冰晶凝结的可能性。

4.案例反思

在此案例中,当飞机离地高度只有 122 m,只剩 22 s 落地的紧急时刻,飞行员沉着冷静地应对,时刻牢记着飞行安全的使命,为了附近居民的安全考虑,竭尽全力去控制飞机的姿态,使飞机远离居民区,最大限度地降低人员伤害。从飞行员的身上,我们能看到民航精神中强调的"严谨科学的专业精神、敬业奉献的职业操守",意识到精湛的专业技能是任何一个民航人需具备的基本技能,而认真负责、勇于担当的安全意识是民航人需不断提升的职业素养。

从案例中,我们也看到发动机制造商罗尔斯·罗伊斯公司迅速作出回应,重新设计了燃油热交换器。看到了大公司勇于担当的责任,这一行为是非常值得我们学习的。在机务作风中,我们强调"红线意识",也就是要诚实对待问题,对出现的问题要及时反馈并做出更改,从而促使我们不断反思,不断提升自身的职业技能。

(资料来源:英国航空 38 号航班事故百度百科 https://baike.baidu.com/item/%E8%8B%B1%E5%9B%BD%E8%88%AA%E7%A9%BA38%E5%8F%B7%E8%88%AA%E7%8F%AD%E4%BA%8B%E6%95%85/1754358?fr=ge_ala)

思 考 题

1.什么叫被控参数和可控变量?

2.什么叫开环控制?有何特点?

3.什么叫闭环控制?有何特点?

4.发动机燃油系统的主要功用是什么?

5.燃油泵可分为哪几类?

6.说明双油路燃油喷嘴的工作原理。

7.最小压力和燃油关断活门的作用是什么?

8.燃气涡轮发动机控制器的形式有哪几类?有哪些主要特征?

9.燃油控制器的计量是如何实现的?

10.在监控型发动机电子控制器中,EEC 的功用是什么?

11.在监控型发动机电子控制器中,EEC 如何对推力进行精确控制?

12.为什么说 FADEC 是全功能的?

13.在 FADEC 系统中,如果计算机的一个通道坏了,那么它还能继续工作吗?

14.在 FADEC 系统中,液压机械装置的作用是什么?

第 2 章　发动机操纵系统

2.1　发动机操纵系统概述

发动机操纵系统可用于发动机的起动操纵、前向推力（正推力）和反向推力的操纵。每一台发动机的操纵系统分成三个子系统——起动操纵系统、前向推力操纵系统和反向推力操纵系统。发动机操纵分为手动操纵和自动操纵。对于发动机的手动操纵，根据适航标准要求，每台发动机均有一个推力操纵杆。推力操纵杆可以单独操纵，也可以由一只手同时操纵两台发动机的推力操纵杆。

2.2　驾驶舱操纵杆和控制开关

飞机驾驶员通过操纵发动机操纵杆发出指令到控制器，并由控制器对发动机起动、停车及产生推力进行控制。燃油控制器控制发动机产生不同的推力，其通过感受一些变量并供给足够的燃油流量到燃烧室，使发动机产生飞机所需的推力。当然，供给的燃油流量不允许超出发动机的工作限制。

起动杆通过作动电门控制起动期间点火装置工作，前向推力杆控制发动机慢车到最大状态之间的推力。使用反推时，操纵反推杆。反推杆拉起，给出信号使反推装置展开；反推杆推下，反推装置收起，恢复前向推力。通常，起动操纵杆独立于推力操纵杆，但是某些小型喷气式飞机或者支线客机（如庞巴迪的 CRJ200）会将起动操纵杆的功用整合到推力操纵杆上，这样的操纵系统被称为单操纵杆操纵系统。在这种系统的设计中，推力操纵杆在慢车止动位后还有一个止动位，即关车位（CUT OFF）。在发动机起动过程中，推力操纵杆从关车位移动至慢车位从而释放燃油流量。在发动机关车期间，必须先释放推力操纵杆上的锁闩（LATCH），然后将推力操纵杆移动至关车位。图 2-1 是 CRJ200 推力操纵杆的布局示意图。

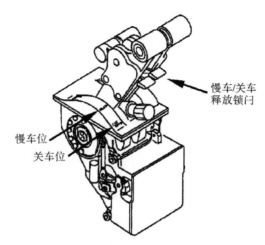

图 2-1　CRJ200 推力操纵杆的布局示意图

　　对于波音飞机,反推操纵杆安装于推力操纵杆上(见图 2-2)。由于正推力和反推力的操纵必须独立分开,因此有一个机械式的联锁定机构防止正推力杆和反推杆的同时作动。每个杆能够运动的能力取决于另一个杆的位置。如果正推力杆在慢车位,反推杆离开 OFF 位的话,那么推力杆不能向前推来增加正推力;如果反推杆在 OFF 位,正推力杆离开慢车位,那么反推杆提不起来。当反推杆拉起时,发动机的转速将增加。

　　对于空客飞机,如 A330,也是将反推力操纵杆安装于推力操纵杆上的,但是对于空客A320 系列,其推力操纵杆系统进一步简化。

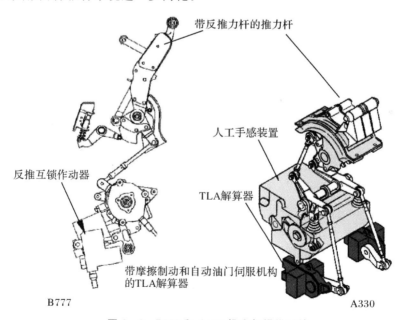

图 2-2　B777 和 A330 推力杆操纵系统

　　在 A320 的推力操纵杆上,取消了反推杆。当需要进行反推操纵的时候,推力杆移动至位于慢车止动位后的反推区域。为防止意外操纵推力杆进入反推区域,其上安装有慢车止动机构。因此,当需要进行反推操纵时,先通过位于每个推力杆上的开锁杆释放慢车止动。所以 A320 飞机推力操纵杆能够从最大正推力移动到最大反推力,而波音飞机(如 B737 飞机)的推力杆是由慢车到最大正推力的,但反推操纵要依靠铰接在推力杆上的反推手柄(反推杆)实现,如图 2-3 所示。

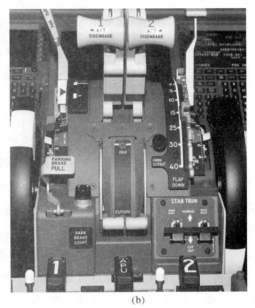

(a)   (b)

图 2-3　空客和波音飞机操纵台

(a)A320 飞机推力杆;(b)B737 飞机驾驶舱操纵台

2.3　操纵信号的传送

　　驾驶员起动运转发动机和停车的命令,正推力和反推力的要求是从驾驶舱通过相关操纵杆发出的,该指令是相关操纵杆的位置或角度信号。在推力操纵杆和发动机燃油控制系统之间的推力杆角度信号传送也属于推力操纵杆系统。这个信号的传送可以是机械的或者是电子的。

2.3.1　机械式操纵系统

　　机械式操纵系统的发动机在燃油控制器上有控制杆(功率杆)连到飞机驾驶舱的油门杆或推力杆,如图 2-4 所示。

　　机械信号的传送:各控制杆→操纵台下各自的鼓轮(前鼓轮)→传动钢索→钢索保险→机翼前缘的推力控制鼓轮、起动控制鼓轮(后鼓轮)→推拉钢索→燃油控制器上相应的杆。

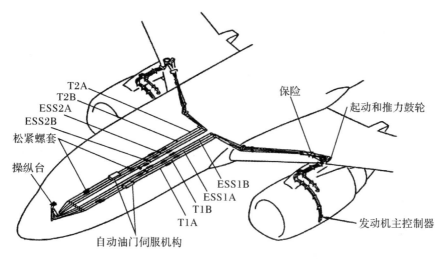

图 2-4　机械式操纵系统

1.起动操纵系统

对于安装有液压机械式燃油控制系统的发动机,曾有过的设计是机械式起动操纵杆系统。该系统的起动操纵杆安装在推力操纵杆的后面,与燃油控制组件(Fuel Control Unit,FCU)的燃油关断杆有一套机械的连接。这个机械连接可以是典型的钢索系统或者是一套覆盖整个长度的推拉钢索。如果使用的是钢索系统,那么起动操纵杆连接到一个钢索操纵鼓轮,该鼓轮安装于起动操纵杆下方。从该鼓轮开始有两根钢索穿过机身连接到位于发动机吊架处的第二个鼓轮,从这个鼓轮开始有一根短的推拉钢索将起动操纵杆的运动信号传送至 FCU 的燃油关断杆。

起动操纵系统包括起动手柄组件、起动操纵鼓轮及操纵钢索、推拉钢索。在中央操纵台上有两个起动手柄,分别用于两台发动机的起动。起动操纵系统可在发动机起动过程中接通点火系统并打开低压燃油关断活门。起动手柄有两个位置——"停车"位和"慢车"位。手柄内部有弹簧加载的定位装置,拉出起动手柄扳动到"起动"或"停车"位,弹簧加载的定位装置可使手柄保持在相应的位置,如图 2-5 所示。

在发动机起动过程中,扳动起动手柄从"停车"位到"慢车"位,导致中央操纵台上起动鼓轮作动点火电门和低压燃油关断活门电门,从而使点火系统开始点火,大翼上的低压燃油关断活门打开。起动手柄的机械信号→前起动鼓轮→钢索→后起动鼓轮→推拉钢索→发动机主控制器(Main Engine Controller,MEC)上的"停车杆"(燃油关断杆)。MEC 上的"停车杆"带动 MEC 内部的停车活门到达"运转"位,使高压燃油关断活门(增压活门)下腔通压力油,高压关断活门打开,此时燃油供往发动机。

在发动机停车时,将正推力手柄收回到"慢车"位,操纵起动手柄到"停车"位,点火系统断电,并关闭了大翼上的低压燃油关断活门和 MEC 内的高压燃油关断活门,切断了供往发动机的燃油。

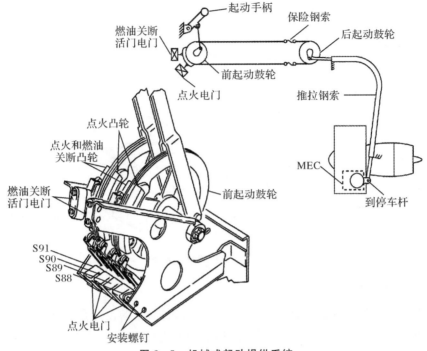

图 2-5　机械式起动操纵系统

2. 正推力操纵系统

对于机械式推力杆操纵系统,操纵推力杆使得其角度发生改变,推力杆角度的变化这一信号通过钢索或者独立的推拉钢索传送至燃油控制组件。对于在大翼下吊装发动机的飞机,钢索操纵系统通常置于发动机吊架上方的大翼前缘,从这里通过一根推拉钢索将推力杆角位移的信号传送至发动机上 FCU 的功率杆。

正推力操纵系统包括正推力手柄、推力操纵鼓轮和推拉钢索。正推力操纵系统通过调节发动机燃油流量以控制正推力。

推力手柄机械传动路径是:推力手柄→前推力鼓轮→3/32 in① 钢索→1/16 in 保险钢索→后推力鼓轮→齿轮齿条机构→推力操纵推拉钢索→齿轮齿条机构→MEC 功率杆,如图2-6所示。驾驶舱内有两个正推力手柄,每台发动机对应一个正推力手柄。正推力手柄位于驾驶舱内中央操纵台上。推力手柄提供输入信号到 MEC 的功率杆(见图2-7),通过控制供给发动机的燃油流量来控制发动机推力。推油门,供往发动机的燃油流量增加,发动机转速增大;收油门,供往发动机的燃油流量减少,发动机转速减小。正推力手柄可在"慢车"和"最大正推力"之间扳动。正推力手柄的"慢车"位置由中央操纵台上的"慢车止动块"限制,后拉手柄到极限位置,推力手柄即会靠在中央操纵台外盖上的后部止动块上。最大正推力是在推力杆手柄接触到中央操纵台外盖上的前部止动块之前获得的,前推正推力手柄(推油门)的运动受到 MEC 内止动块的限制。

① 1 in=2.54 cm。

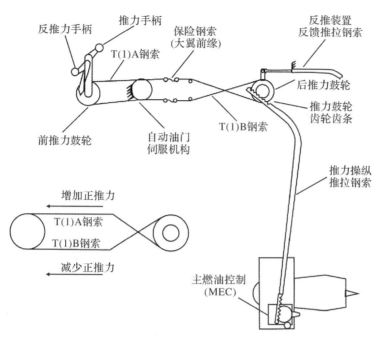

图 2-6　机械式推力操纵系统

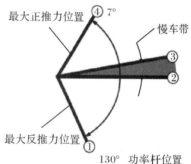

图 2-7　功率杆及角度范围

3.反推力操纵系统

反推力操纵系统包括反推力手柄、推力操纵鼓轮和推拉钢索。反推力操纵系统通过调节发动机燃油流量来控制反推力的大小,但与正推力操纵系统不同的是,反推力操纵系统还要操纵反推装置(移动套筒)。

反推的操纵同时也用于反推系统的控制。反推操纵杆的移动使得钢索朝着与前向推力操纵相反的方向运动。反推操纵杆的移动区域被分成两段。刚开始进行反推操纵,反推杆只能被提起至互锁位置。当反推杆在该位置时,后鼓轮接触上一个可移动的联锁止动机构直到反推装置完全展开。此时 FCU 的输入信号不是操纵杆的位移而是慢车功率。反推装置与可移动的联锁止动机构之间有机械连接。当反推装置完全展开时,联锁止动机构移动并且钢索鼓轮可以进一步朝反推方向转动。此时,飞行员可以通过操纵反推杆在第二段区域内移动来选择需要的反推力大小。联锁止动机构可以确保当反推装置完全展开时才能选择高于慢车的功率。

反推力操纵系统采用与正推力操纵系统相同的传动机构和传递路径，如图2-8所示，只有在正推力手柄收回到"慢车"位时才能作动反推力手柄。

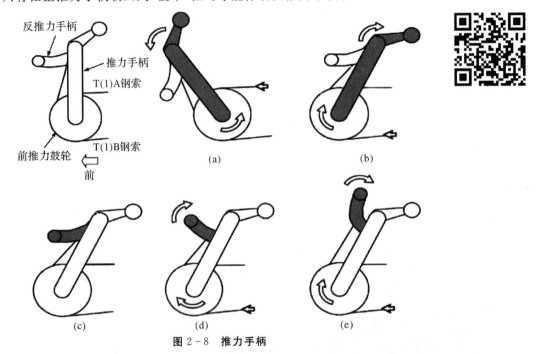

图2-8 推力手柄

推力手柄和反推力手柄的工作过程如下（以左发为例）：

从"慢车"位前推正推力手柄到"最大正推力"位［见图2-8(a)］。前推力鼓轮逆时针方向转动，T(1)A钢索被拉紧，增加正推力到"最大正推力"状态。

后拉正推力手柄到"慢车"位［见图2-8(b)］。前推力鼓轮顺时针转动，T(1)B钢索被拉紧，减小正推力到"慢车"状态。

正推力手柄收回到"慢车"位，反推力手柄在"收进"位［见图2-8(c)］，"反推移动套筒"在"收进"位。

在正推力手柄收回到"慢车"的情况下，向后提起反推力手柄到极限位置（"展开"位）［见图2-8(d)］。"反推移动套筒"向后"展开"，此时发动机仍工作于"慢车"状态。

当"反推移动套筒"完全"展开"后，可继续向后提起反推力手柄，到最大反推力位置，发动机工作于"最大反推力状态"［见图2-8(e)］。

联锁机构可防止同时操纵正推力和反推力，确保获得可靠的正推力或反推力。在正、反推力手柄之间的手柄联锁机构是一个铆接在正推力手柄上的棘爪，如图2-9所示。

当正推力手柄收回到"慢车"位时，棘爪正好对准中央操纵台推力手柄侧板上的一个锁孔。当向后提起反推力手柄离开"收进"位时，操纵连杆迫使棘爪进入锁孔，将正推力手柄锁定在"慢车"位；当反推力手柄扳回到"收进"位时，操纵连杆将棘爪推离锁孔，正推力手柄开锁。当前推正推力手柄离开"慢车"位（推油门），棘爪离开操纵台侧板上的锁孔，如果此时操纵反推力手柄,操纵连杆作用到棘爪上的力受到操纵台侧板的限制(棘爪不能进入锁孔),因而不能扳动反推力手柄离开"收进"位,即反推手柄被锁定。

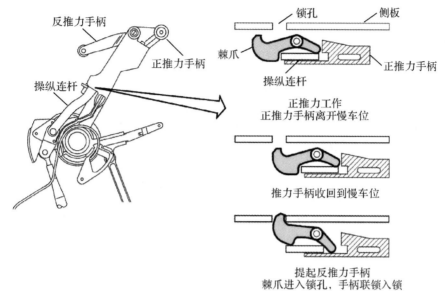

图 2 - 9　**联锁机构**

　　推力杆本身安装于驾驶舱的中央操纵台。一个可调节的摩擦制动装置安装于推力杆轴,可提供足够的摩擦来保持推力杆在选定的位置。该摩擦能防止飞行员无意或人为地快速移动推力杆,同时也能避免振动导致推力杆自动移动。该摩擦制动装置也可以安装于自动油门伺服机构中。

　　自动油门伺服机构能对发动机进行自动控制和对发动机的操纵钢索提供摩擦制动。自动油门伺服机构位于电气设备舱,通过作动器,扭矩切换机构,输入、输出扇形轮加入操纵系统。当使用自动油门控制时,修正实际到发动机的输出信号。

2.3.2　电子式操纵系统

1. 起动操纵系统

　　高压关断活门操纵的更精密、先进的设计是电子式操纵系统。在这种系统里,如果发动机采用的是 FADEC 系统,那么对高压关断活门的作动是由安装于 FCU 或液压机械装置(Hydro-Mechanical Unit,HMU)中的电磁活门操纵的。电磁活门的电力由驾驶舱通过电门替代起动操纵杆进行控制。这个电门被称为发动机主电门(空客飞机)或燃油控制电门(波音飞机)。但对于 B737NG 的设计,这是个例外。在该机型中,起动操纵杆的设计沿袭之前的非 FADEC 系统的机型。起动操纵杆作动电子式的电门。电磁活门都被设计成在关闭高压燃油关断活门时通电,在发动机运转时断电。图 2 - 10 是空客 A320 型飞机高压燃油关断活门操纵系统简图。

　　为了防止在发动机火警期间误操作主电门,在每个主电门或在发动机控制面板主电门后面额外安装有火警灯。火警灯伴随发生火警的对应发动机而发出警告。

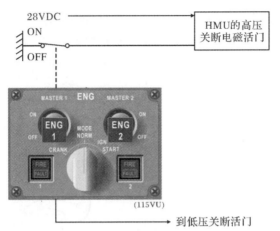

图 2-10　空客 A320 型飞机高压燃油关断操纵系统简图

例如 A320 飞机,其利用发动机起动面板上的主电门控制发动机的起动程序,向燃烧室供油和点火是由起动面板上的主电门控制的。燃油流动:燃油→低压燃油关断活门→高压燃油关断活门(在 HMU 内部)→燃烧室,如图 2-11 所示。

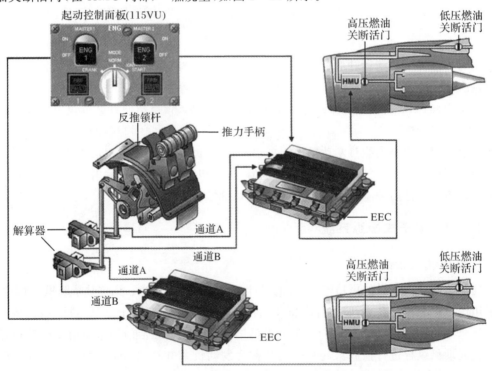

图 2-11　电子控制的发动机操纵

2.正推力操纵系统

对于具备 FADEC 的发动机推力杆系统,推力杆角度由发动机电子控制器 EEC 以电信号的方式感知。对于每台发动机,该系统的主要基本组成部件包括推力杆和两个推力杆角度解算器。解算器与推力杆通过机械连接并且由导线将解算器与 EEC 的 A、B 通道连接,

EEC 根据驾驶员的操纵推力杆的角度及其他参数计算并发出控制指令,送到燃油计量装置。通过燃油计量活门控制供给发动机的燃油流量,保证飞机需要的推力。

在推力杆和解算器之间安装有人工感觉装置,以提供所需的摩擦力。所有这些机械部件都安装于推力杆和驾驶舱地板之间,解算器的励磁电力由 EEC 提供,因此只要 EEC 获得供电,那么解算器就可以一直工作。

在波音飞机和空客飞机的设计中,自动推力控制和反推装置的互锁是不同的。从驾驶员的角度看,波音飞机的设计更像传统的机械式推力杆操纵系统,该系统包括自动油门伺服机构和反推互锁装置。在自动油门工作期间,通过推力杆的移动,来自自动油门伺服机构的功率设定会输入 EEC,这种设计导致推力杆操纵系统需要必要的机械组件。

在自动推力控制期间,空客飞机的推力杆操纵系统被设计成不移动,因此,空客飞机的自动推力控制模式被称为"自动推力"而不是"自动油门"。推力杆只能由人工操纵移动,在起飞后用于帮助快速和便捷地确定推力杆位置,在人工感觉装置内有最大连续推力位置和爬升推力位置的机械止动器。

3. 反推力操纵系统

当通过电子式推力杆系统进行反推力操纵时,解算器从慢车开始向后朝着更低的推力杆角度值转动,反推装置可以由 EEC 控制或者由安装于飞机上的反推控制系统控制。波音飞机的反推控制是由飞机上的反推系统控制,其反推控制开关安装于推力杆上。对于波音飞机来说,也安装有用于反推控制的机械式的互锁机构,该功能是通过每个反推操纵杆的一个互锁电磁活门或者互锁作动器来实现的。这些装置由相应的 EEC 进行控制。

对于空客飞机来说,EEC 控制反推装置的工作,需要推力杆角度解算器进行反推操纵。此外,推力杆角度由其他计算机感知来确保不会意外地作动反推系统。互锁功能是由软件实现的,在推力杆系统里无需机械式的互锁机构。当反推装置完全展开后,EEC 根据解算器角度设定发动机转速。因为没有安装互锁机构,所以推力杆可以直接移动到满足所需推力的相应位置。

2.3.3　典型发动机操纵系统的常见维护及安全注意事项

发动机操纵系统的维护工作主要有油门杆手柄及机械部件的校装或更换、起动手柄电门组件的清洁或更换等。

发动机操纵系统的部件相对较少、结构简单、故障率较低。在实际工作中可能会遇到的故障是起动手柄电门组件中个别电门接触不良,国内机队也确实遇到过因该电门组件中的个别电门接触不良导致发动机起动不成功或出现过相关的故障指示信息。原因主要是该部件不易接近,灰尘长期累积得不到清洁,通常在清洁或更换电门组件后可排除故障。另外一个故障率较高的部件是油门杆带动的自动油门电门组件,该组件有 9 个电门,油门杆在不同的位置接通不同的电门给相关系统提供油门杆位置信息。油门杆移动频繁,电门接触容易出问题,此故障多为间歇性故障。常见的故障现象有间歇性的反推灯亮、间歇性自动刹车解除预位灯亮、自动减速板间歇性无法自动升起等,解决此类故障的一般方法是清洁或更换该电门组件。

发动机操纵系统的部件大多安装在前设备舱顶部,该位置在驾驶舱的地板之下,空间狭小部件密集。人员在维护时应该小心谨慎，否则可能导致受伤或者损坏飞机部件。拆换部件时，需要注意保护紧固件或工具，不能让其掉落，否则将极难寻找。

2.4 CFM56-7B 发动机操纵系统

CFM56-7B 发动机的操纵系统分为正推力操纵系统、反推力操纵系统和起动操纵系统三个子系统。

发动机操纵系统主要包括正推力和反推力手柄、推力手柄解算器、发动机起动手柄、发动机起动电门和推力手柄联锁电磁线圈。起动操纵系统用于发动机的起动以及冷转发动机。正推力操纵系统通过调节发动机燃油流量以控制发动机正推力。驾驶舱内共有两个正推力操纵手柄，在每一台发动机上安装一个，位于中央操纵台上，如图 2-12 所示。

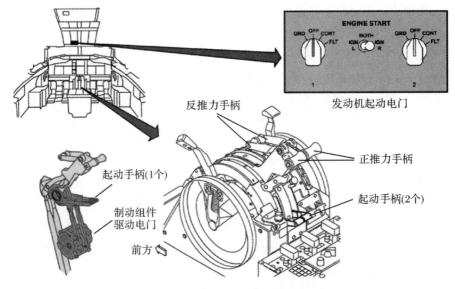

图 2-12 CFM56-7B 发动机操纵系统

2.4.1 CFM56-7B 发动机起动操纵系统

CFM56-7B 发动机的起动操纵系统主要包括起动手柄组件、发动机起动电门。

1. 起动手柄组件

CFM56-7B 发动机的起动手柄组件位于中央操纵台，如图 2-13 所示。中央操纵台上共有两个起动手柄，分别对应 1 号和 2 号发动机。起动手柄有两个位置——关断（CUT OFF）和慢车（IDLE）位置，内部止动装置可将起动手柄保持在每一个卡位。必须拉出起动手柄才能将其移动到另一个位置。

在发动机起动程序中，提起起动手柄，将其从关断（停车）位移动到慢车位。起动手柄也可用于发动机停车操纵，当将起动手柄从慢车位压下到关断（停车）位时，供往发动机燃烧室的燃油被切断，发动机停止运转。起动手柄通过机械操纵连杆连接到一个摩擦制动器，提供摩擦制动力。

每个发动机起动手柄作动 6 个电门,每个电门有 CUT OFF 和 IDLE 两个位置。这些电门位于发动机起动手柄制动组件内。起动手柄作动电门可提供信号到不同的飞机和发动机系统以及部件。其中两个电门发送信号至 EEC,两个电门与发动机点火系统连接,另外两个电门发送信号至发动机燃油供油系统中的燃油关断活门和液压机械装置(HMU)内的高压关断活门(HPSOV)。

2.发动机起动电门

CFM56 - 7B 发动机的起动电门位于驾驶舱 P5 板,如图 2 - 14 所示。共有两个起动电门,每一台发动机对应一个起动电门。发动机起动电门是旋钮式电门,共有四个位置,有两种不同的配置:一种是"GRD"(地面)、"OFF"(关断)、"CONT"(连续)和"FLT"(飞行)四个电门位置;另一种是作为选装项目,有"GRD"(地面)、"AUTO"(自动)、"CONT"(连续)和"FLT"(飞行)位置。"GRD"(地面)用于地面或空中起动,"FLT"用于空中风车状态下的起动,此时起动活门关闭,飞机飞行中的气动力驱动发动机转子转动,只需点火和供油。

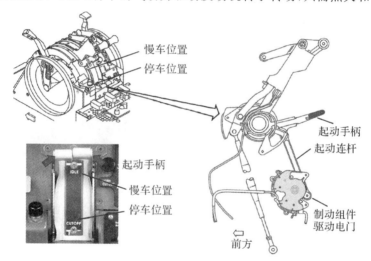

图 2 - 13　CFM56 - 7B 发动机起动手柄组件

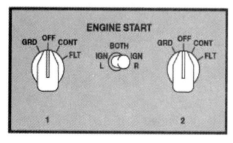
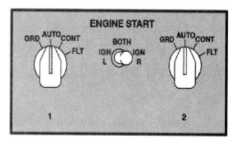

图 2 - 14　CFM56 - 7B 发动机起动电门

2.4.2　CFM56 - 7B 发动机推力操纵系统

1.推力手柄组件

CFM56 - 7B 发动机共有两个推力手柄组件,在每台发动机上有一个。每台发动机都有一个正推力手柄和一个反推力手柄。反推力手柄安装于正推力手柄上(见图2-12)。

2. 正推力操纵

正推力手柄和摇臂在同一根轴上,但它们的运动相互独立。当操纵推力手柄时,机械信号传递路径是:正推力手柄→操纵连杆→摇臂→推力连杆→摩擦制动装置→解算器,如图2-15所示。

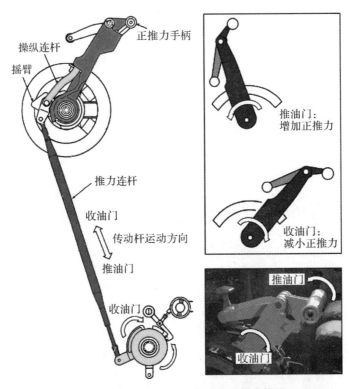

图2-15 CFM56-7B发动机正推力操纵

当向前推正推力手柄(推油门)时,反推力手柄的位置将操纵连杆锁定在正推力手柄上,操纵力通过操纵连杆传到摇臂,摇臂通过推力连杆与离合器组件和自动油门组件内的解算器连接。

当向后拉正推力手柄(收油门)时,操纵连杆向上移动,操纵力通过操纵连杆传到摇臂,摇臂通过推力连杆与离合器组件和自动油门组件内的解算器连接。

3. 推力手柄解算器

CFM56-7B发动机推力手柄角位移传感器使用解算器作为推力手柄的旋转位移传感器。解算器是一种旋转位移传感器。如图2-16所示,解算器也有两个次级线圈,但移动的芯子是一个可旋转的初级线圈,此线圈由被测量的转动部件驱动。EEC通道的输出端提供励磁电压到初级线圈,随着转动部件角位移的变化,旋转主线圈改变了两个次级线圈的感应电压。每一组U_1和U_2的电压值,都对应一个角位移。两个次级线圈的感应电压(U_1和U_2,即角位移的电信号)供往EEC。

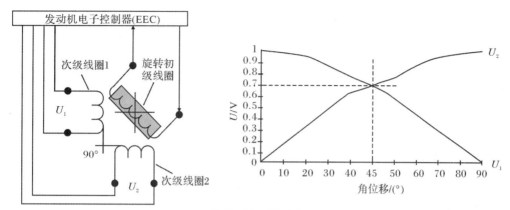

图 2-16　解算器

　　有两个推力手柄解算器组件,在每一台发动机上安装一个(见图 2-17)。每个推力手柄解算器组件有两个解算器,一个传送信号到 EEC 的 A 通道,另一个传送信号到 EEC 的 B 通道。推力手柄解算器将正推力和反推力手柄的机械角位移转变成推力手柄解算器角度(TRA)模拟电信号传送到 EEC。典型发动机的推力连杆、解算器、制动组件如图 2-18 所示。

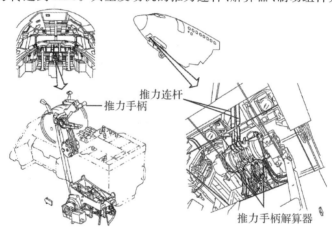

图 2-17　推力手柄解算器的位置

图 2-18　推力连杆、解算器、制动组件

4.反推力操纵

反推力操纵机构采用与正推力操纵机构相同的传动路径。在推力手柄联锁机构的作用下,只有在正推力手柄收回到慢车位置时才能提起反推力手柄。当提起反推力手柄时,正推力手柄被锁定在慢车位。当操纵反推力手柄时,操纵机械信号的传递路径是:反推力手柄→操纵连杆→摇臂→推力连杆→摩擦制动盘→解算器,如图2-19所示。

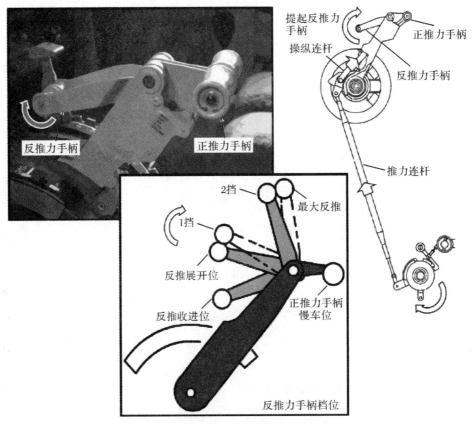

图 2-19 CFM56-7B 发动机反推力操纵

当反推装置处于收进位置时,反推力手柄在反推收进位,此时反推手柄被完全压下。当操纵反推装置时,提起反推力手柄到达反推展开位,此时由于反推联锁机构的限动作用,不能继续提起反推力手柄,发动机保持在慢车功率状态。只有当反推移动套筒展开到至少60%位置时,反推联锁机构开锁,可继续从展开位向最大反推功率位置方向扳动反推力手柄,使发动机反推功率增大。

5.反推联锁机构

反推联锁机构用于当反推移动套筒没有完全展开时,限制发动机反推功率在慢车功率,防止在反推装置没有展开的情况下,增大反推功率。反推联锁机构包括旋转作动器、作动杆、锁爪以及制动轮上的凸起型面,如图2-20所示。

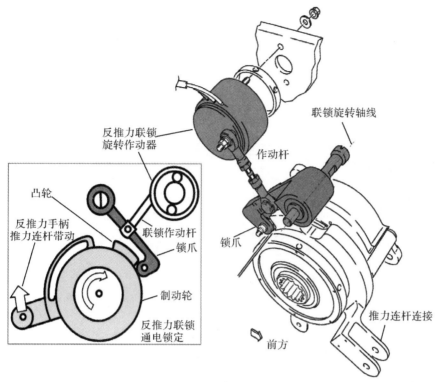

联锁旋转轴线

作动杆

反推力联锁
旋转作动器

凸轮

反推力手柄
推力连杆带动

联锁作动杆
锁爪

锁爪

制动轮

反推力联锁
通电锁定

推力连杆连接

前方

图 2 - 20　反推联锁机构

在反推装置展开操纵过程中,反推力联锁旋转作动器内的电磁线圈通电,允许进一步提起反推力手柄。如果反推力联锁旋转作动筒电磁线圈不导通,就不能进一步提起反推力手柄以增大反推力功率。只有当反推移动套筒展开到大于 60％ 的展开位时,电磁线圈通电。每个 EEC 控制两个电磁线圈中的一个。

每个推力手柄组件有一个旋转作动器,它们是旋转式电磁作动器。每个反推力联锁作动器通过作动杆操纵一个联锁锁爪。正常操纵反推力装置时,当提起反推力手柄至展开位置时,在制动盘上的一个凸起型面卡住联锁锁爪,因而阻止了制动盘的旋转,并限制反推力手柄的进一步移动。此时反推手柄的运动足以作动电门,指令反推装置展开。

每个旋转作动器内的电磁线圈都连接到 EEC 的两个通道(通道 A 和通道 B)。EEC 从每个反推移动套筒的 LVDT 接收移动套筒的位置信号。当两个移动套筒都处于大于 60％ 的展开位时,EEC 使旋转作动器电磁线圈通电,锁爪脱离制动盘上的凸起型面,反推联锁开锁,反推力手柄就能够通过展开位置继续移动,以增大反推功率。

▶拓展阅读

ARJ21 飞机

1. 概述

支线客机 ARJ21(Advanced Regional Jet for 21st Century)(见图 2 - 21)是中国按照国际标准研制的具有自主知识产权的飞机。ARJ21 包括基本型、货运型和公务机型等系列型号。

ARJ21 新支线飞机是中国首次按照国际民航规章自行研制、具有自主知识产权的中短程新型涡扇支线飞机,座级 78～90 座,航程 2 225～3 700 km,主要用于中心城市向周边中小城市辐射型航线。

图 2 - 21　ARJ21 飞机

2.发展历程

2015 年 11 月 29 日,首架 ARJ21 支线客机飞抵成都,交付成都航空有限公司,正式进入市场运营。2019 年 10 月 26 日,ARJ21 国产客机首飞国际航线。2020 年 7 月 30 日,ARJ21 飞机 103 架机在全球海拔最高民用机场——稻城亚丁机场(海拔 4 411 m)完成最大起降高度扩展试验试飞返回上海。

2022 年 11 月 4 日 10 时 03 分,成都航空从四川达州飞往昆明的 EU1883 航班降落在昆明长水国际机场,昆明至达州往返航线正式开通,国产 ARJ21 机型在云南地区实现首次商业运营。2023 年 1 月 1 日,ARJ21 飞机客改货设计更改项目正式获得局方适航批准。2023 年 4 月 18 日,一架编号 8B5112 的印尼翎亚航空 ARJ21 飞机从印度尼西亚雅加达起飞,2 个小时后平稳降落在印度尼西亚巴厘岛伍拉莱国际机场,完成在印尼的首航。

3.意义

ARJ21 - 700 型支线客机是我国自主设计、自主研发,以全新机制、全新管理模式、全面应用数字化设计和制造技术研制的具有自主知识产权的支线喷气飞机。飞机的研制采取以我为主、开展国际合作的模式,负责总体设计、系统集成、总装。在机体制造过程中攻克了许多技术难关,例如 ARJ21 - 700 型支线客机整体壁板数控成形技术研究等,填补了很多国内空白。

ARJ21 - 700 型飞机取得型号合格证,是我国航空工业的又一重大里程碑。通过 ARJ21 - 700 型飞机研制,我国走完了喷气支线客机设计、制造、试验、试飞全过程,攻克了鸟撞试验、全机高能电磁场辐射试验、闪电防护间接效应试验等一大批重大试验课题,掌握了失速、最小离地速度、颤振、自然结冰、起落架摆振等一大批关键试飞技术,掌握了一大批新技术、新材料、新工艺,积累了重大创新工程的项目管理经验。初步探索了一条"自主研制、国际合作、国际标准"的民机技术路线,初步建立了"以中国商飞为核心,联合中航工业,辐射全国,面向全球"的民机产业体系,初步构建了"以中国商飞为主体,市场为导向,产学研相结合"的民机技术创新体系,锻炼培养了一大批信念坚定、甘于奉献、勇于攻关、敢打硬仗、拥有国际视野的民机人才队伍,培育了"长期奋斗、长期攻关、长期吃苦、长期奉献"的大飞机创业精神,为 C919 大型客机项目的顺利推进开辟了道路,创造了有利条件。同时,中国民航局围绕 ARJ21-700 型飞机适航审查,成立了专业的审定机构,建立了专门的局方试飞员队伍和审查队伍,形成了符合国际标准的适航审查程序、机制和体系,掌握了飞机国际标准,具备了喷气式民用运输类飞机适航审查能力,成为保障我国航空工业持续发展的重要国家能力。

(资料来源:ARJ21 百度百科 https://baike.baidu.com/item/ARJ21/11049567? fr=ge_ala)

思 考 题

1. 飞机驾驶员是否直接操纵发动机? 为什么?
2. 推力杆和反推杆的位置锁定关系如何?
3. 改变发动机推力用什么进行控制?
4. 涡扇发动机的操纵可分成哪几个分系统? 操纵系统主要部件有哪些?
5. 简述在机械式发动机操纵系统中,驾驶员实现推力控制的完整过程。
6. 简述在电子式发动机操纵系统中,驾驶员实现推力控制的完整过程。

第3章　发动机起动和点火系统

3.1　发动机起动和点火系统概述

起动系统的主要功用是以外部动力设备(起动机)带动发动机转子从静止状态加速,使进入燃烧室的气流达到一定流量,帮助点火后的发动机迅速加速到自加速状态。点火系统的主要功用是产生火花,点燃油气混合气。燃气涡轮发动机装备有起动系统和点火系统,这两套系统是相互协调工作的,以确保发动机顺利起动。

3.2　发动机点火系统

在发动机起动过程中,燃气涡轮发动机的点火系统只工作很短一段时间。点火系统除了在地面起动和在空中再起动时工作外,在起飞、着陆以及恶劣天气时也要工作,而且当探测到压气机喘振时,为防止熄火,能自动提供高能高值的能量到两个点火电嘴。

3.2.1　点火系统的组成

燃气涡轮发动机的点火系统(见图3-1)是双套的,由电源、点火激励器、点火导线、点火电嘴及冷却系统组成,典型发动机点火系统的部件如图3-2和图3-3所示。

电源 ——→ 点火激励器 ——— 点火导线 ——→ 点火电嘴

图3-1　点火系统的组成

点火导线　　　　　点火激励器　　电源输入

图3-2　点火激励器、点火导线

右点火电嘴　右点火导线　左点火导线

图 3-3　点火导线、点火电嘴

3.2.2　点火激励器

点火激励器(见图 3-2)分为高能和低能两种,点火能量以焦耳(J)计算,设计中可以按实际需要选择。高能点火激励器输出能量较高(12 J),它能够保证发动机获得满意的再点火能力。然而,在某些飞行条件下,譬如结冰或在大雨和雪中条件下起飞,需要点火系统连续工作,以预防发动机燃烧室熄火,这时选择低能量(如 3~6 J)点火激励器较为有利,因为它可以延长点火电嘴和点火激励器的寿命。因此,为了适应发动机所有工作条件,有的发动机上的点火激励器使用高能、低能组合方式。

点火激励器的输入电源有直流电和交流电两种。

1.直流点火装置

直流点火装置分为断续器式点火装置和晶体管式点火装置。直流点火装置使用24~28 V的直流电源。

典型的直流断续器操作装置的工作原理如图 3-4 所示。它有一个感应线圈,由断续器机构操作,通过高压整流器给储能电容器充电。当电容器中的电压等于封严放电间隙的击穿值时,能量通过点火电嘴端面释放。装置中扼流圈可以延长放电时间,还装有一个放电电阻用以保证在系统断开 1 min 内把电容器贮存的能量释放掉。点火装置中的安全电阻可以使装置安全工作,即使当高压导线断开和绝缘时也能安全工作。

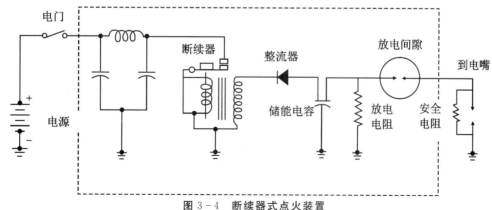

图 3-4　断续器式点火装置

晶体管式点火装置如图 3－5 所示,由晶体管取代断续器。它由于没有运动部件,因此寿命长、尺寸小、量轻。

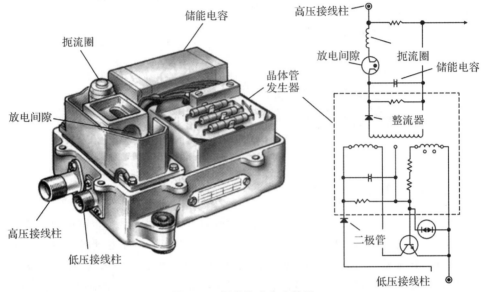

图 3－5　晶体管式点火装置

2. 交流点火装置

高压交流点火系统,如图 3－6 所示,该系统由交流电源提供 115 V、400 Hz 交流电,由变压器、整流器、储能电容、放电间隙、扼流圈、放电电阻、安全电阻和点火电嘴组成。

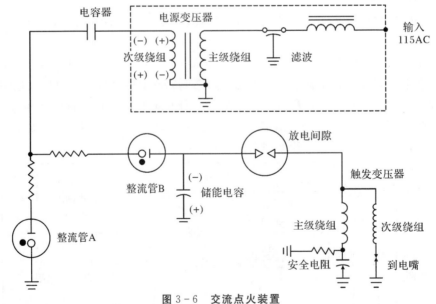

图 3－6　交流点火装置

它的工作过程如下:通电→经变压器产生高压交流电→整流器整流→储能电容充电→能击穿放电间隙→储能电容器储存的能量→向点火电嘴供电→在点火电嘴放电表面发生强烈的闪光放电→产生火花→点燃混合气。

3.2.3　点火导线

高能点火导线(见图 3-3)用于携带断续的高压输出从点火激励器到相应的点火电嘴。一个绝缘芯装在软金属屏蔽内和终止在每端的弹簧作用的触点。端接头通常包括自锁连接螺帽。

有些点火导线从初始端到末端都采用同样的结构,而有些点火导线设计时被分为两段:一段位于温度较低的区域,被称为冷段;另一段则位于环境温度相对较高的区域,被称为热段。冷段和热段分别有不同的结构。为延长点火导线的寿命并提高点火可靠性,热段点火导线周围通有冷却空气,用于冷却。某些发动机点火导线的冷却空气从低压压气机出口引出,然后沿着导线内的流道流向点火电嘴,最终从点火导线与点火电嘴连接处流出,从而对点火电嘴也进行了冷却,如图 3-7 所示。

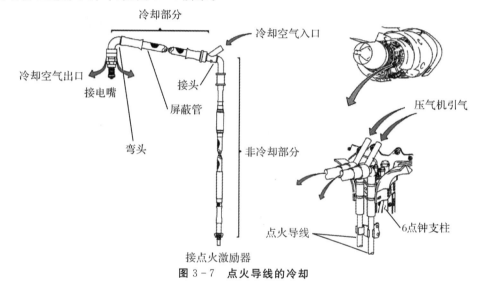

图 3-7　点火导线的冷却

安装点火导线之前,应检查弹簧作用的触点组件是否运动自由,在指定的地方按照相应的维护手册实施绝缘电阻检查,也应检查是否有擦伤,陶瓷绝缘衬套是否有裂纹或其他损伤。安装期间制造厂可能规定在点火电嘴螺纹上使用防咬化合物。

勤务工作期间,应检查导线是否牢固和损坏。特别应检查支撑夹附近的屏蔽是否有磨伤的痕迹和在它的整个长度上是否有滑油污染的迹象。

3.2.4　点火电嘴

点火电嘴有收缩或约束空气间隙式和分路表面放电式两种基本类型,如图 3-8 所示。

(1)分路表面放电式,点火电嘴有一个绝缘的端头,它由半导体雷管构成,允许自中央的高压电极向壳体漏电,使得雷管表面电离,为储存在电容器中的电能提供一条低电阻通路。放电采取从电极到壳体高电压跳火的形式。

(2)收缩或约束空气间隙式,其火花要击穿电极和壳体之间间隙处的空气,所需的电压高,高的电压要求整个线路具有非常好的绝缘性。

应经常检查点火电嘴是否牢固、损坏、漏气和高压导线连接是否可靠等。当拆卸时,应检查点火电嘴是否有热损坏、裂纹和雷管表面腐蚀。点火电嘴正常是不清洗的,但是如果积碳使得不可能检查雷管时,可去除积碳,小心不要损坏雷管表面。

当安装新点火电嘴时,制造厂有规定应检查点火电嘴伸入燃烧室的深度。这是借助于类似于空塞子的专用工具实现并通过选择适当厚度的垫片放在电嘴壳体下面进行调整。当更换点火电嘴时必须装新的封严垫圈,根据制造厂家的规定和维护手册的要求,对点火电嘴的螺纹进行润滑,并打好力矩。

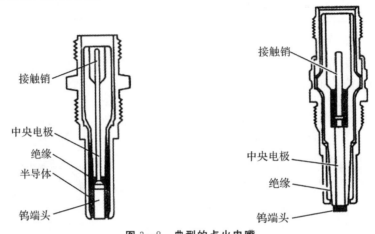

图 3-8 典型的点火电嘴

(a)分路表面放电式;(b)收缩或约束空气间隙式

3.2.5 空中再点火

若飞行中燃烧室中的火焰熄灭,喷气发动机需要再点火设备。发动机再点火的能力依据飞机的飞行高度和飞行速度而变化,再点火包线将示出发动机得到满意的再点火情况的飞行条件,如图 3-9 所示。在包线限制范围以内,若发动机转子风车转速足够,则只需点火和供油。若发动机转子风车转速不够,则需要起动机,起动程序与地面起动相同。

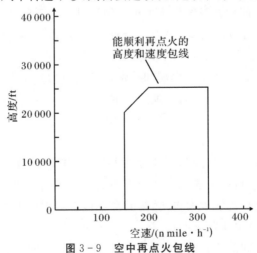

图 3-9 空中再点火包线

3.3　发动机起动系统

典型的发动机起动系统主要由起动机、起动电门或起动手柄、起动操纵及控制装置等部件组成,如图 3-10 和图 3-11 所示。

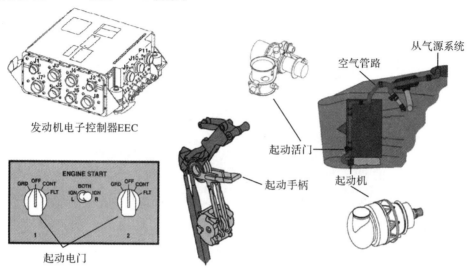

图 3-10　典型发动机的起动系统(一)

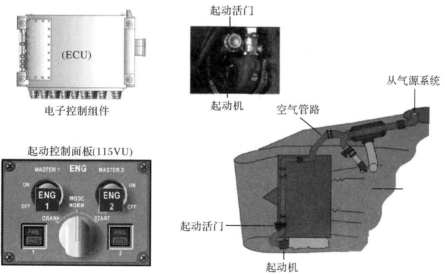

图 3-11　典型发动机的起动系统(二)

3.3.1　常见起动方法

发动机的起动程序基本相同,但实施的方法可以是各式各样的。根据飞机和发动机的不同要求,起动机的种类和功率来源也不同。起动机必须产生高扭矩并传递给发动机转子,以提供一种平缓的方式从静止状态加速转子,供应足够的空气到燃烧室和燃油混合燃烧,直到涡轮能提供足够的功率取代起动机的功率才脱开。

起动机有以下几种类型。

1. 电动起动机

电动起动机使用方便,主要用在涡轮螺旋桨发动机、小型涡轮喷气发动机和辅助动力装置上。电动起动机由直流电源、直流电动机、减速器、离合器等组成,如图 3-12 所示,可用地面电源、飞机电瓶或辅助动力装置提供的电源。

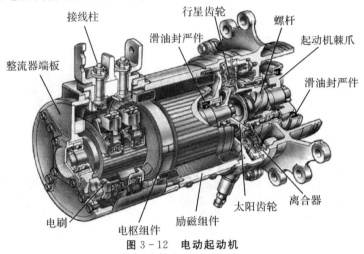

图 3-12　电动起动机

2. 空气涡轮起动机

空气涡轮起动机质量相对轻、扭矩大、结构简单和使用经济。目前,民用航空发动机上广泛采用空气涡轮起动机。

空气涡轮起动机需要有气源,它的可用气源有地面气源、机上辅助动力装置的引气和已经工作的发动机的引气,如图 3-13 所示。

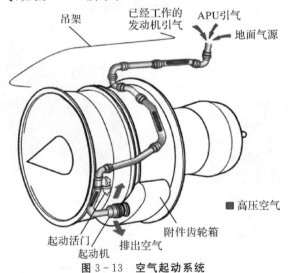

图 3-13　空气起动系统

空气涡轮起动机包括单级涡轮、减速器、离合器和传动轴等,如图 3-14 所示。单级涡轮的作用是将气源压力能转换成机械能。减速器的作用是将涡轮输出的高转速、低扭矩转换成带转发动机转子所需要的低转速、高扭矩。离合器的作用是控制起动机与发动机的脱开与接合,并防止扭矩过载损伤传动部件。传动轴的作用是传递扭矩。

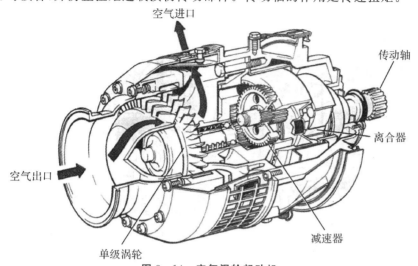

空气进口

传动轴

离合器

减速器

空气出口

单级涡轮

图 3-14　空气涡轮起动机

3. 燃气涡轮起动机

燃气涡轮起动机的结构如图 3-15 所示。燃气涡轮起动机含有一台小而紧凑的燃气涡轮发动机,一般采用涡轮驱动的离心压气机、回流式燃烧室和一个机械上独立的自由动力涡轮。它转速高、成本高、操控困难,通常用于某类型战斗机上。

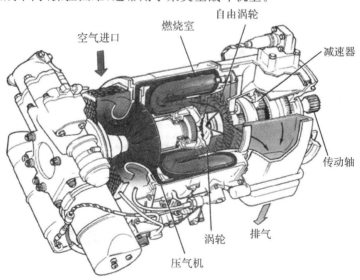

燃烧室

自由涡轮

空气进口

减速器

传动轴

涡轮

排气

压气机

图 3-15　燃气涡轮起动机

4. 冲击起动

冲击起动是指某些涡轮发动机不装起动机,而使用空气冲击涡轮叶片来起动发动机,如图 3-16 所示。空气冲击起动比通常的起动系统方法简单,并可以大大节省质量。

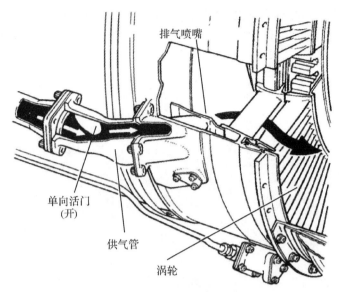

图 3 - 16　空气冲击起动

3.3.2　起动程序

发动机从静止状态到慢车转速的过程称为起动过程,根据起动过程中带转发动机转子加速的动力来源不同,起动过程可分为以下三个阶段,如图 3 - 17 所示。

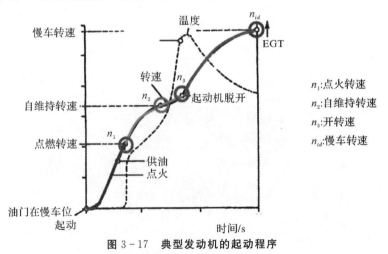

n_1:点火转速

n_2:自维持转速

n_3:开转速

n_{id}:慢车转速

图 3 - 17　典型发动机的起动程序

(1)从起动机工作到燃烧室点火喷油。

(起动电门接通)驱动力来自起动机,由起动机单独带动发动机转子加速。发动机转子的转速变化为从 0 到点火转速 n_1。当 n 等于点火转速时(停车/起动手柄移动到起动位),系统点火,供油燃烧,涡轮开始输出功率。

(2)从燃烧室点燃到起动机脱开。

驱动力来自起动机和涡轮转子,起动机和涡轮转子共同带动发动机转子加速。发动机转子的转速变化为从点火转速 n_1 到脱开转速 n_3。自维持转速 n_2:涡轮转子力矩等于发动机阻力力矩时的转速叫自维持转速。

（3）从起动机脱开自行加速到慢车转速。发动机能稳定工作的最低转速叫慢车转速。驱动力来自涡轮转子，由涡轮转子单独带动发动机转子加速。发动机转子的转速变化为从脱开转速 n_3 到慢车转速。这一阶段，起动机和点火电嘴都停止工作。

双转子涡轮风扇发动机的起动过程，如图 3-18 所示。和涡轮喷气发动机的起动一样，按照带转发动机转子加速的动力来源不同，第 1 阶段的驱动力来自起动机，第 2 阶段的驱动力来自起动机和涡轮转子，第 3 阶段的驱动力来自涡轮转子。起动机通常安装在附件齿轮箱上，起动机工作，带动水平传动轴，通过转换齿轮箱，将动力传给径向传动轴，径向传动轴将动力传到发动机内部的进口齿轮箱，带动发动机的高压转子转动。

选择起动之后，起动循环的工作是自动的；监视 EGT 等发动机参数不超出安全限制；如果必要，关闭高压燃油开关和断开起动主电门，停止起动。起动前检查起动机的能源供给；飞机迎风，帮助发动机加速。

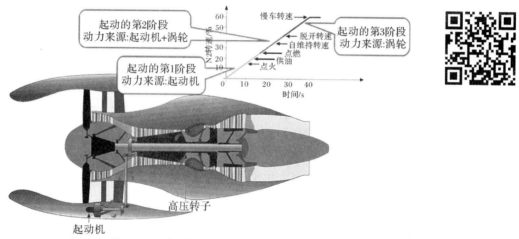

图 3-18　典型涡扇发动机的起动过程

3.3.3　发动机冷转

发动机冷转是指不点燃发动机内的油气混合气，由起动机带动发动机转子转动的过程。在整个冷转过程中，点火系统被切断，燃烧室处于"冷状态"。发动机冷转有干冷转和湿冷转两种形式。

（1）干冷转是在冷转过程中不向燃烧室输送燃油。干冷转常用于排除积油、积液，以冷却发动机，保证发动机能正常起动。干冷转的作用主要有：

1）冷却发动机以尽快进行发动机孔探工作。

2）吹去燃烧室积油。

3）确认发动机转子能够正常转动。

4）确认起动机和起动空气活门能够正常工作。

5）确认发动机的最大冷转转速以确保后续的发动机起动。

（2）湿冷转是在 N2 转速至少达到 20％时短时间向燃烧室输送燃油。湿冷转主要用于发动机燃油系统油封以后的解封及发动机燃油系统渗漏检查。

干或湿冷转时可以打开风扇整流罩和反推整流罩。

在干或湿冷转后,排气尾锥中有大量的滑油污迹是正常的,原因如下:对于转子主轴承采用篦齿封严油槽的发动机(比如 CFM56 系列发动机)来说,当转子转动时,去油槽润滑发动机主轴承的滑油需要从内涵气流引气到油槽夹层增压封严。但是干或湿冷转时转速低,油槽夹层增压空气压力低,特别是后油槽。后油槽夹层中的增压空气压力不足以封严滑油,滑油会泄漏到夹层中。夹层底部有余油管路,泄漏的滑油会沿着该余油管路流到排气尾锥中。

3.3.4 起动过程中的常见故障

发动机起动过程中要密切注意防止不能正常点火、热起动或起动超温、起动转速悬挂、起动机不能自动脱开以及发动机的参数摆动、喘振、振动过大等故障。其中,不能正常点火、起动过热与起动转速悬挂是最为常见的故障。

(1)不能正常点火:在向发动机燃烧室供给燃油后,油气混合气没有被正常点燃,直接表现为发动机排气温度或者转速指示不增加,表明发动机未点燃,应该终止起动。而某些发动机则通过冷转排出燃烧室的残留燃油后,可接通该发动机的点火电门,检查点火电嘴的点火情况,如果点火正常,可再次起动。否则,应该排除点火故障后再起动。

(2)起动过热:在起动过程中,发动机排气温度(EGT)上升较快有超温的趋势。起动超温:在起动过程中,EGT 上升很快,而且超过了规定的最大允许限制值。这时应立即停车,检查故障原因并处理。热起动和起动超温一般是油气比过大造成的。燃油调节器故障、结冰或压气机前部有障碍物都可能造成油气比不正常。

(3)起动转速悬挂是起动过程中转速停滞在某一较低转速而不能进一步加速到慢车转速。起动悬挂分为热悬挂和冷悬挂。大气温度较低时,大气密度较大,发动机空气流量增大,压气机消耗功率也较大,同时大气温度低会使滑油变稠,摩擦力矩也随之增大。在起动机功率不变的条件下,起动过程第一、二阶段的剩余功率将会减小,起动的可靠程度变差,有时会出现在起动过程的某个转速下,剩余功率等于零而停止加速从而造成"冷悬挂"。大气温度过高或在高原机场的情况下,空气密度低,发动机空气质量流量较小,起动过程中容易形成混合气富油,涡轮前温度较高,可能引起压气机进入气动不稳定状态,结果出现涡轮前温度升高而转速停止增加,该现象则被称为"热悬挂"。

3.4 典型的发动机起动和点火系统

3.4.1 B737 飞机发动机起动和点火系统

1.B737 飞机发动机起动系统

B737 飞机发动机起动操纵系统如图 3-19 所示。起动手柄位于驾驶舱中央控制台上,起动电门是旋转式电门,共有四个位置:"GRD"(地面)、"OFF"(关断)、"CONT"(连续)和"FLT"(飞行)位。

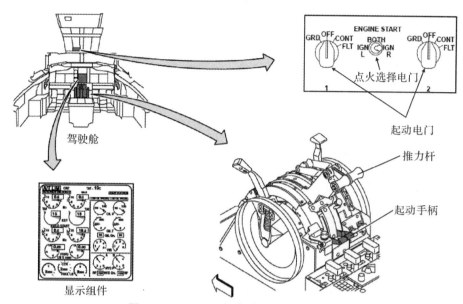

图 3-19　B737 飞机发动机起动操纵系统

"GRD"（地面）位用于地面起动；"FLT"用于空中起动，此时起动活门关闭，飞机飞行中的气动力可起到起动机的作用，只需点火和供油，但通常要降低高度进行空中起动。当遇到起飞、着陆、空气紊流或结冰等恶劣天气时，将起动电门放在"CONT"（连续）位，提供连续点火。

发动机起动系统气动部件位于发动机左侧下部，包括上部空气管、起动活门、下部空气管和起动机，如图 3-20 和图 3-21 所示。

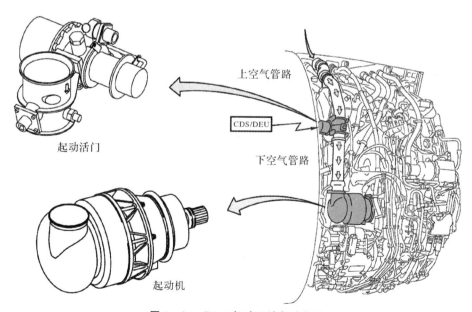

图 3-20　B737 起动系统气动部件

图 3-21　起动机和起动活门

　　打开发动机左侧风扇整流罩可以接近起动系统的相关部件。有两个气动起动机导管组件。上部组件有两根导管和两个柔性接头。一端连接到发动机吊架上的气动导管;另一端连接到起动活门。下部组件有一根导管,连接起动活门到起动机。

　　起动机通过发动机附件齿轮箱带转发动机高压转子。起动活门是电控气动活门,是气动力打开、弹簧力关闭的蝶形关断活门。起动活门打开,提供气压动力至起动机。通常,把发动机起动电门放到"GRD"位置时,此活门打开。起动活门是否工作,可通过驾驶舱内压力表压力的变化及指示来表示。如果电流无法控制打开起动活门,此时起动活门可以用人工操纵打开,如图 3-22 和图 3-23 所示。人工操纵打开起动活门时,把 3/8 in 的方形摇杆,通过左风扇整流罩上的接近孔打开起动活门,孔的旁边有标牌标明活门的打开和关闭方向。

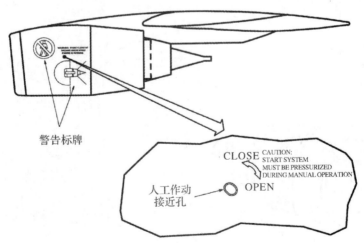

图 3-22　人工打开起动活门

图 3 - 23　起动机超控接近口

2.B737 飞机发动机点火系统

发动机的点火系统包括点火选择电门、两个点火激励器、两个点火电嘴和两条同轴屏蔽点火导线。

点火选择电门位于 P5 板,用于选择点火激励器和点火嘴,如图 3 - 24 所示。选择电门有三个位置:"IGN L"(左点火激励器工作)、"BOTH"(两个点火激励器共同工作)、"IGN R"(右点火激励器工作)。

每台发动机上有两个点火激励器,如图 3 - 24 所示,根据需要可提供起动点火和连续点火。两个点火激励器中的任一个都能单独工作,最好采用两个点火激励器交替使用。它提供高压电给点火电嘴。

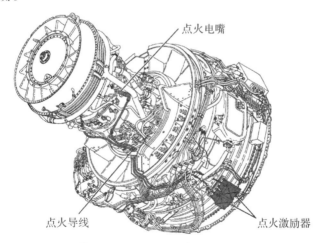

图 3 - 24　B737 飞机点火系统

从点火激励器出来的到点火电嘴的点火导线分布在发动机的左右两侧,将点火激励器产生的能量传输给点火电嘴。两个点火电嘴通过转接座安装在燃烧室机匣 4 点钟和 8 点钟位置。点火电嘴的端头穿过燃烧室火焰筒外筒壁伸入燃烧室,提供电火花来点燃燃烧室的油气混合气。发动机点火系统的部件如图 3 - 25 所示。

点火激励器　　　　　　　点火电嘴　点火导线

图 3-25　发动机点火系统的部件

3.B737 飞机发动机的起动过程

起动发动机前,必须确保地面危险区域无人员和设备,以防止发动机工作时对人员造成伤害和对设备造成损坏。飞机的机型不同,但发动机起动前的检查基本是一致的。

发动机的外部检查是飞机飞行前检查项目的一部分,有关发动机的检查内容有:发动机进气道有无异物、风扇叶片有无裂纹、发动机有无任何渗油痕迹、发动机喷管内有无异物、发动机前方区域是否清洁等。

驾驶舱的准备:机长和副驾驶按照规定完成驾驶舱的准备项目,完成飞机各系统的测试及状态设置,完成飞机的导航、通信参数设置,在机组收到塔台离场许可后,完成发动机起动前项目,检查气源压力,打开飞机防撞灯电门,最后完成发动机起动前检查单的内容。

起动注意事项:

(1)机组注意力的分配要适当。在上提发动机起动手柄前,机组的注意力应集中在对起动机工作的监控和 N1、N2 的变化上;在上提起动手柄后,机组应重点监控发动机的各个参数,尤其是 EGT。

(2)上提起动手柄要适时。若上提起动手柄过早,由于 N2 转速较低,空气流量较小,容易造成过富油,引起压气机喘振,造成发动机热起动;若上提起动手柄过晚,涡轮工作过晚,起动加速时间延长,会影响起动机的使用寿命。

(3)随时做好中止起动的准备,防止不正常起动情形出现。

在发动机起动过程中,必须监控以下参数:N2 转速、滑油压力、N1 转速、燃油流量和 EGT。

B737 飞机发动机的地面起动程序,如图 3-26 和图 3-27 所示。

以下是 B737 飞机发动机起动程序概要。

1)遵守安全程序和飞机与发动机各项限制。

2)调定点火,选择电门至 IGN L(左点火)或 IGN R(右点火)。

3)把发动机起动电门放在 GRD(地面)位置。

4)查看起动活门打开指示。

5)监控 N2 转速。

6)确保滑油压力增加。

7)与地面人员通话证实 N1 开始反时针方向转动。

8)在最少 25％N2 转速时移动发动机起动手柄至慢车位置。

9)确保燃油流量处于极限内。

10)确保 EGT 上升。

11)监视 EGT 和 N2 转速增加直至起动机在 55％N2 脱开为止。

12)确保发动机起动电门在 55％N2 时返回至 OFF（关断）位置。

13)在发动机转速增加至慢车时，监控发动机所有参数。

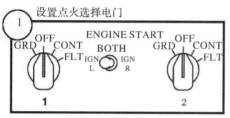

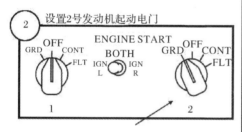

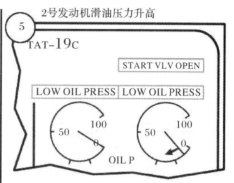

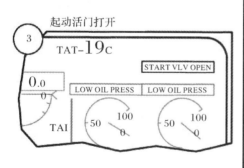

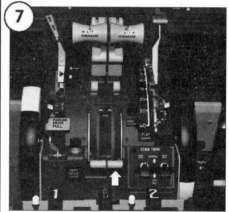

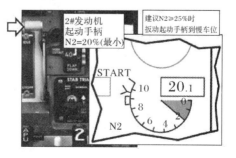

图 3－26　发动机起动程序（一）

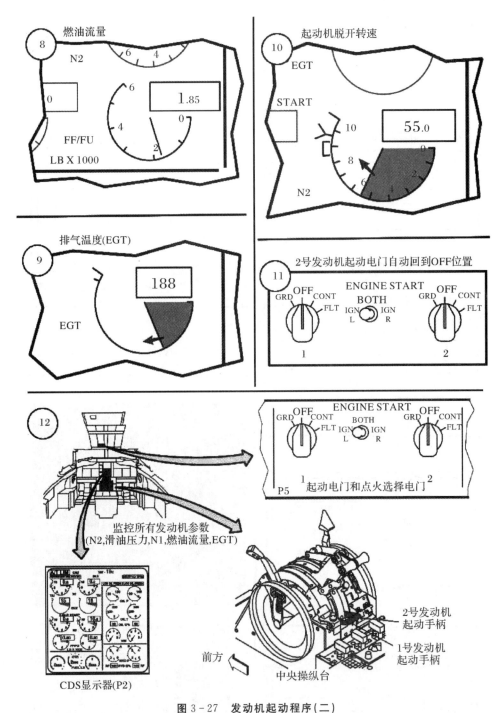

图 3-27　发动机起动程序（二）

3.4.2　A320 飞机发动机起动和点火系统

A320 飞机发动机起动系统可由 FADEC 自动控制起动机、点火装置、起动供油等，可实现发动机的自动起动。图 3-28 和图 3-29 分别为 A320 飞机发动机起动点火系统和起动面板示意图。

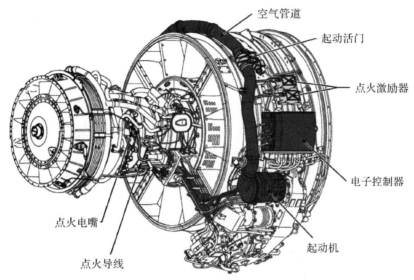

图 3-28　A320 飞机发动机起动点火系统

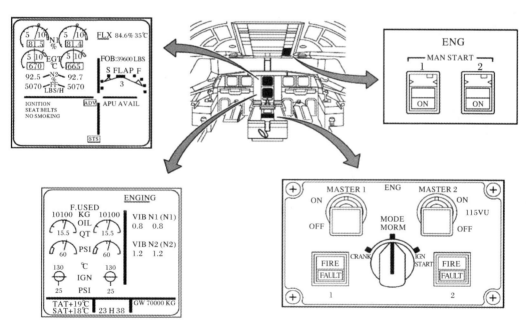

图 3-29　A320 飞机发动机起动面板示意图

A320 飞机发动机分为自动起动、手动起动和发动机冷转三种起动方式。

1. A320 飞机发动机自动起动

在自动起动方式中,电子控制组件(Electronic Control Unit,ECU)控制整个起动程序,如图 3-30 所示。如果起动参数超出限制,那么发动机起动自动终止。

通过移动发动机方式选择电门到"IGN/START"(点火/起动)位,进行自动起动,这时发动机起动页面在系统显示上出现。必须检查滑油系统中的实际滑油量,检查气源管道压力,发动机起动最低压力是 25 psi[①]。

当发动机主电门置于 ON 位,低压燃油关断活门打开,燃油流到液压机械装置,该信号送到发动机控制装置,打开起动活门,空气进入起动机,从发动机起动页上能够监视起动活门位置;起动机带动 N2 转子转动,检查 N2 转速增加时滑油压力也增加,当 N2 增加到 16% 时,ECU 作动一个点火系统,发动机和警告显示系统显示出点火系统工作,发动机起动页显示出点火系统工作;当 N2 转速增加到 22% 时,ECU 送出信号到液压机械装置打开燃油计量活门;燃油压力能打开燃油关断活门,燃油流到燃油喷嘴,EGT 增加,表明发动机点燃;当 N2 转速到达起动机脱开转速时,ECU 送出信号,关闭起动机活门和断电点火系统;发动机转速稳定在慢车转速,起动程序完成,发动机方式电门需要人工转到"NORM"(正常位)。

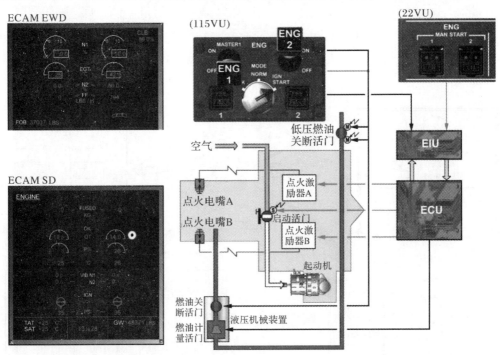

图 3-30 A320 飞机发动机自动起动

2. A320 飞机发动机手动起动

发动机手动起动(见图 3-31)与自动起动的差别是前者需要发动机手动起动推钮。手动起动推钮打开起动机活门,空气流到起动机;N2 转速超过 20% 时,发动机主电门到 ON

---

① 1 psi=6.89 kPa。

位;发动机点燃油气混合气,发动机转子加速到慢车转速;当 N2 转速增加到 50％时,ECU 关闭起动机活门和断电点火系统。手动起动程序的最后工序是将发动机方式选择电门转到正常位,手动起动推钮到 OFF 位。

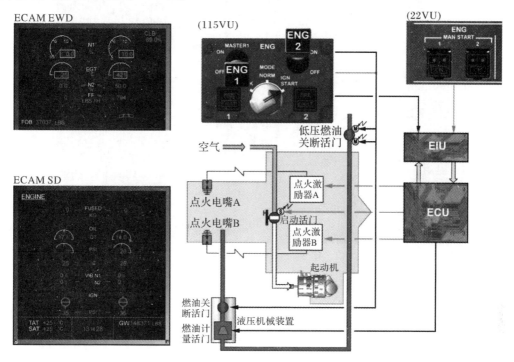

图 3-31　A320 飞机发动机手动起动

3. A320 飞机发动机冷转

发动机冷转用于检查发动机系统和泄漏,冷转期间必须遵守起动机工作限制,对于 A320 飞机,起动机工作时间是 2 min。发动机方式选择电门处于"CRANK"(盘车位),在冷转期间,仅起动机转动发动机转子,点火系统不工作。用手动起动推钮打开起动机活门,起动机将加速发动机到冷转转速;当 N2 转速高于 15％时,将发动机主电门置于 ON 位,燃油开始供应;当看到燃油流量指示增加时,发动机主电门返回 OFF 位,这就是湿冷转。每次湿冷转后,必须吹掉燃烧室的剩余燃油,干冷转 1 min;干冷转后必须再次关闭起动机活门。为了使起动系统回到正常位,发动机方式选择电门必须回到正常位。

▶拓展阅读

CJ1000A 发动机

1. 概述

CJ1000A 民用大涵道比涡扇发动机为双轴直驱发动机(见图 3-32),能够满足 150～180 座级单通道飞机(配备双发)对动力的需求,具有低排放、低噪声、低油耗的特点。

图 3 - 31　CJ1000A 发动机

2.发展历程

2011 年 6 月 29 日,我国大型客机发动机重大专项的主承制单位——中国航发商用航空发动机有限责任公司在广泛征求各方面意见的基础上,综合借鉴国外知名商用航空发动机公司的命名规则,正式将国产大飞机发动机命名为"CJ1000A",中文名称为"长江"发动机。历经 7 年,于 2018 年成功完成首台验证机整机点火,随后经过 4 年多地面航发测试,完成测试任务。CJ1000A 迎来了突破性进展,已在航发通用飞行台完成了首飞测试,而且表现良好。

中国发动机的研制分为需求分析与定义、概念设计、初步设计、详细设计,以及试制与验证 5 个阶段,进入试制阶段意味着核心机研制已经完成,搭配风扇和低压涡轮研制技术验证机也获得了成功,到了试制原型机的阶段。原型机试制完成后就可以投入适航试飞验证,拿到民航型号合格证后就可以量产,进入航线运营。CJ1000A 现在等于进入了项目研发的最后一个阶段,距离取得成功越来越近了。

3.意义

根据目前公布的资料,CJ1000A 涡扇发动机的推力达 13 t,与目前 C919 原型机使用的美国 LEAP 发动机性能一样,特别是油耗和可靠性指标也基本接近。在噪声和排放上也采用了一些新的技术,达到欧美国家的标准。因此,未来 CJ1000A 是必然要替换掉 C919 国外的发动机的。

如今,CJ1000A 发动机取得了突破性进展,替换的日子会越来越近。中国商用航空发动机公司表示,CJ1000A 争取在 2024 年取得合格证,于 2025 年安装在 C919 上。基于这样的规划进度,我们所期待的 C919 客机换掉国外发动机,确实是指日可待了。

商发公司表示,将以 CJ1000A 发动机产品开发为切入点,技术、产品、产业并举,举全国之力、汇全球之智、构筑大发动机伟业,为人类绿色动力事业作出一份贡献。

(资料来源:CJ1000A 发动机百度百科 https://baike.baidu.com/item/CJ1000A/3546181? fr=ge_ala)

思 考 题

1.燃气涡轮发动机上常使用哪种类型的点火系统?

2.燃气涡轮发动机使用的复合式点火系统各在什么情况下输出低值和高值?

3.燃气涡轮发动机点火系统在哪些情况下工作?

4.点火系统电源分哪几种?

5.发动机点火系统由什么组成?

6.什么是再点火包线?

7.点火导线安装前,注意检查什么? 点火电嘴安装前需注意什么?

8.什么是发动机起动过程? 说明燃气涡轮发动机起动三个阶段是如何划分的?

9.目前民用航空燃气涡轮发动机所使用的空气涡轮起动机的空气来源有哪些?

10.目前民用航空燃气涡轮发动机一般使用什么类型的起动机? 为什么?

11.涡喷发动机的起动系统的功用是什么?

12.什么是热起动? 造成热起动的原因是什么?

第4章 发动机空气系统

4.1 发动机空气系统概述

发动机是一种以空气为工作介质的热机,在其工作过程中,整体所产生的热量极其巨大,一般发动机涡轮叶片工作时需要承受 700 ~ 900 ℃ 的工作温度,这就使得如何保证在极热工作环境下发动机整体正常工作成为关键的问题。因此,发动机空气系统的主要作用是提供发动机机匣冷却以及叶片冷却的冷却空气。同时,为保证航空器机舱的增压空气与空调气源,发动机空气系统也将从发动机高压级压气机处进行引气。空气系统还必须在保证发动机正常运行的同时,提高发动机的工作效率,避免发生喘振。

4.1.1 内部空气系统

发动机空气系统是指对发动机推力的产生无直接影响的空气流系统。为了发动机能够安全和有效地工作,该系统具有几项很重要的功能。这些功能包括轴承腔增压封严、发动机的内部和外部部件以及附件装置的冷却,控制轴承的轴向载荷,推力平衡,压气机防喘控制,控制涡轮叶片的叶尖间隙和发动机防冰控制等。

空气从风扇后、压气机的中间级以及高压级引出,以不同的温度和压力满足特定的功能要求。典型发动机引气系统示意图如图 4 - 1 所示。

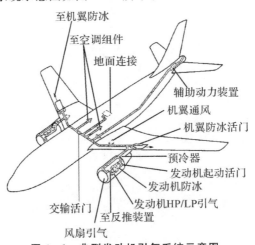

图 4 - 1 典型发动机引气系统示意图

发动机空气系统还为飞机的使用要求提供引气,用于飞机空调、增压、起动发动机、机翼防冰、探头加温等。当然,飞机用气还可以从辅助动力装置引气或飞机在地面时从地面气源得到。飞机气源系统从发动机获得增压空气并调节其压力和温度,继而引导其通过关断活门到气源总管(管道是钛合金结构的)。

在 CF6 - 80 系列发动机中,当全部发动机空气通过进气道流入发动机风扇,并经过风扇叶片增压后,气流被分成核心内涵道气流以及外涵道气流两路。核心气流大约占发动机全部气流的 1/5,它进入发动机时在风扇轮毂的附近,从而被低压压气机分流为内侧气流的空气,它流过压气机进入燃烧室产生高压燃气驱动涡轮,最终从尾喷管排出产生推力;外涵道气流大约占发动机全部气流的 4/5,用于为发动机提供绝大部分的推力。冷却气流不直接对发动机的推力产生影响,主要用于为发动机的各个功能部件提供冷却和增压空气。冷却气流的流量相对于上述两类气流总量较小,可以忽略不计。具体内部空气流动路线如图4 - 2 所示。

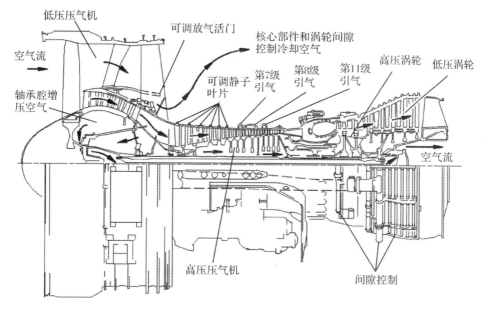

图 4 - 2　发动机内部空气流动路线

4.1.2　轴承腔的增压封严

轴承在工作过程中需要大量滑油来冷却、润滑,但要防止滑油漏入气流通道。另外,涡轮燃气通道中的高温燃气也不能向轴承腔泄漏,否则会对滑油产生一定的影响。为此,应对轴承腔采取一定的封严措施,即把轴承的工作腔与外界的气流通道之间用封严装置隔开,这个靠封严装置与外界气流通道隔开的轴承工作腔就叫作轴承腔,也叫作油槽。一个轴承腔内可以有一个或多个轴承。

B737 系列飞机所采用的 CFM56 发动机的 1 号和 2 号轴承腔滑油增压封严如图 4 - 3

所示。为保证发动机轴承腔的滑油密封效果,轴承腔通常做成双层壁面结构,内层壁构成的内腔用于收集滑油,通过回油管将滑油送回滑油箱;外层壁面与内层壁面之间形成空腔,在空腔中引入较高压力的增压空气(如 CFM56 发动机采用低压压气机出口空气),由于内腔的空气压力低于双层壁面之间的增压空气,因此形成一股由外向内流动的气流,构成对篦齿封严的增压,阻止滑油向外渗漏。为保持双层壁面之间的空气具有足够的压力,外层壁与输出轴之间同样具有篦齿封严。同时,为了保持对篦齿封严持续增压,轴承腔内必须与外界大气相通,以便及时排出从篦齿封严流入的增压空气。图 4 - 4 所示为轴承腔的封严原理示意图。

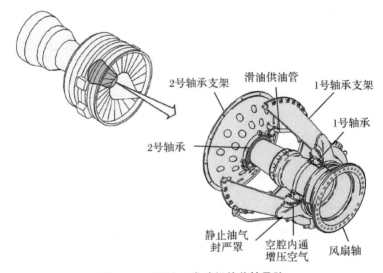

图 4 - 3 CFM56 发动机的前轴承腔

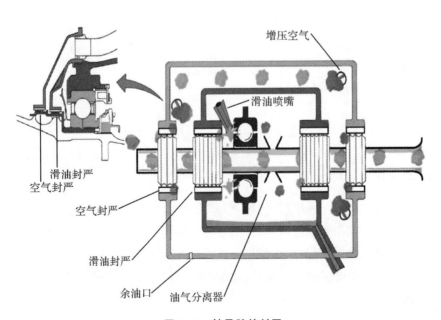

图 4 - 4 轴承腔的封严

用于封严增压的空气通常引自发动机压气机,其压力与发动机转速关系密切。当发动机转速较大时,压气机增压比较高,增压空气的压力较大,增压作用较为明显,篦齿封严的密封效果较好;而转速较小时,增压空气的压力则相对较小,篦齿封严的密封效果较差,漏油比较严重,这一特性在 CFM56-7B 发动机上表现非常明显,该型发动机长时间冷却后,在尾喷管中心锥内会出现大量的滑油,主要是因为冷转时对篦齿封严增压效果不佳。仅从增压的角度讲,采用压气机最后级的气体较为理想,但由于最后级的气流温度太高,滑油不能承受如此高的温度,因此不被采用,通常采用低压压气机出口空气来进行增压。

4.2 发动机冷却系统

发动机冷却系统分成外部冷却空气系统和内部冷却空气系统。内部冷却空气系统的任务是内部冷却和压力平衡。所有的内部空气流均取自于内涵道气流。其中对涡轮机匣进行冷却可以减小径向间隙,从而减小漏气损失,提高涡轮效率,改善发动机经济性。

4.2.1 发动机内部冷却

1. 高压压气机冷却

压气机冷却空气通常用于控制高压压气机轴和盘的温度,既可以对其冷却,也可以对其加热。冷却空气通常采用来自低压压气机出口的气体,对高压压气机的轴和轮盘进行冷却,从而改善它们的工作条件。典型的冷却和封严空气流如图 4-5 所示。

图 4-5　发动机的内部冷却

2. 燃烧室冷却

在燃气涡轮发动机设计阶段的一项重要考虑是:保证发动机的某些零件以及某些附件在特定情况下温度不会超标,从而不会危及发动机安全工作。需要空气冷却的主要区域是燃烧室和涡轮。

　　燃烧生成的燃气温度为 1 800～2 000 ℃,由于燃气温度太高,若直接流入涡轮会烧坏涡轮叶片。因此,进入燃烧室内大约 25% 的空气从火焰筒头部流入,流经旋流器并与燃油混合后在燃烧区被点燃,其他大约 75% 的空气用于与燃气混合冷却,从而降低进入涡轮的燃气的温度。用于冷却的气体一部分通过火焰筒上径向孔进入稀释区,而其余的空气则通过火焰筒壁面的切向孔进入火焰筒,对火焰筒进行冷却,同时可大大降低进入涡轮的燃气温度。由切向孔流入火焰筒的空气沿火焰筒壁内表面流动,从而在燃气与火焰筒之间形成一层隔热空气膜,将火焰筒壁面与高温燃气隔开,这种冷却方式被称为气膜冷却。如图 4-6 所示。

　　目前的气膜冷却技术可使冷却壁面所需的空气流量比对流冷却方式所需的量减少多达 50%。油气混合气的主要燃烧应当在冷却空气进入火焰筒之前完成,随着冷却空气的流入,可对燃气中还没有燃烧完全的燃油进行补燃,使燃烧更为完全,从而减小发动机耗油率,提高经济性。

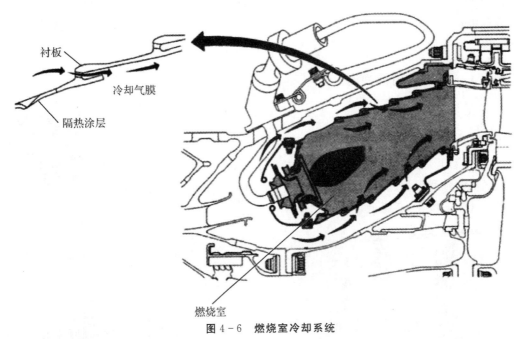

图 4-6　燃烧室冷却系统

3.涡轮冷却

　　在燃气涡轮发动机中,涡轮前燃气温度是一个非常重要的性能指标,它决定了单位质量的空气流过发动机能够产生的推力大小,燃气温度越高则相应能够产生的推力越大,在相同推力的情况下,发动机的尺寸就可以缩小。因此设计发动机时要尽量提高涡轮前燃气温度,但它受到涡轮叶片和导向器制造材料的限制。涡轮叶片的寿命不仅取决于它们的结构形式,而且与冷却方式有关,因此内部流道的气流设计对涡轮叶片的使用寿命非常重要,发动机制造商通过不断改进涡轮叶片的内部冷却通道以及结构来提高涡轮叶片的寿命。涡轮转子叶片冷却形式发展历程如图 4-7 所示。

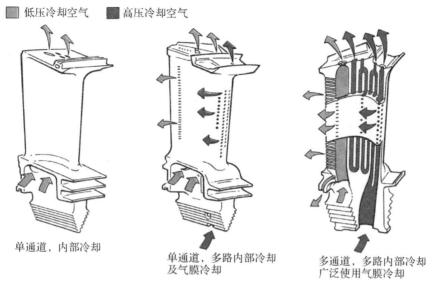

图 4 - 7　涡轮转子叶片冷却形式发展历程

　　高压涡轮静子导向器的冷却情形如图 4 - 8 所示。在现代飞机发动机涡轮进口导向器或多级涡轮导向器,以及转子叶片的制造过程中,采用特殊工艺将其内部做成空腔,而表面有很多小孔与内部空腔相通,在叶片内部的空腔中引入一定的"冷空气"(压气机引气)对这些部件进行连续不断的冷却,冷却叶片后空气由叶片表面的密集小孔排出,在叶片表面形成一层保护气膜,将高温燃气与叶片本身分隔开,因此可以允许推动涡轮工作的燃气温度超过材料的熔点而不会造成叶片和导向器被烧坏,被称为气膜冷却,是目前广泛采用的冷却方式。涡轮后几级由于燃气温度已经降低到材料能够承受的温度,为了降低制造成本通常被做成实心叶片。从涡轮叶片向涡轮盘的热传导也要求对轮盘加以冷却。

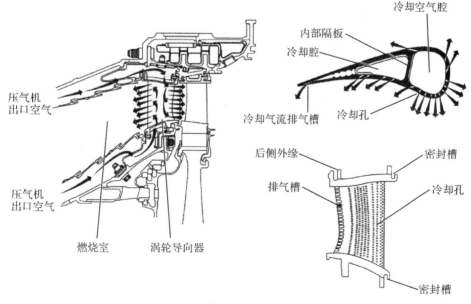

图 4 - 8　高压涡轮导向器的冷却

冷却涡轮盘的空气进入涡轮盘内部的空腔,并向外流过轮盘表面,然后沿级间封严与轮盘之间的通道进入涡轮叶片的叶根,对涡轮叶片的根部进行冷却,在完成对涡轮转子的冷却之后,重新加入主燃气流中。涡轮轴也需要低压压气机空气冷却,然后排出机外。图4-9为高压涡轮盘和涡轮叶片的冷却。

另外一个与涡轮叶片冷却有关的因素是环境条件,如果大气中含有的悬浮颗粒或其他化学污染物多,则可能引起内部冷却通道的堵塞或内部腐蚀,使涡轮叶片的寿命大大缩短,因此在发动机设计和改进中需要全面考虑叶片冷却效果与预防颗粒物堵塞冷却通道和内部腐蚀问题。

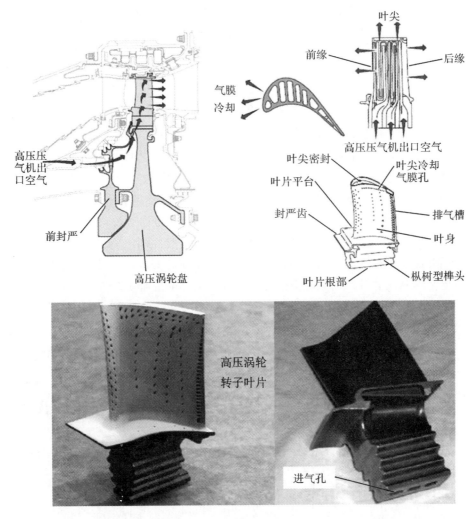

图4-9 高压涡轮转子的冷却

4.2.2 发动机外部及附件冷却

涡轮风扇发动机整流罩与机匣之间的区域被分为两个部分:风扇舱和核心机舱。外部冷却系统能够确保发动机风扇整流罩与风扇机匣之间区域的通气和核心舱所有发动机和飞机附件得到足够冷却,同时能够防止可燃蒸气在发动机舱内聚集。两个舱由隔框和防火密封隔开,每个舱分开冷却和通风,如图 4 - 10 所示。风扇舱由外部冲压空气冷却和通风(见图 4 - 11)。核心舱通常由风扇出口空气冷却和通风,采用对流进行冷却(见图 4 - 12)。

发动机的有些附件工作时本身不产生热量,但位于发动机温度较高的部位(热端),因此这些附件常常也需要冷却。

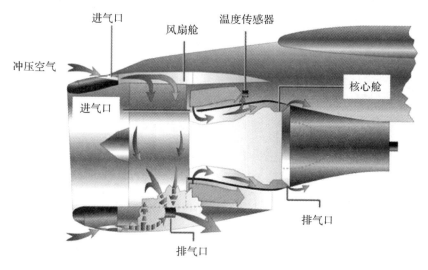

图 4 - 10　发动机的外部冷却

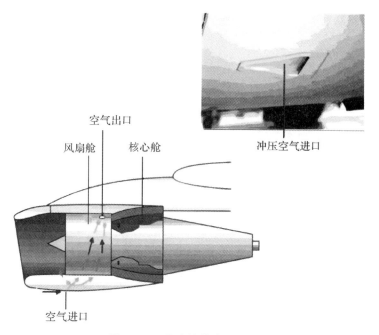

图 4 - 11　风扇舱的冷却和通风

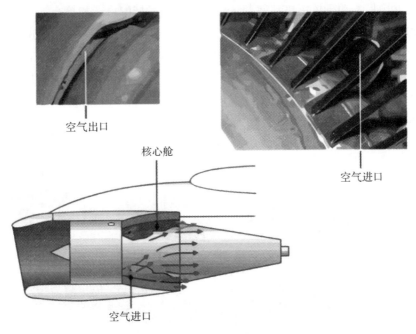

空气出口

空气进口

核心舱

空气进口

图 4-12　核心舱的冷却和通风

1. 低压涡轮机匣的冷却

有些发动机的低压涡轮机匣采用外设冷却空气管的形式来进行冷却,也有些发动机的低压涡轮机匣做成双层形式,引导冷空气流入夹层来进行机匣冷却。如图 4-13 所示。

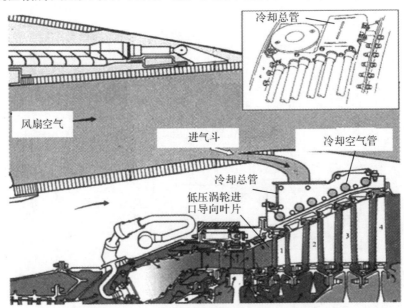

冷却总管

风扇空气

进气斗

冷却空气管

冷却总管

低压涡轮进
口导向叶片

图 4-13　某型发动机低压涡轮机匣的冷却

2.整体驱动发电机的冷却

整体驱动发电机在工作时产生大量的热,它有两种冷却方式:燃油滑油热交换器和空气/滑油热交换器。整体驱动发电机的热滑油通常经过空气/滑油热交换器,从发动机外涵道引气冷却,从而到达冷却滑油的目的。CF6-80 系列发动机的整体驱动发电机位于附件齿轮箱的左后方,如图 4-14 所示。

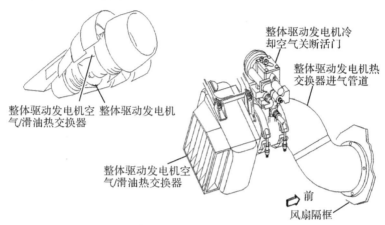

图 4-14 整体驱动发电机空气/滑油热交换

3.点火导线的冷却

发动机点火导线的冷却空气通常来自低压压气机的排气,例如 CFM56-3 发动机,其冷却空气引气口位于风扇框架中介盒 3 点钟位置。冷却空气导管通过 3 点钟位置支柱,连接到一个接头,通过此接头可将冷却空气引到点火导线编织导管内的环形通道,流到点火电嘴冷却空气套筒,为点火电嘴提供冷却空气,如图 4-15 所示。

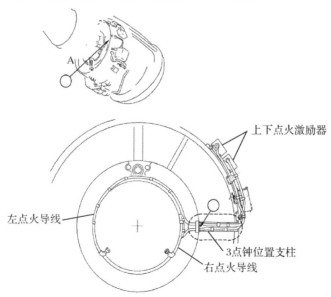

图 4-15 CFM56-3 发动机点火导线的冷却

4.3 压气机气流控制系统

4.3.1 压气机气流控制系统的作用和控制方法

如果压气机的工作状态偏离设计状态过多,就会发生气流分离和空气动力诱导的振动。这些现象通常是由下述两种形式之一引起的。转子叶片可能因为空气流相对叶片的迎角太大或者太小而出现失速。前者是压气机前面级在低转速下发生的问题,而后者通常是高转速下压气机后面级容易出现的问题,每一种都可以导致叶片振动。如果失速的叶片过多,则会引起气流通道堵塞,使发动机出现喘振。压气机的设计要留有足够的喘振裕度,即压气机工作线与喘振边界线之间有一定的距离,以避免进入喘振区。不过一台发动机的喘振边界线和工作线之间的相对位置并不是固定的,它会随着发动机性能衰退、叶片磨损、封严间隙、空气流通道的清洁程度等许多因素的变化而变化。

压气机空气流量控制又称可变几何通道控制,它采用压气机放气和静子叶片可调来实现,改变非设计状态下压气机速度三角形中绝对速度的轴向分量、绝对速度的切向分量和圆周速度,使气流速度相对转子叶片的攻角与设计状态相近,以避免叶片失速,防止压气机喘振,提高发动机的工作稳定性和压气机效率。

发动机喘振常出现的阶段有起动、加速、减速等过渡状态和反推展开后的工作。对于双转子轴流式压气机,加速时燃油流量的增加使燃烧室燃气温度突然升高,高压涡轮导向叶片处的流量突然减小,从而使高压转子容易进入喘振区;减速时高压转子较低压转子减速快,对于低压转子来说高压转子起到节流作用,因此低压转子容易进入喘振区。

通常发动机采用可调放气活门(Variable Bleed Valve,VBV)和可调静子叶片(Variable Stator Vane,VSV)的方式来进行防喘控制。当发动机的工作状态离喘振边界较近时放气活门打开,一部分压气机中间级或低压压气机后高压压气机前的空气通过放气活门放出,增加了压气机前面级的空气流量,增大了空气流的轴向速度,从而减小了气流攻角,可以使压气机保持足够的喘振裕度。发动机在低转速时的工作线距喘振边界较近,喘振裕度较小,这时放气活门打开;快速减速时,由于高压转子的节流作用,低压转子的喘振裕度也偏小,此时也需要打开放气活门进行放气。一旦脱离喘振区,放气活门就关闭。活门关闭过早或过晚均不利:关闭过早则发动机没有脱离喘振范围,仍可能喘振;关闭过晚,放掉太多空气,造成浪费。活门关闭转速还受大气温度的影响,大气温度升高,关闭转速应增大。

现代涡轮风扇发动机上采用的可调放气活门和可调静子叶片均采用闭环控制方式。整个控制系统包括控制器、作动部件和反馈装置。控制器根据压气机的工作状态计算放气活门或可调静子叶片需求开度,控制器可分为液压机械式和全权限数字电子式两种。作动部件为作动筒或液压马达,通过燃油进行操纵。反馈装置为钢索或电子式的位置传感器,如线性可变差动传感器(Linear Variable Differential Transducer,LVDT)、旋转可变差动传感器(Rotary Variable Differential Transducer,RVDT),它将 VSV、VBV 的实际位置信息传送至控制器。

在 CFM56 - 7B 发动机 VSV 和 VBV 控制系统中,控制器为发动机电子控制器(Electronic Engine Controller,EEC),作动部件包括 VSV 作动筒和 VBV 作动筒,通过 LVDT 将反馈信号送回给 EEC,实现闭环控制,如图 4 - 16 所示。

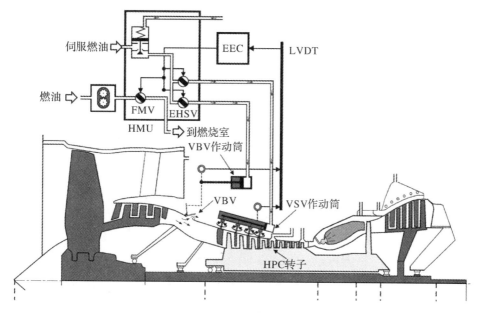

图 4 - 16　CFM56 - 7B 发动机 VSV 和 VBV 控制系统

4.3.2　可调静子叶片(VSV)

可调静子叶片(VSV)是将高压压气机的进口导向叶片和前几级静子叶片设计成角度可调的结构:当压气机转速从其设计值往下降低时,静子叶片角度逐渐减小,以使空气以最佳攻角流入转子叶片;当压气机转速增大时,静子叶片角度逐渐增大,同样使气流以最佳角度进入转子叶片,从而防止压气机喘振。可调静子叶片的转角根据发动机的工作参数以及外界条件和飞行状态进行计算,其输入参数较 VBV 的输入参数要多。在采用液压机械式控制器的发动机上,活门位置计算依据的状态参数较少,如 B737 - 300 飞机上 CFM56 - 3 发动机的(Electronic Engine Controller,MEC)根据压气机工作参数[高压压气机进口温度(Compressor Inlet Temperature,CIT)和核心发动机转速 N2]来计算 VSV 的需求位置信息。在采用全权限数字电子控制技术的发动机上(如 B737 - 700 飞机)的 CFM56 - 7B 发动机的 EEC 根据 N1、N2、推力杆角度、对应高度上的环境压力 p_0、大气总压 p_T、大气总温(Total Air Temperature,TAT)和高压压气机进口温度 CIT 等输入参数计算 VSV 需求位置,其他机型可能还会包括更多信号。

控制器将计算结果与反馈的 VSV 当前开度进行比较,若存在差异,机械液压控制器直接输出压力燃油至作动筒使其活塞移动,再通过摇臂组件、主杆、连杆等传到作动环,作动环使连到它上面的所有叶片同时转动;对于采用全权限数字电子控制的发动机,控制器输出电信号至液压机械装置(Hydro-Mechanical Unit,HMU),通过液压放大后再输出压力燃油至作动筒。叶片实际位置则通过反馈钢索（液压机械控制）或电子式位置传感器（全权限数字电子控制）反馈给控制器，然后与需求位置比较，控制器根据比较结果来进一步调整叶片角度。CFM56－3发动机的可调静子叶片系统如图4－17所示。

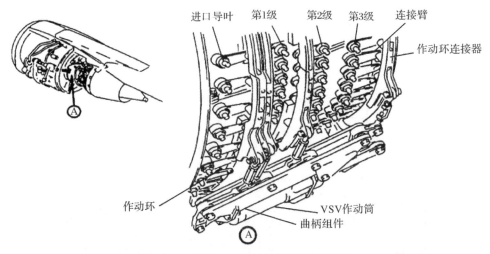

图4－17　CFM56－3发动机可调静子叶片

为保证将VBV和VSV的实际位置准确地传送给控制器，对于采用机械液压控制器控制的发动机，需要定期检查和调整反馈钢索，按照飞机维护手册的程序进行钢索的行程检查、阻力检查和静态校准等；对于老龄发动机，为改善发动机的加速性，还可进行动态校装。在全权限数字电子控制的发动机上，通过特定的地面测试，从控制显示组件（Control Display Unit，CDU）上可以获得位置传感器（LVDT或RVDT）提供的数据，便于查询和排除故障。

由于VSV和VBV的目的均是防止压气机失速导致发动机喘振，因此发动机的可调放气活门系统与可调静子叶片系统具有一定的关联性，可调静子叶片位置的反馈信号通常作为可调放气活门控制系统的输入参数，参与可调放气活门需求位置的计算。VSV与VBV协调工作，其开关状态正好相反，即VSV往关的方向作动（攻角减小）时，VBV则向开的方向作动。例如：CFM56－7B发动机（见图4－18），推力杆在慢车位时，VSV在关位，VBV打开；随着N2转速的增大，它们旋转到较大开度的位置。当N2转速超过95％时，VSV在全开位置，VBV关闭。

压气机喘振的探测主要是依据压气机出口压力的下降率或转子的减速率来判断。一旦探测到压气机即将或已经发生喘振，控制系统自动打开放气活门，可调静子叶片向关的方向调节，同时瞬时减少供油，降低涡轮前温度，增加发动机空气流量，使其从喘振状态恢复过来，同时使发动机点火系统进行连续点火以防止燃烧室熄火。

CFM56－7B发动机中可调静子叶片驱动环（见图4－19）与高压压气机进口导流叶片和高压压气机第一、二、三级叶片相连接。VSV系统包含两个VSV作动筒、两个曲柄组件，四个驱动环和可调静子叶片。作动筒和曲柄组件分别位于高压压气机机匣的2点钟和8点钟位置。

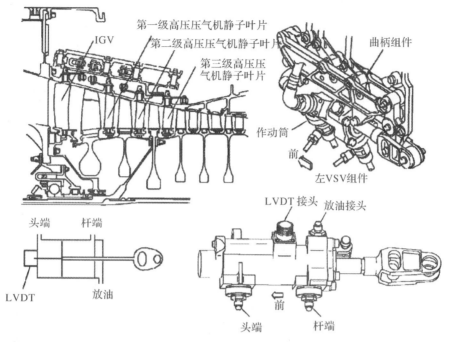

图 4-18　CFM56-7B 发动机 VSV 系统

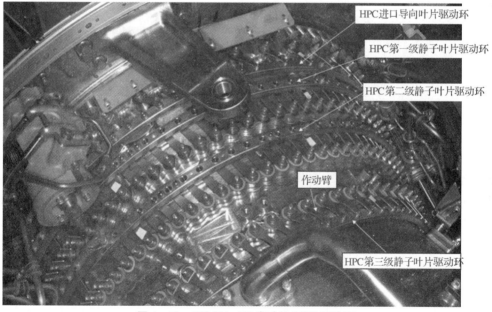

图 4-19　CFM56-7B 发动机 VSV 驱动环

　　两个可调静子叶片作动筒通过调整静子叶片位置来控制通过高压压气机的气流,从而达到防止喘振和提高压气机效率的目的。液压机械装置 HMU 接收来自发动机电子控制器 EEC 的信号,并输出合适的伺服燃油来驱动发动机左右两侧的可调静子叶片作动筒,从而改变压气机气流方向,达到防止喘振的目的。

VSV 系统自动工作,不需要人工控制。EEC 正常情况下通过显示电子组件(Display Electronics Unit,DEU)从大气数据惯性基准组件(Air Data Inertial Reference Unit, ADIRU)获得大气总温 TAT,大气总压 p_T 和环境压力 p_0 的信号。EEC 从发动机传感器获取发动机转速 N1、N2 和高压压气机进口温度 T_{25} 这些发动机数据。这些参数用于计算 VSV 的指令位置。EEC 将信号发送到 HMU,HMU 输送伺服燃油压力到两个 VSV 作动筒。每个作动筒连接到一摇臂组件。两个作动筒和摇臂组件同时动作,通过 4 个驱动环驱动 VSV 转动,每一个驱动环对应一级 VSV,如图 4 - 20 所示。

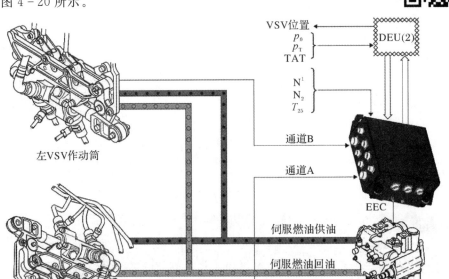

图 4 - 20   CFM56 - 7B **发动机** VSV **控制系统**

VSV 作动筒在低功率时使叶片关闭,随着功率的增大 VSV 作动筒向叶片打开的方向调节。每一个可调静子叶片作动筒都有一个线性可变差动传感器 LVDT 可以发送反馈信号到发动机电子控制器 EEC。EEC 使用 LVDT 监控 VSV 作动筒的位置。一个 LVDT 发送电信号到 EEC 的 A 通道,另一个 LVDT 发送电信号到 EEC 的 B 通道。

4.4.3   可调放气活门(VBV)

可调放气活门(VBV)通常用来使部分低压压气机后的气流进入外涵道,它的开度随发动机转速的变化而变化。在发动机快速减速期间,VBV 系统用于防止低压压气机发生失速喘振;在低的发动机转速和反推力装置工作时,VBV 系统用来防止地面碎屑吸入高压压气机,以避免损伤发动机并改善发动机的工作稳定性。放气活门的实际位置通过反馈钢索(采用液压机械式控制的发动机上,如 CFM56 - 3)或电子式的位置传感器(采用全权限数字电子式控制器的发动机上,如 CFM56 - 7B)传回控制器,控制器将计算结果与传回的当前实际位置信息进行比对,若存在较大差异,则通过输送压力燃油到燃油齿轮马达带动主放气活门(CFM56 - 3)或作动筒(CFM56 - 7B),主放气活门经同步软轴或驱动环带动其他放气活门一起作动,将低压压气机后高压压气机前的部分空气放入外涵道。

有的发动机可调放气系统由多个活门组成,活门之间由软轴连接,这种设计结构相对较为复杂,容易出现卡阻与磨损,主要出现在早期的发动机上(如 CFM56 - 3/- 5B),如图 4 - 21 所示。

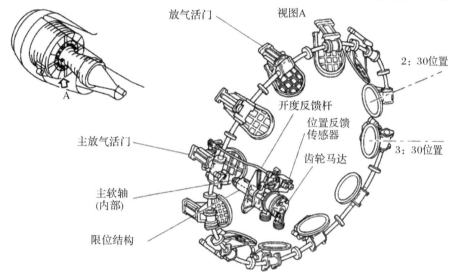

图 4 - 21　CFM56 - 3 可调静子放气活门系统

有的机型上采用放气带(如 V2500)或由驱动环作动的多个活门,它主要用在后来较为先进的发动机上(如 CFM56 - 7B),如图 4 - 22 所示。这种设计结构较为简单,较软轴连接更为可靠。CFM56 - 7B 可调放气活门的两个作动筒(见图 4 - 23)在风扇框架的两侧,经由作动杆移动活门驱动环,进而控制 12 个放气活门的开关状态。当作动筒前推作动杆时,活门开大,部分低压压气机出口空气被放出到风扇排气通道;当作动筒拉动作动筒杆向后移动时,活门开度减小,放气量减少。放气活门可在全关和全开之间任意作动。

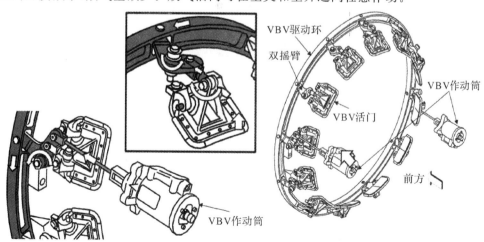

图 4 - 22　CFM56 - 7B 可调放气活门系统

图 4-23　CFM56-7B,VBV 作动筒

　　可调放气活门的开度受发动机转速、外界大气条件、工作状态(如反推是否展开)等因素的影响,CFM56-7B 发动机的 EEC 使用发动机 N1、N2 转速、环境压力 p_0、大气总压 p_T、大气总温 TAT、高压压气机进口温度 T_{25}、推力杆解算器角度 TRA、可调静子叶片 VSV 的位置来计算可调放气活门 VBV 的目标位置,然后发送指令信号到液压机械装置 HMU。由 HMU 输送伺服燃油压力以驱动两个 VBV 作动筒活塞运动,进而通过驱动环带动 12 个放气活门运动,如图 4-24 所示。VBV 调节的总体趋势是转速越高,活门开度越小;外界温度越高,活门则开得越大。

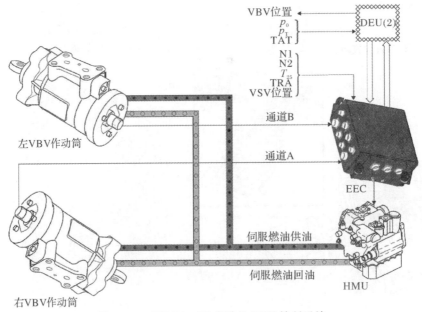

图 4-24　CFM56-7B 发动机 VBV 控制系统

4.3.4　高压压气机放气活门

高压压气机放气活门通常位于高压压气机的中间级或靠后级,例如:V2500 发动机高压压气机放气系统(见图 4-25)一共包括四个活门——7 级三个(7A、7B、7C),10 级一个。放气活门有全开和全关两个位置,EEC 根据由高压压气机进口温度修正后的 N2 转速来控制各个活门的电磁活门,电磁活门通过控制高压压气机 12 级的伺服空气(P3)的通断来控制活门的开关。活门打开后高压压气机内涵气流通过 C 涵道内壁的开口放到外涵道气流中。所有的活门由弹簧加载在开位以保证发动机起动时所有活门在开位。

高压压气机放气活门也有不同的名称,有的叫起动放气活门,有的叫瞬时放气活门(Transient Bleed Valve,TBV)。起动放气活门仅在发动机起动过程中开启,起动结束后,该活门立即关闭。起动放气活门不受发动机控制器的控制,它的开关情况取决于起动活门的状态,例如 CFM56-3 发动机的第 5 级起动放气活门由起动活门下游的压力空气克服放气活门内的弹簧力将其打开;起动活门关闭后,在弹簧力的作用下,第五级起动放气活门也关闭。

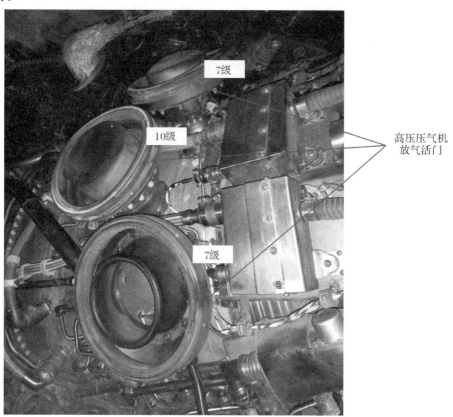

图 4-25　V2500 发动机高压压气机放气活门

瞬时放气活门(见图 4-26)在发动机起动、加减速等过渡态过程中均处于开启状态,能够提高压气机的失速裕度,防止压气机喘振,在发动机稳态工作时则处于关闭状态。瞬时放气活门由发动机控制器进行控制,它通常安装在(Full Authority Digital Engine Control,

FADEC)控制的发动机上。例如 CFM56 – 7B 发动机,TBV 控制到第 1 级低压涡轮进口导向器的第 9 级引气量,如图 4 – 27 所示。发动机电子控制器 EEC 使用发动机转速 N2 和高压压气机进口温度 T_{25} 来控制 TBV 的位置,EEC 根据发动机的工作状态决定活门的开关,在需要改变放气活门的状态时,EEC 向液压机械装置 HMU 内的 TBV 电液伺服活门输出电子控制信号,电液伺服活门向放气活门作动筒输出压力燃油,从而改变活门的状态。

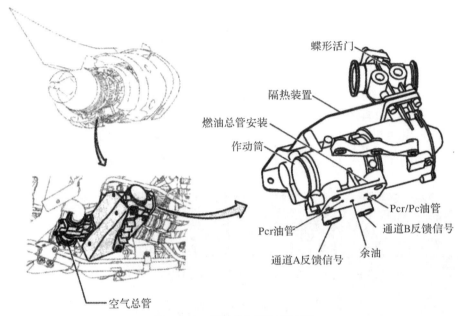

图 4 – 26 瞬时放气活门(TBV)

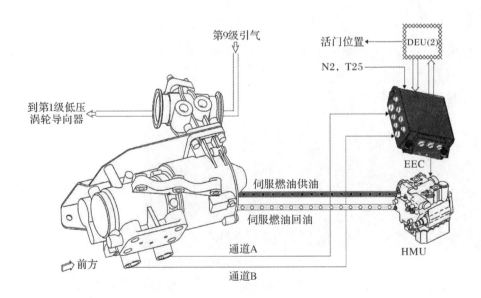

图 4 – 27 CFM56 – 7B 发动机 TBV 控制系统

4.4 涡轮间隙控制系统

在发动机不同工作状态下,为了减小涡轮叶片叶尖和机匣之间的间隙(见图4-28),减少漏气损失,提高发动机性能,需要对涡轮间隙进行控制,图4-29所示为发动机涡轮间隙控制的作用。早期主要是通过选取膨胀系数合适的材料,并由气流冷却来控制涡轮间隙,属于被动控制方式(如CFM56-3的低压涡轮间隙控制,见本书前面的低压涡轮机匣冷却部分)。被动间隙控制曾用在一些发动机的高压和低压涡轮上,它通过空气连续对涡轮机匣进行冷却,而冷却气流的流量或温度不受任何控制,因此不能保持最佳涡轮间隙。冷却涡轮机匣的气流可以从高压压气机引出,也可以直接采用风扇出口空气,很多发动机低压涡轮机匣的冷却采用风扇出口空气(如CFM56-3/-5/-7B),而高压涡轮间隙控制则采用从高压压气机引出的气体进行部件冷却。

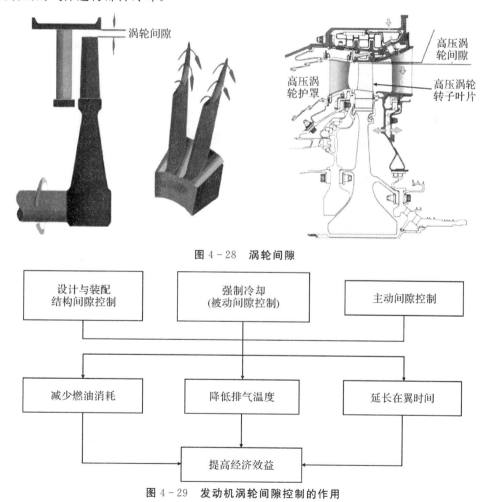

图4-28 涡轮间隙

图4-29 发动机涡轮间隙控制的作用

新型发动机上对高压涡轮乃至低压涡轮间隙实行主动控制,在发动机不同的工作状态下,通过引入风扇或压气机不同级的空气,进入涡轮机匣进行冷却来控制涡轮机匣的膨胀量,与转子叶片在此发动机工作状态下的伸长量相一致,如图4-30所示。主动间隙控制的目的是使转子叶片叶尖和机匣之间不会因接触而造成损伤,同时保持最小的涡轮间隙,从而使涡轮具有较高的效率。由于高、低压涡轮的工作温度对发动机性能的影响程度不一样,因此要对高压涡轮间隙和低压涡轮间隙分别进行控制。

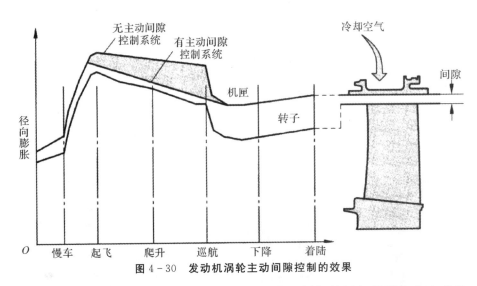

图4-30　发动机涡轮主动间隙控制的效果

高压涡轮主动间隙控制(见图4-31)是通过调节不同级的压气机引气来实现的。由于发动机机匣是刚性件,要传递推力,对温度的敏感性不强,采用冷却空气直接控制其膨胀或收缩较为困难,因此大多数发动机的高压涡轮均在涡轮机匣和衬环之间安装另一部件,被称为高压涡轮护罩。高压涡轮护罩是一个温度敏感元件,它的膨胀和收缩带动高压涡轮衬环膨胀和收缩,从而改变叶尖间隙。

图4-31　高压涡轮主动间隙控制

　　高压涡轮间隙通常通过控制高压压气机不同级的引气,来改变冷却高压涡轮护罩的气流流量和温度,冷却气体的流量和温度不同,则冷却效果不同,从而实现涡轮间隙的主动控制。高压涡轮主动间隙控制的空气,有些发动机来自高压压气机第 5 级和第 9 级的引气(如 CFM56 - 3 发动机),而有些发动机来自高压压气机第 4 级和第 9 级的引气(如 CFM56 - 5/- 7B 发动机)。图 4 - 32 为 CFM56 - 7B 发动机高压涡轮间隙的控制,发动机电子控制器 EEC 使用大气压力 p_0、转速 N2、压气机排气温度 T_3 和高压涡轮护罩支架温度 TCC 来控制 HPTACC 活门的位置。

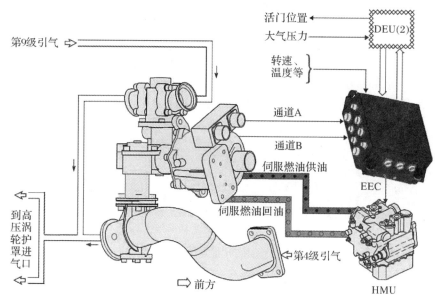

图 4 - 32　CFM56 - 7B **发动机高压涡轮间隙控制**

　　发动机电子控制器 EEC 根据其工作状态,结合安全性和经济性兼顾的原则制订高压涡轮间隙控制活门的位置计划,高压涡轮间隙控制活门则负责选择控制空气。高压涡轮间隙控制空气与发动机状态的关系(CFM56 - 7B)见表 4 - 1。

表 4 - 1　**高压涡轮间隙控制空气与发动机状态的关系**(CFM56 - 7B)

发动机工作状态	高压涡轮间隙控制引气
失效安全状态	无引气
暖起动	9 级模式,以减小高压涡轮摩擦
起飞和爬升	最初全 4 级模式,然后过渡到混气模式
巡航	4 级模式,使燃油消耗最低
下降	低流量 9 级模式,防止出现摩擦

　　发动机低压涡轮间隙控制同高压涡轮间隙相比,对发动机性能影响较小,因此很多采用机械液压式控制器的发动机,为了使控制器较为简单,低压涡轮间隙控制采用被动间隙控制,而由 FADEC 控制的发动机大多数采用主动间隙控制。但不管是采用主动间隙控制还是被动间隙控制,其精度都比较低。低压涡轮间隙控制通常采用的方法是利用风扇出口空

气,也就是外涵道的气体去冷却低压涡轮机匣。被动的低压涡轮机匣间隙控制的冷却空气流量不受控制,而主动间隙控制方式则是通过控制冷却低压涡轮机匣的空气流量来控制间隙,如图4-33所示。

图 4-33　低压涡轮主动间隙控制

　　在某些早期发动机上还采用了压气机间隙控制,其控制方法与涡轮间隙控制类似,也是通过压气机引气冷却来实现的。不同的是压气机间隙控制是通过改变转子的尺寸,从而达到间隙控制的目的。压气机间隙控制系统总是主动间隙控制系统,从压气机引出的暖空气通过位于风扇框架内的空气管进入转子鼓筒内部,控制压气机转子膨胀,从而减小转子叶片与机匣之间的间隙。暖空气通常取自压气机的中间级,由压气机间隙控制活门调节流量。

4.5　发动机防冰系统

　　当飞机穿越含有过冷水珠的云层或在有冷雾的地面工作时,发动机和进气道前缘处会结冰。在这些位置结冰会大大影响通过发动机的空气流量,从而引起发动机性能损失并可能会使发动机发生故障。而且,由于工作时发动机振动,因振动而脱落下来的冰块一旦被吸入发动机或撞击进气道吸声材料衬层,也可能会导致发动机损坏,因此必须采取措施来防止结冰。

　　防冰系统必须在该飞机使用要求范围内有效地防止冰的生成。防冰系统必须可靠,易于维护,不会过分增加质量,且在工作中不会引起发动机严重的性能损失。有两种基本的防冰方法:涡轮喷气发动机或涡轮风扇发动机一般采用热空气防冰(见图4-34),涡轮螺旋桨发动机采用电加温或热空气与电加温混合的方式来防冰。防冰可通过热滑油沿进气道周围循环来补充热量。热空气系统在可能会结冰的地方为发动机提供表面加温。某型发动机采用组合防冰的方式(见图4-35)。

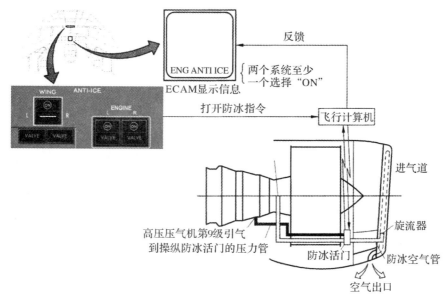

图 4 - 34　CFM56 - 5B 发动机热空气防冰

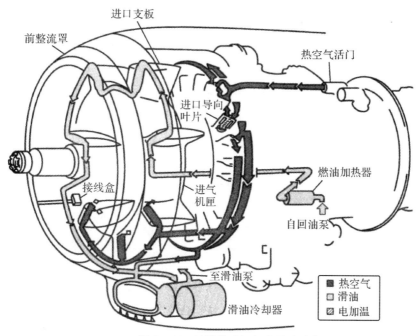

图 4 - 35　某型发动机组合防冰路线

　　防冰系统的热空气通常取自高压压气机,当防冰活门打开后,热空气经管路后被送至需要防冰的部件。发动机进口整流罩防冰系统用过的空气可重新进入压气机进口或排出机外。热防冰活门的开启由人工选择电门实现或根据飞机防冰探测系统的信号自动开启。在有些飞机上热防冰活门开启后,驾驶舱会发出相关指示信息。某些热防冰系统的管道上还有压力、温度传感器,用来记录防冰热空气的温度和压力。

　　当发动机除冰装置工作时,部分高压空气从压气机引出,这部分空气没有参与燃烧来冲击涡轮对转子做功,因此发动机转速下降,推力减小。此时,控制系统为了尽量维持正确的发动机推力,燃油调节系统将自动增加燃烧室供油量,使涡轮前温度上升,涡轮功率增大,因此排气温度将升高,同时这种引气也相当于打开了发动机防喘放气活门,所以压气机工作稳定性也可以得到一定程度的改善。

发动机防冰装置用来防止发动机积冰,机组必须明确发动机防冰装置的使用条件,必须在发动机积冰前及时使用(有的发动机如 GE90 发动机,当发动机防冰电门置"AUTO"位时,发动机可自动探测外界气象条件,自动起动和关闭发动机防冰系统)。飞行过程中,若发动机已积冰(发动机振动将加剧、推力将降低),使用防冰装置来除冰时,不能同时接通所有发动机的防冰电门(防止发动机熄火),而应依次打开。同时在飞行过程中对发动机实施了除冰程序后,可能对发动机造成损伤,飞行后需对发动机进气装置和风扇叶片进行检查。在接通发动机防冰电门前,应首先接通发动机点火电门,防止发动机熄火,当防冰装置已工作,发动机保持稳定工作后,再关断发动机点火电门(飞越严重积冰区时,点火电门要一直打开)。接通发动机防冰系统后,必须继续确认防冰系统工作状态是否正常;检查发动机防冰控制活门是否完全打开,确保发动机防冰的可靠性。

当飞机下降时,发动机转速较低,而此时通常为发动机最容易结冰的飞行阶段,为了确保发动机防冰的气源充足、防冰效果可靠,同时防止发动机熄火,发动机转速应维持在合理的范围内。

▶ 拓展阅读

C919 飞机

1. 概述

C919 飞机(见图 4-36),全称 COMAC C919,是中国按照国际民航规章自行研制、具有自主知识产权的大型喷气式民用飞机,座级 158~168 座,航程 4 075~5 555 km。

图 4-36 C919 飞机

在中国飞机史上,大飞机重大专项是党中央、国务院建设创新型国家,提高中国自主创新能力和增强国家核心竞争力的重大战略决策,是《国家中长期科学和技术发展规划纲要(2006—2020)》确定的 16 个重大专项之一。

2. 发展历程

中国商用飞机有限责任公司成立于 2008 年,总部设在上海,是实施国家大飞机重大专项中大型客机项目的主体,员工 8 300 多人,确定了"一个总部,六大中心"的布局。设计研发中心承担了中国首次自主研制的 C919 客机、ARJ21 新支线飞机的工程设计任务和技术抓总责任。

COMAC 是 C919 的主制造商(中国商用飞机有限责任公司)的英文名称简写,"C"既是"COMAC"的第一个字母,也是中国的英文名称"CHINA"的第一个字母,体现了大型客机是国家的意志、人民的期望。

2009 年 12 月 21 日,中国商飞公司与 CFM 国际公司在北京签署了战略合作意向书,选定 CFM 公司研发的 LEAP - X1C 发动机作为 C919 客机的动力装置,预示着双方的合作进入一个新的阶段。

2011 年 6 月 20 日,中国商用飞机有限责任公司及其所属上海飞机制造有限公司,在巴黎航展开幕当天与 CFM 国际公司正式签署 C919 大型客机项目推进系统合同,选择 CFM 国际公司作为 C919 项目国外的推进系统供应商,选定 CFM 国际公司研发的 LEAP - X1C 发动机为 C919 大型客机起动动力装置。

C919 大型客机是中国商飞公司正在研制的 150 座级单通道中短程商用干线飞机。LEAP - X1C 发动机是 CFM 国际公司研发的新一代发动机。该发动机是在 CFM56 系列发动机的架构基础上,针对下一代飞机进行改进的产品,对提高飞机的安全性、经济性和环保性有着积极的作用。

C919 飞机于 2015 年 11 月 2 日完成总装下线,其性能与国际新一代的主流单通道客机相当,2017 年 5 月 5 日成功首飞。2022 年 12 月 9 日,编号为 B - 919A 的 C919 全球首架机正式交付中国东方航空。2023 年 5 月 28 日,国产大飞机 C919 迎来商业首飞。2023 年 6 月,C919 顺利完成首个商业航班飞行、正式进入民航市场,开启常态化商业运行。

3. 意义

C919 国产大飞机是中国的骄傲,是中国制造业的大胜利,同时 C919 国产大飞机最值得骄傲的是,它的机身与气动布局的设计与制造是我国科研人员不断努力的结果,也就是说机身和气动布局完全由我国自主独立完成,这是一件非常不容易的事。

(资料来源:C919 百度百科 https://baike.baidu.com/item/C919/2400615? fr=ge_ala)

思 考 题

1. 发动机空气系统有哪些功能?

2. 发动机空气系统有哪些引气来源?

3. 轴承腔滑油封严的增压空气通常来自哪里?

4. 燃烧室中用于燃烧的气体和用于冷却的空气各占比大约是多少? 并说明原因。

5.在不同的发动机工作状态下,涡轮间隙控制所采用的冷却空气来源有何不同?

6.在发动机上哪些外部附件需要冷却? 通常用来自于何处的空气进行冷却?

7.可调静子叶片 VSV 是如何工作的?

8.可调放气活门是如何起到防喘作用的?

9.为什么要进行涡轮主动间隙控制?

10.发动机防冰系统工作时有哪些注意事项?

第5章 发动机反推系统

5.1 发动机反推系统概述

5.1.1 反推系统的作用

随着飞机飞行速度的增大,其降落时的着陆速度也相应增大,尤其是民用飞机体积大、质量大,所以着陆时的惯性也大,这样滑跑的时间和距离就会增加。当跑道潮湿、结冰或被霜雪覆盖时,可能因飞机轮胎和跑道间的附着力损失而使机轮刹车的有效性降低,使飞机所需滑跑距离更长,因而要求更长的滑跑跑道。因此,现代民用飞机上多采用反推装置。反推装置通常在飞机着陆时以及中断起飞过程中使用。它是通过改变发动机的排气方向,即将涡轮后膨胀的一部分(或全部)燃气流或风扇出口的空气流转折一定的角度,向斜前方喷出。因为排气反作用力与飞机飞行方向相反,也就是产生了附加的制动力,所以可以迅速减小飞机在地面的滑跑速度,有效地缩短滑跑距离(见图5-1)。军用方面,使用反推装置,不仅可以缩短飞机着陆滑跑距离,而且还能大大提高飞机的作战效能;民用方面,使用反推装置,着陆滑跑距离更短,可以在更短的跑道上实现飞机降落,这对于民航机场建设具有较高的经济价值。

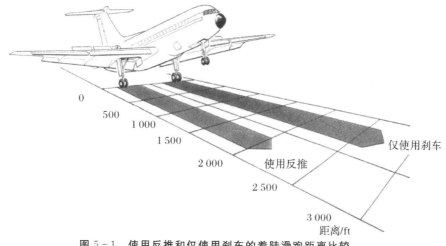

图5-1 使用反推和仅使用刹车的着陆滑跑距离比较

反推装置的设计要求是：在保证发动机安全、正常工作的前提下获得最大的反推力；反推装置不工作时，不增大飞机的阻力，不减小发动机的推力，排气口应有良好的密封性；力求结构简单，质量轻，操纵灵活，发动机在正常工作状态与反推力工作状态之间相互转换所需的时间要短；合理选择排气方向，力求不产生非对称的反推力，保证飞机的操纵稳定性，气流不能喷到机翼或机身上，也不能被发动机重新吸入；热气流反推装置的结构能够在高温大负荷的条件下可靠工作。

5.1.2 反推系统的工作原理

反推装置使发动机中正常排气流流动方向发生大于 90°的转折，从而在与正常推力相反的方向上产生推力分量，以达到使飞机减速的目的。

通常，反推装置将排气系统的气流转折向斜前方（约 45°）排出而产生反向推力（见图 5-2），反推力的大小与折转的燃气/空气流量、排气速度、折转角和飞行速度等有关。

在涡轮喷气发动机和小涵道比涡扇发动机中，反推装置一般安装在尾喷管之后，用于将发动机产生的热的燃气流反向。在现代高涵道比涡扇发动机中，由于发动机推力的 80%以上是由外涵气流产生的，所以只要将外涵气流反向产生反推力就足够了，也就是将反推装置装在外涵道上，工作时使外涵道冷气流转向而产生反向推力，内涵道热的燃气流仍然产生正推力，因此，发动机产生的反推力值为两者之差。

目前带反推装置的发动机一般能在 1~2 s 的时间内完成正推力工作状态与反推力工作状态之间的相互转换，反推力量值可达该转速下正推力的 40%左右。

反推装置的工作过程是：民航飞机上反推装置通常只有当飞行高度低于某一规定的值（如 B737 飞机低于 10 ft）或飞机着陆后才能打开，一般在飞机起落架上装有触地开关，当飞机降到跑道上后，触地开关才能打开操纵反推装置的电路系统。当飞机在反推装置和刹车装置共同作用下，速度迅速降低到一定值后，应立即关闭反推装置，否则发动机会吸入折转向前的气流，造成压气机喘振。

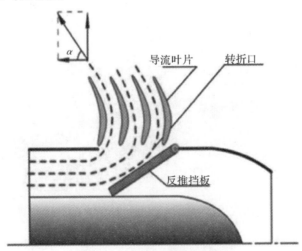

图 5-2 反推装置的工作原理

5.1.3　反推系统的分类

根据应用情况,反推装置可分为热气流反推和冷气流反推两大类。常用的热气流反推装置有蛤壳型门和铲斗门两种形式,多用于老式低涵道比喷气发动机中;常用的冷气流反推装置包括带有平移罩(也称平移罩)的格栅式反推和枢轴门式反推两种形式,冷气流反推形式广泛应用于高涵道比的涡扇发动机中。

蛤壳型门式反推装置(见图 5-3)常由高压压气机的引气气动操作,反推工作时由操纵机构将两扇蛤壳式反推力门向后转动,迫使气流折转,经过叶栅通道向斜前方排出,产生反推力。

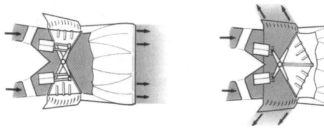

图 5-3　蛤壳型门式反推装置

铲斗门式反推装置(见图 5-4)通常由飞机液压系统操作,用伸缩式作动筒作动。反推工作时,作动筒向后移动,操纵两个铲斗门(半圆筒形)转到燃气流中,迫使气流向斜前方排出,产生反推力。B737-200 飞机的发动机使用铲斗门式反推装置。

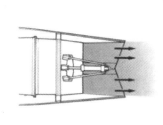
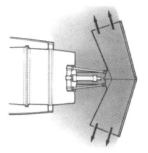

图 5-4　铲斗门式反推装置

带有平移罩的阻流门-格栅式反推装置(见图 5-5)装在外涵道上,由两半反推组成,每半反推都有 C 形涵道,通常为液压操纵或气动操纵,主要部件包括平移罩、液压或气动作动筒、柔性转轴、格栅组件、阻流门、阻流门阻力杆、扭矩盒等。扭矩盒位于前部,形成反推机构的外环并且可以用作防火墙。风扇排气通道由内套筒和平移罩之间的通道形成,内套筒固定在风扇框架上,平移罩使用滑块在滑轨上前后移动。使用阻流门-格栅式反推装置的发动机有 B737 飞机的 CFM56-3/7B 发动机、B767/B747 飞机的 PW4000 发动机和 A320 飞机的 V2500 发动机等。

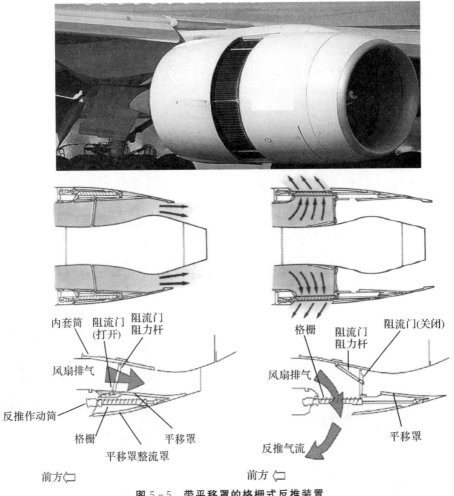

图 5-5　带平移罩的格栅式反推装置

在正推力状态下,反推装置处于收进位置,也就是平移罩处于前位时,固定的内套筒和平移罩之间形成平滑的风扇气流通道,风扇排气流通过此环形通道向后高速排出机外,产生正推力。当使用反推时,平移罩在反推作动筒的作用下向后移动,同时带动阻力杆,逐渐将阻流门拉起。当平移罩完全展开时,阻流门完全关闭,阻塞了外涵道向后的排气通道,同时格栅通道打开,风扇排气在格栅叶片的引导下,向斜前方喷出,从而产生反向的推力。

枢轴门式反推装置也是由两个 C 形涵道组成的,它有 4 个大的阻流门(每个 C 形涵道上有两个),阻流门可在液压作动筒作用下打开和关闭。当反推收进时阻流门与发动机整流罩齐平,风扇向后排气产生正推力;当阻流门打开时,将外涵道阻塞,使气流按阻流门的方向排出,产生反推力。使用枢轴门型反推装置的发动机有 A319/320/321 飞机的 CFM56-5B

发动机和 A330 飞机的 TRENT700 发动机。图 5-6 所示为用于 A330 飞机 TRENT700 发动机上的枢轴门式反推装置示意图。

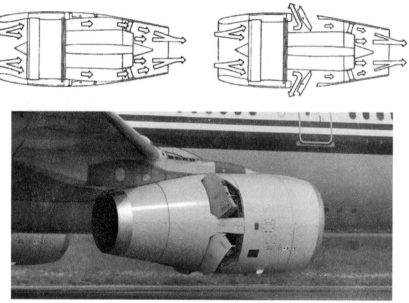

图 5-6　TRENT700 发动机的枢轴门式反推装置

5.2　反推系统的子系统

典型的发动机反推系统由操纵系统、作动系统、气流转向系统和指示系统等子系统组成。操纵系统用于控制反推装置的收藏和展开。作动系统有气动或液压的部件,按操纵系统信号移动气流转向机构。气流转向系统引导气流到产生安全反推力的最佳方向上(见图 5-7)。

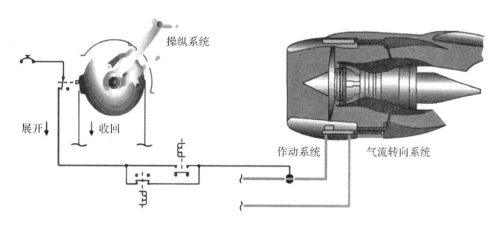

图 5-7　反推系统的子系统

1. 操纵系统

操纵系统的主要部件是驾驶舱的反推手柄,用来选择反推装置的放出和收进。拉反推手柄作动反推控制电门,用于开始反推操作和控制反推装置运动的方向。反推控制系统由空地信号逻辑保护,在飞行中不能展开反推。在 B737 飞机中,用无线电高度表信号作为替代,其优点是当飞机接地前飞行高度低于 10 ft 时,反推能够展开。

反推操纵系统有油门互锁机构,此机构具有两个功能:①只有反推装置完全展开时才能增大反推功率;②保证只有在反推装置完全收进之后,才能操纵推力杆增大正推力。

反推装置有自动再收进功能,即万一反推装置意外打开,控制系统能自动探测到,并能及时把反推装置收回且锁死。若意外打开,收不上来,发动机的功率应能自动从高功率减小到慢车功率。

2. 作动系统

反推装置的作动系统通常有液压式和气动式的。

通过液压作动大的阻流门。在枢轴门反推装置上,每个阻流门有单独的液压作动筒;在有平移罩的格栅式反推装置上,液压作动筒更为复杂,因为它们必须同步工作。液压的反推作动系统通常有活门控制组件,接收控制系统里的信号供应液压油到作动筒,从而展开或收藏反推装置。

气压反推作动系统常用于蛤壳式反推装置和有平移罩的格栅式反推装置。它们通常是供应发动机引气到空气马达,空气马达经驱动轴和齿轮箱用球螺旋作动筒操作平移罩。

所有反推机构必须有锁门机构,以确保在正推力状态时反推装置在安全收藏位不能随意移动。液压系统在作动筒上的有锁组件或分开的锁闩机构,当反推收藏时,锁闩机构的钩子固牢阻流门在收藏位;气动反推系统通常在空气马达有制动装置时作为锁定组件。

3. 气流转向系统

气流转向系统引导气流到产生安全反推力的最佳方向上。常见的气流转向系统有蛤壳式、铲斗门式、旋转折流门式和带平移罩的格栅式反推装置。

在带平移罩的格栅式反推装置中,反推整流罩有固定部分和可动部分,气流转向系统部件在反推整流罩中,主要有阻流门、格栅、内套筒和(可移动的)外套筒。阻流门连在固定的整流罩和平移罩之间,当反推收藏时它们同风扇排气通道齐平,当反推展开时它们随平移罩的运动而进入阻流位置。格栅叶片段用螺栓连接到反推整流罩的固定部分。左右发动机格栅的布局是不同的,当更换格栅时必须要确保其正确的布局。不正确的安装会导致暴露于排气中的结构件寿命降低。

4. 指示系统

指示系统向飞机提供反推位置指示和活门、同步锁、作动筒锁定状态等信息。反推系统通过电门和位置传感器指示反推系统的工作。反推开锁信息说明反推装置不在收藏位,信息是琥珀色的,当反推移动到展开位或者收藏位时可以看到信息。有的飞机用绿色的反推灯指示反推完全展开和油门互锁释放,表示发动机能够增大反推力。

5.3 气动式反推装置的组成和工作原理

气动操作的反推系统主要部件是引气供应管、压力调节和关断活门、一个或两个气动驱动装置、齿轮箱、软驱动轴和球螺旋作动器(见图 5-8)。引气来自高压压气机靠后的级,压力调节和关断活门打开时,引气进入气动驱动装置空气马达。空气马达经驱动轴和齿轮箱操作球螺旋作动筒。

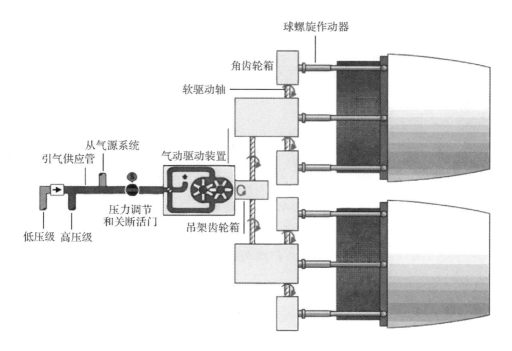

图 5-8 气动式反推装置

涡扇发动机气动操作的反推有两种设计,一种是由一个中央气动驱动装置驱动两半反推;另一种是有两个气动驱动装置,每半边反推由一个驱动装置驱动。

该反推系统的第一个部件是压力调节和关断活门,此活门有三个功能——供应反推系统引气,调节空气压力为恒值,保护下游部件不超压。活门由反推杆经空地逻辑电路通过电磁线圈控制。空气供应管连到气动驱动装置。方向操纵活门(选择活门)控制反推装置向展开或收进方向运动。电磁活门也由反推杆通电和断电,供给或断开气动驱动装置方向控制活门的控制压力。

气动驱动装置也称为中央驱动装置,典型的气动驱动装置有空气马达,方向控制活门,内部止动件,与球螺旋作动筒连接的斜齿轮,上、下转动套,反馈机构和位置指示电门。气动驱动装置接收进口软管里的空气,操作它自己的球螺旋作动筒并经软轴驱动在角齿轮箱上的球螺旋作动筒。

方向控制活门(见图 5-9)控制空气马达的转动方向,当压力调节和关断活门以及方向操纵活门(选择活门)打开时,空气压力移动方向控制活门到展开位。空气驱动马达齿轮,然后离开空气马达通过方向控制活门的另一侧到排气口。操作反推收进时,空气马达向相反的方向作动,方向操纵活门关闭,方向控制活门由弹簧力推到收进位。

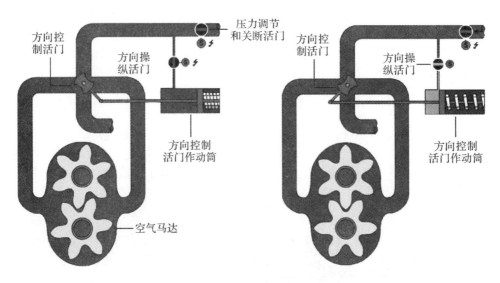

图 5-9 气动式反推的展开和收进

平移罩开始运动时移动速度快,接近终点时移动速度减慢直至最后停下来。空气马达的转速由反馈机构通过方向控制活门控制,反馈机构装在反推整流罩上(见图 5-10)。

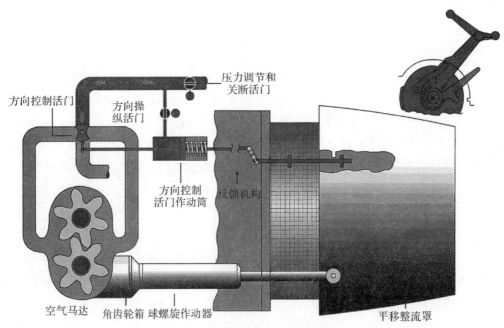

图 5-10 气动式反推的反馈机构

气动操作的反推装置由气动驱动装置的制动机构锁住。制动类型和制动方法有不同的种类,一些制动是由方向控制活门的反馈机构操作的,另一些是由分开的气动制动作动筒实施的。

在反推装置有故障的飞机上,如果飞机需要放行,必须将反推装置锁定在收进位置。气动式反推装置不工作的方法有三种:第一种是保证反推系统没有引气去驱动空气马达,这种方式可以通过手动关闭和锁住压力调节和关断活门来实现;第二种是中断到压力调节和关断活门或方向操纵活门电磁线圈的供电;第三种也是最有效的方法是机械地固定可动的反推部件到固定的反推整流罩上。如图 5-11 所示。

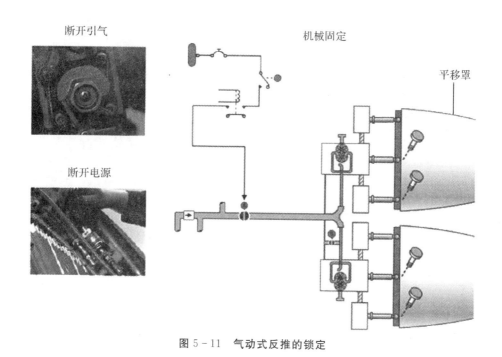

图 5-11　气动式反推的锁定

5.4　液压式反推装置的组成和工作原理

液压作动的反推装置可用于不同的反推类型,如 B737-200 飞机的铲斗门式反推装置、B737CL 和 B737NG 飞机的阻流门-格栅式反推装置、A330 飞机的枢轴门式反推装置等均采用液压作动。

系统的主要部件有反推控制活门组件、展开和收藏反推装置的液压作动筒,如图 5-12 所示。液压来自飞机的液压系统。反推控制活门组件控制液压油到反推作动筒,典型反推控制活门组件的主要部件有液压供油管和回油管、收藏管和展开管、收藏和展开电磁活门、方向控制活门和手动切断活门等。

当拉起反推杆时,展开电磁活门的线圈通电,液压油通到方向控制活门的下面,油压推动方向控制活门的柱塞向上,推动隔离活门的柱塞向上,液压油作用于反推作动筒的展开边,收藏边连通回油,液压作动筒使平移罩向后展开反推装置,如图5-13所示。

当反推杆推下时,展开电磁活门的线圈断电,收藏电磁活门的线圈通电,液压油通到方向控制活门的顶端,油压推动方向控制活门的柱塞向下,液压油作用于反推作动筒的收藏边,展开边连通回油,液压作动筒使平移罩返回收藏位置,如图5-14所示。

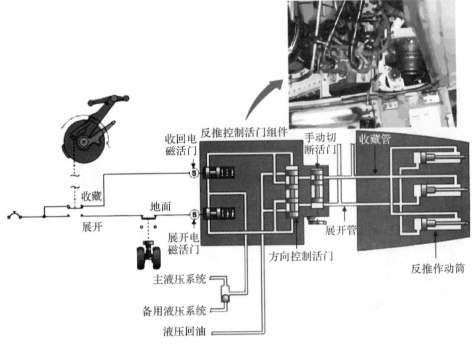

图5-12　液压式反推装置的主要部件

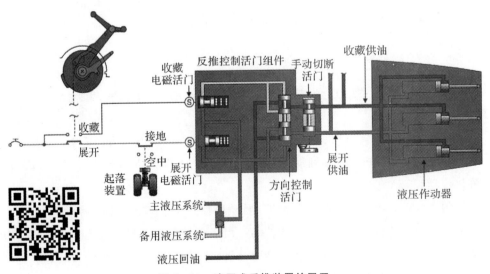

图5-13　液压式反推装置的展开

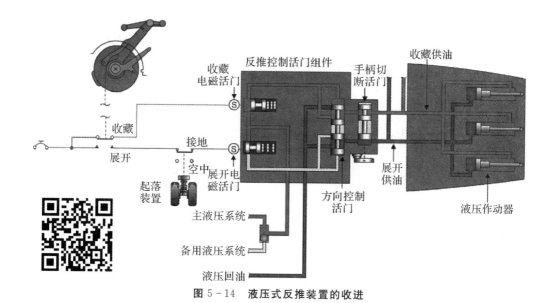

图 5-14　液压式反推装置的收进

反推控制活门组件由手动切断活门,用手柄关闭。活门关闭,完全停止液压油供给作动筒。不管反推是在展开状况或者收藏状况,都可以在反推系统的区域安全工作。

作动筒有带锁机构和不带锁机构两种作动筒。简单的反推作动筒的主要部件有作动筒壳体、活塞、展开压力孔和收藏压力孔。带锁的反推作动筒有内部锁定机构,有弹簧作用的锁套筒,弹簧作用的锁随动套筒和一些锁键。

为使液压作动筒开锁,展开压力油进入作动筒头端,首先推动锁套筒向左,这时锁键自由了,作动筒移动展开反推,如图 5-15 所示。

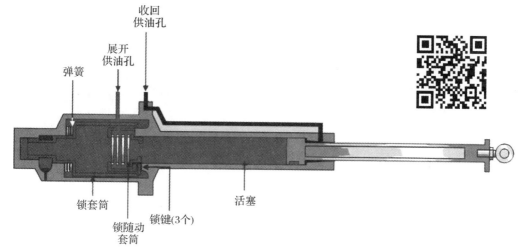

图 5-15　带锁的反推作动筒解锁展开

如果反推作动筒没有完全收进,那么锁键由锁随动套筒保持在脱开啮合位置。如果作动筒达到收藏位,反推锁随动套筒向左,那么锁键进入啮合位置。如图 5-16 所示。

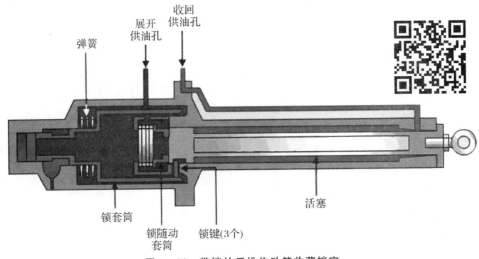

图 5-16　带锁的反推作动筒收藏锁定

在带平移罩的格栅式反推装置中,通常每半反推有 2 个或 3 个作动筒(如 V2500 发动机有 2 个,CFM56-7B 和 GE90 发动机有 3 个),其中 1 个或 2 个为带锁作动筒。

有的机型上除了采用作动筒机械锁以外,还采用了同步锁(见图 5-17),该锁由电信号控制。只有同步轴锁解锁,同步轴才能自由移动,作动筒才能够运动。

图 5-17　同步锁

在枢轴门式反推装置上,每个枢轴门上都还有一个舱门锁(见图 5-18),该锁由液压打开。每个枢轴门由液压门锁作动筒操作,在展开压力油到反推作动筒之前,反推机构必须开锁。所有门锁作动筒是液压串联的,当隔离活门和展开活门打开时,从控制活门组件来的液压压力首先开锁第 1 个门锁作动筒,然后液压压力供到下一个门锁作动筒直到所有 4 个门锁开锁,如图 5-19 所示。液压压力油回到控制活门组件和作用于方向控制活门,供应展开压力油到枢轴门作动筒,枢轴门展开。

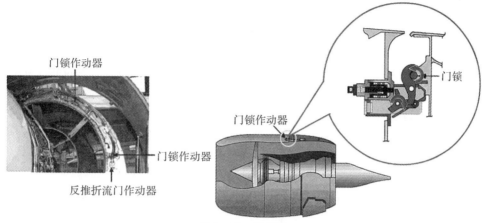

图 5 - 18　舱门锁

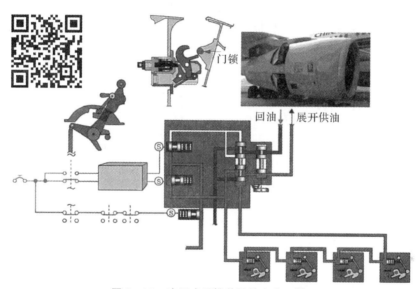

图 5 - 19　液压式反推装置的有序开锁

液压式反推装置的控制过程与发动机采用机械式还是电子式反推力操纵系统有关。

1.机械式反推力操纵系统的工作

采用机械式推力操纵系统的发动机的反推力系统主要包括油门杆和反推手柄、液压控制组件、方向控制活门、操纵钢索、轮毂和反馈系统等,如图 5 - 20 所示。

油门杆在正推力慢车位置时,当拉起反推手柄,反推控制电门被作动,油门组件发出电信号达到同步锁和液压控制组件,同时反推手柄带动油门操纵系统的轮毂转动,轮毂通过机械连接作动方向控制活门,轮毂还通过钢索到达发动机的燃油控制组件以控制发动机的功率大小。反推展开控制的具体过程如下:同步锁先被打开,允许软轴转动;液压控制组件内的隔离活门通电打开,允许来自飞机的液压油进入反推系统;液压油分两路,一路到达收进供油管,即液压油先到达作动筒的收进端,这样有利于带锁作动筒上的机械锁开锁,另一路到达方向控制活门,此时方向控制活门被机械连接作动到"放出"位,液压油被送到放出供油管,液压力先把带锁作动筒的机械锁打开,然后到达每个作动筒的放出端。此时,作动筒的放出端和收进端都通高压油,因为活塞放出端的面积比收进端的面积大,所以作动筒伸出,使气流转向机构展开。反推展开到一定距离时,反馈作动筒的接近电门发出信号,使反推开锁显示变为反推完全展开显示。反馈作动筒还通过反馈钢索把反推装置的位置反馈到油门操纵互锁机构,防止反推完全张开之前发动机功率增大。

收起反推时,把反推手柄收回,则油门操纵轮毂通过连接机构改变方向控制活门的位置,使作动筒的放出端通回油,而收进端仍然通高压油。作动筒缩回,把反推装置收进。在平移罩完全收进后,作动筒机械锁锁死。液压控制组件内的的隔离活门断电关闭,切断飞机与反推系统之间的液压联系。

反推装置有自动再收进功能。在正常飞行过程中,反推装置靠机械锁保持在收进位,作动筒的收进、放出端都通回油。万一反推装置意外放出,自动再收进传感器感受到平移罩远离后,会给液压控制组件发信号,使隔离电磁活门通电,隔离活门打开,把压力油送往作动筒的收进端,使反推装置收进来。若反推装置收不上来,继续放出,则反馈钢索带动互锁机构,通过互锁机构把油门推回小功率位置。

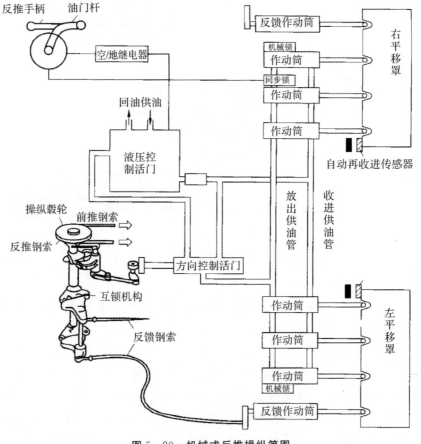

图 5-20　机械式反推操纵简图

2.电子式反推力操纵系统的工作

在 FADEC 控制的发动机上,反推装置的工作完全由发动机电子控制器(EEC)来控制,这包括反推装置的放出和收进的控制、反推力大小的控制以及自动再收进、自动再放出等安全保护功能的控制。A320 飞机上的 V2500 发动机的反推控制系统如图 5-21 所示。

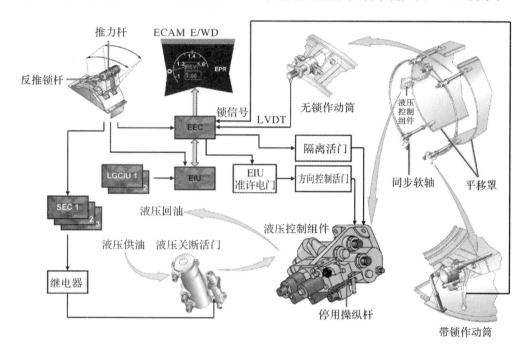

图 5-21　A320 飞机上的 V2500 发动机的反推系统

反推装置每侧的 C 形涵道上有两个作动筒,其中一个带机械锁和人工开锁手柄,开锁时有锁接近电门开锁信号传给 EEC。这 4 个作动筒靠软轴连接在一起,起到同步的作用。反推装置的控制是靠电信号完成的,从驾驶舱的油门杆到反推装置,没有机械连接,完全是电传操纵。

当油门杆在正推力慢车位置时,提起反推手柄,并向后拉油门杆,则电信号到达同步锁(或独立锁系统)使其解锁,电信号同时到达发动机电子控制器 EEC 和发动机接口组件(Engine Interface Unit,EIU)。EEC 检查飞机是否落地、发动机是否处于慢车功率,若满足条件,则向液压控制组件内的隔离活门供电,同时 EEC 使反推准许电门闭合,从而为方向控制活门供电。反推展开控制的具体过程如下:液压控制组件内的隔离活门通电打开,允许来自飞机的液压油进入反推系统。液压油分两路:一路到达收进供油管,即液压油先到达作动筒的收进端,这样有利于带锁作动筒的机械锁开锁;另一路到达方向控制活门,此时方向控制活门被 EEC 通电作动到"放出"位,液压油被送到放出供油管,液压力先把带锁作动筒的机械锁打开,然后到达每个作动筒的放出端。此时,作动筒的放出端和收进端都通高压油,由于活塞放出端的面积比收进端的面积大,所以作动筒伸出,使气流转向机构展开。

开锁信号由接近电门传给 EEC 或电子控制组件(Electronic Control Unit,ECU)。EEC 在电子式飞机中央监控系统(Electronic Centraliaed Airc Monitoring ECAM)的发动机压力比(Engine Pressure Ratio,EPR)表上给开锁指示(琥珀色 REV)。在反推装置放出过程中,线性可变差动传感器(Linear Variable Differential Transducer,LVDT)或旋转可变差动传感器(Rotary Variable Differential Transducer,RVDT)不断把平移罩(或枢轴门)的位置反馈给 EEC。当反推装置放出到一定位置后,ECAM 上的反推装置开锁指示转换为反推装置完全放出的指示(绿色 REV),此时 EEC 允许发动机的功率增大。

发动机处于正推力工作状态时,若反推装置意外开锁并放出,则 EEC 给液压控制组件内的隔离活门通电,允许来自飞机的液压油到达作动筒的收进端,把反推装置收回。若反推装置不能收回,继续放出,则 EEC 自动把发动机的功率减小到慢车功率。

发动机处于反推力工作状态时,若 EEC 感受到反推装置意外收回,则 EEC 给隔离活门断电,使反推装置与飞机的液压系统隔离,这样反推装置靠气动负荷保持在放出位。若不能保持在放出位,继续收回,则 EEC 自动把发动机功率减小到慢车功率。

5.5 反推指示和故障探测

反推指示和故障探测系统提供数据,用于展开和收进控制、驾驶舱指示和故障探测。

5.5.1 工作原理

在液压机械控制的发动机上,每半边反推上通常装有反馈作动筒,反推展开过程中反馈作动筒随动。反馈作动筒上装有一个接近电门,当反推装置放出到一定位置时,其发出信号,使反馈开锁显示变为反推完全展开显示。反馈作动筒还通过反馈钢索把反推装置的位置信息反馈到油门操纵互锁机构,反推手柄才能移动,从而增大反推力。

在 FADEC 控制的发动机上,反推装置没有机械式的反馈机构,通常有位置传感器将反推装置展开的位置信号发送给 EEC。如 B737NG 和 A320 飞机发动机反推装置两侧平移罩上各有一个线性位移传感器 LVDT,用于反馈两侧平移罩的位置,B777 飞机发动机反推装置两侧平移罩上各有一个旋转位移传感器 RVDT 用于反馈两侧平移罩的位置,而采用枢轴门式的 A330 飞机上发动机每个阻流门各有一个旋转可变传感器(Rotary Variable Transducer,RVT)用于反馈每个阻流门的角度位置。

反推指示和故障探测系统监控反推作动系统。它发送反推平移罩的线性位置数据和隔离活门的位置数据给发动机电子控制器 EEC。反推指示和故障探测系统通过传感器获得反推平移罩位置,并发送这些数据给 EEC,EEC 发送数据给飞机信息管理系统(Airplane Information Management System,AIMS)来指示:

(1)正常的展开和收进指示。

（2）如果隔离活门或者反推平移罩不在正确位置，那么提供警报，报告状态和维护信息。

（3）方向控制活门位置（展开或收进）。

（4）带锁液压作动筒位置（锁定或非锁定）。

（5）同步锁位置（锁定或非锁定）。

邻近传感器电子组件 PSEU 发送这些数据给飞机信息管理系统 AIMS 来给出非正常状态的警报，报告状态和维护信息。

液压压力电门监控隔离关断活门出口压力。当隔离活门打开时，它发送信号给 EEC。如果隔离活门打开，而没有要展开或者收进反推的指令，那么 EEC 发送信号给飞机信息管理系统 AIMS 来显示警告信息或者状态信息。

接近传感器监控方向控制活门 DCV 上辅助滑块的位置。当方向控制活门在展开位置时，辅助滑块是远离接近传感器的。当方向控制活门在收进位置时，辅助滑块是靠近接近传感器的。DCV 接近传感器将方向控制活门的位置数据发送给临近感应电子组件 PSEU。如果方向控制活门在展开位置同时有反推收回指令，那么临近感应电子组件 PSEU 发送信号给飞机信息管理系统 AIMS 在驾驶舱进行故障指示。

作动筒锁定接近传感器位于每个带锁液压作动筒的前端。它监控每个带锁作动筒上的锁块的位置，然后发送信号给邻近感应电子组件 PSEU。每个反推平移罩有两个作动筒锁定接近传感器。也就是说，每一台发动机有 4 个作动筒锁定接近传感器。它由两部分组成——接近传感器和参照目标。接近传感器安装在作动筒壳体的一个安装边上。参照目标是带锁作动筒锁释放手柄的一部分。一个电接头连接在传感器上。当带锁作动筒获得解锁液压压力时，原本被锁定的作动筒中的套筒移向非锁定位置，同时移动锁释放手柄到非锁定位置。手柄上的参照目标就移向远离接近作动筒的方位，发送信号给邻近感应电子组件 PSEU。在锁定位置时，传感器发出的信号将显示"NEAR"，而在非锁定位置时，传感器发出的信号将显示"FAR"。当反推在收进位置而锁定套筒没有被锁定时，驾驶舱里会显示故障信息和维护信息。

同步锁接近传感器监控同步锁的位置并发送信号给邻近感应电子组件 PSEU。每个反推平移罩有一个同步锁接近传感器。它也由两部分组成：同步锁接近传感器和参照目标。参照目标安装在同步锁/人工驱动装置的锁释放手柄上。当同步锁从同步锁活门获得液压压力时，同步锁解锁并且锁释放手柄移向非锁定位置。也就是说目标远离接近传感器。从而传感器发送"作动筒未锁定"信号给邻近感应电子组件 PSEU。如果反推位于收进位置时而同步锁未锁定，那么驾驶舱里会显示故障信息和维护信息。B777 飞机反推指示系统如图 5 - 22 所示。

GE90 发动机的反推位置传感器是旋转可变差动传感器 RVDT。RVDT 发送反推平移罩的位置数据给 EEC。如果平移罩伸出量少于 60％，那么 EEC 不允许发动机超过慢车转速。当平移罩不在完全收进位置或当平移罩完全展开时，EEC 也使用位置数据用于驾驶舱指示、故障探测和决定互锁继电器对反推手柄互锁作动筒的指令。每个平移罩的不带锁作动筒上有一个 RVDT。也就是说,一台发动机有两个反推位置传感器 RVDT。

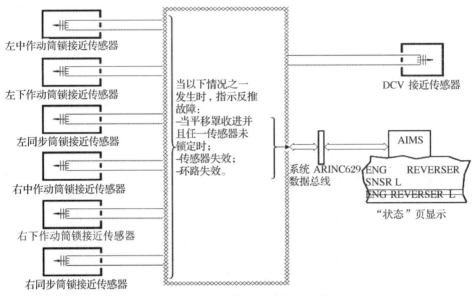

图 5 - 22　B777 飞机反推指示系统

5.5.2　反推指示

在驾驶舱内,有反推装置工作情况的指示系统,包括开锁指示、反推位置指示、反推故障指示灯。例如 A320 飞机上在反推装置展开过程中,驾驶舱有琥珀色"REV"指示;反推装置完全展开后,变为绿色"REV"指示(见图 5 - 23),这表示油门互锁释放,发动机能够增大反推力。

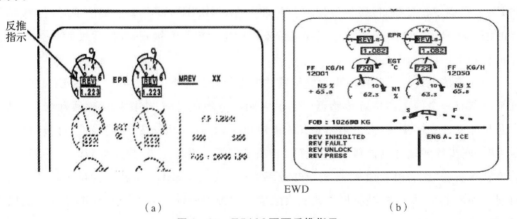

（a）　　　　　　　　　　　　　　　　　　　（b）

图 5 - 23　ECAM 页面反推指示

在 B777 飞机驾驶舱里,关于反推的指示在发动机指示和机组警告系统(Engine Indication and Crew Alerting System,EICAS)指示器、状态指示器和发动机推力控制系统(Engine Propulsion Control System,EPCS)维护页面 1 显示出来(见图 5 - 24)。引起系统安全等级下降的任一系统失效,都会在 EICAS 显示器和状态显示器上显示出来。飞行中反推指示系统不会发出警报信息。因此,对于反推系统故障,没有必需的机组措施。系统失效时,中央维护计算机系统(Central Maintenance Computer System,CMCS)会提供有助于故障隔离的维护信息。不同机型的反推显示方式会略有差别。

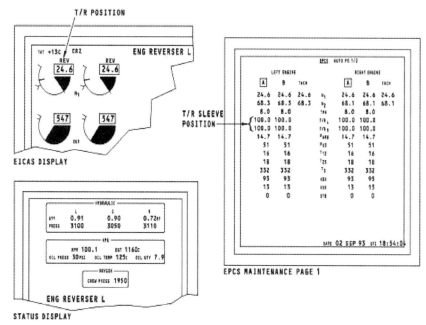

图 5 - 24　B777 飞机 GE90 发动机反推指示

反推位置指示显示在 EICAS 显示器内的 N1 数据上方。当一个反推平移罩伸出量达到或超过 10%,琥珀色 REV 在 EICAS 显示器上显示出来。从而让机组知道反推已经释放并且正在放出过程中。当两个半环的平移罩伸出 90%,琥珀色 REV 指示变为绿色 REV 指示,从而告知飞行机组反推已经完全展开。如果飞机的空速低于 80 kn[①],会引起安全等级下降的系统失效会导致"ENG REVERSER L(R)"这样的提示信息被显示出来。

当会引起系统安全等级下降的任一失效发生时,会显示"ENG REVERSER L(R)"状态信息。当传感器或传感器电路发生故障时,会显示"ENG REVERSER SNSR L(R)"状态信息。

反推平移罩位置显示在发动机推力控制系统 EPCS 维护页面 1 上。对于每个 EEC 通道,左右平移罩的数据都显示。显示范围从 0%(完全收进位置)到 100%(完全展开位置)。

邻近传感器电子组件 PSEU 从方向控制活门接近传感器、作动筒锁定接近传感器,同步锁接近传感器获得数据来确保这些作动筒和活门处于正确的位置。然后 PSEU 通过 ARINC629 数据总线向飞机信息管理系统 AIMS 发送信号。如果平移罩在收进位置而任一锁没有锁定,飞机信息管理系统显示建议和状态信息[例如"ENG REVERSER L(R)"]。

---

① 　1 kn＝1.852 km/h。

如果方向控制活门在展开位置而并没有展开指令,飞机信息管理系统同样显示建议和状态信息[例如"ENG REVERSER L(R)"]。如果传感器或传感器电路有信号失效,AIMS显示"ENG REVERSER L(R)"状态信息,也向中央维护计算系统提供相应的维护信息。

5.6 反推系统维护的注意事项

1. 反推维护注意事项

当反推失效需要保留,限制使用反推时,要严格按手册要求执行安装限动部件,限制液压管路等操作,并告知相关部门对飞行性能的影响。

在对反推装置进行维护或者在其附近工作前,必须使它限动。如果没有使反推限动,反推装置可能会意外工作并导致损伤或者人员受伤。

为了让反推限动以便于维护,可以采用以下两种方法:

(1)确保液压动力不能进入反推系统;

(2)机械地锁定防止每个反推平移罩的移动。

例如:关闭反推控制活门组件上手动操作的切断活门,切断液压使反推系统不工作;在使用枢轴门型反推装置上,在每个阻流门上插入锁螺栓和锁定板;在使用带平移罩的格栅式反推装置上,在固定的反推整流罩和平移罩之间安装不作动销。这些都可以机械地使反推装置不工作,同时安装红色指示销指示出反推不工作(见图5-25)。

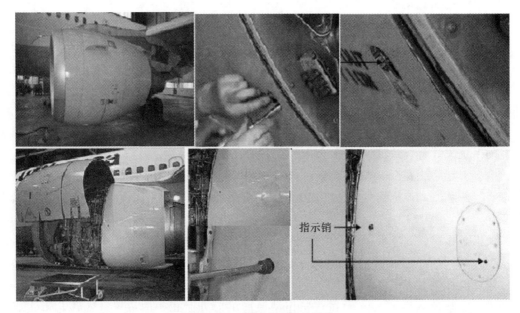

指示销

图5-25 液压式反推的限动

2. 反推整流罩打开与关闭时的注意事项

(1)打开反推整流罩时最好用专用的液压泵操作,在反推整流罩打开到位后必须在反推撑杆上安装反推锁定装置,防止反推整流罩意外落下,造成人身伤害和设备损伤。

（2）在反推整流罩处于打开状态时,禁止前缘襟翼的放下操作,防止损伤反推和襟翼。

（3）在关闭反推整流罩时,必须仔细检查发动机核心机内和反推各区域有无遗留的工具设备,确保各附件安装状况正常,不会影响反推正常闭合。

（4）检查反推锁扣部件是否有损伤、变形,严格按手册规定的先后顺序操作反推前、中、后锁扣。

3.人工收放反推

为了便于实施反推的维护工作,可以在发动机不运转的情况下人工展开或收进反推平移罩。GE90 发动机的反推装置上,实施人工操作反推需要提供电源和液压动力。然后使用 EEC 维护电门和反推测试作动电门,如图 5－26 所示。

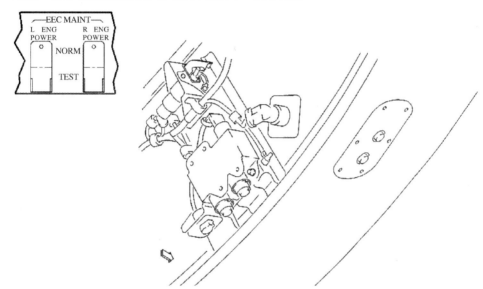

图 5－26　GE90 发动机人工收放反推

人工操作允许一次移动一个平移罩。要人工移动单侧平移罩,必须解锁对应的两个带锁作动筒和对应的同步锁,也要操作隔离活门上的旁通活门。

人工展开反推平移罩程序如下:

（1）首先使隔离活门不可作动。

（2）移动隔离活门上的旁通活门手柄使它和叉形件对齐。安装一个销子,使隔离活门维持在开启状态。

（3）释放中央作动筒、底部作动筒和同步锁的锁。将锁定销插入相应位置以保持这些锁处于释放状态。

（4）在人工驱动装置上使用 $3/8\ \text{in}^2$[①] 驱动工具来展开平移罩。

注意:在人工展开和收进反推平移罩之前必须打开隔离活门,以防止液压锁死。一旦发生液压锁死,反推平移罩就无法移动。但是,如果要拆掉反推部件或者液压管路,那么必须

---

① 　1 $\text{in}^2 = 6.451\ 6\ \text{cm}^2$。

关闭旁通活门。如果不关闭旁通活门,当拆掉部件或者管路时液压油就会发生泄漏。

5.7　CFM56-7B 发动机反推系统

CFM56-7B 发动机反推力系统主要包括反推装置、反推控制系统和反推指示系统三个部分。

(1)反推装置控制发动机风扇排气气流的方向,使其斜向前喷气而产生反向推力。反推装置能在飞机着陆或者中断起飞过程中帮助飞机减速。飞机共有两套反推力装置:1号反推装置用于1号发动机(左侧发动机),2号反推装置用于2号发动机(右侧发动机)。每一套反推装置又分为左右两个半环,每一半环有一个可以向后移动产生反推力的平移罩。两个平移罩同时工作,但相互独立。每个反推半环有三个液压作动筒作动,柔性同步轴确保三个液压作动筒的活塞杆以相同的速率伸出和缩入。

(2)反推控制系统向反推装置提供控制电信号和作动液压动力。当飞机距离地面高度小于10 ft(大约3 m)时,反推控制系统允许反推装置展开。可以通过提起反推手柄向反推控制系统传送一个展开反推装置的控制信号。

收进反推装置时,可以将反推手柄压下至收进位置,向反推控制系统输送一个收进反推装置的控制信号。反推控制活门组件控制流向反推装置液压作动筒的液压。反推手柄驱动电门向反推控制活门组件提供展开或者收进的信号。反推同步锁能防止在没有展开信号的情况下液压作动筒作动反推装置展开。

发动机附件控制组件(EAU)的主要功能是用来控制反推装置的收进工作。EAU前面板提供自测试(BITE)功能,可帮助维护人员对反推控制系统故障进行诊断。EAU用两个反推接近传感器控制每个平移罩,同时也与反推指示系统交换信息,来控制 REVERSER(反推)灯。反推指示系统提供反推装置和反推控制系统的驾驶舱指示。

(3)反推指示系统在驾驶舱提供以下反推系统的指示:

1)CDS 上的 REV 信息指示。

2)P5 后板上的 REVERSER(反推)灯。

3)CDU 上的 LVDT 数据。

CDS 显示 REV 信息,该信息是指示反推装置的平移罩的位置。每一个反推装置都有LVDT,LVDT 提供反推装置平移罩位置信息给 EEC。

当 REVERSER 反推灯亮时,表明下列区域之一可能出现故障:

1)反推控制系统。

2)阻碍反推控制系统正常工作的机械设备。

在反推收进过程中,REVERSER 灯会亮10 s,如果10 s内反推没有收进到位,那么该灯将保持点亮。EAU 控制 REVERSER 灯的工作。

5.7.1　反推装置

反推装置采用平移罩加格栅的设计,每套反推装置都有两个半环风扇涵道(C 型涵道),其外壁可以前后移动,称为平移罩。每套反推装置上的两个平移罩同时工作,但是相互之间保持独立。每个半环由 4 个铰链与发动机吊架相连。反推装置采用 6 个锁扣将两个半环锁在一起。

每个反推半环包含平移罩、3 个液压作动筒和 2 个同步轴、6 块反推格栅、5 个阻流门、5 个阻流门阻力连杆、1 个反推装置打开作动筒、扭力盒、3 个接近门、上下滑块和滑轨。

当平移罩位于最前端位置时，反推装置处于收进位置；位于最后端位置时，反推装置处于展开位置。平移罩上有滑块，套筒可以沿滑轨向前或者向后移动。每一个阻流门阻力连杆将一个阻流门连在内通道上。

在反推装置展开过程中，液压作动筒作动平移罩，平移罩移动到反推格栅的后面，阻力连杆将阻流门拉起，挡住风扇向后的排气气流，风扇气流通过格栅斜向前喷出，产生反向推力。

1. 平移罩

（1）当反推装置位于收进位置时，平移罩有以下两个作用：

1）保护反推格栅和其他部件。

2）控制风扇排气气流的外侧。

（2）当反推装置位于展开位置时，平移罩有以下两个作用：

1）暴露出反推格栅。

2）将阻流门移动到风扇排气流中。

反推平移罩位于风扇整流罩后侧，导轨和滑块将平移罩与反推装置结构相连。反推平移罩是一个带有内、外蒙皮的组合件。外蒙皮构成发动机整流罩的气动外形并保护内部的发动机部件，称为移动整流罩。内蒙皮构成风扇涵道的外壁，称为套筒。阻流门和消音板形成了大部分的内蒙皮。如图 5-27 所示。

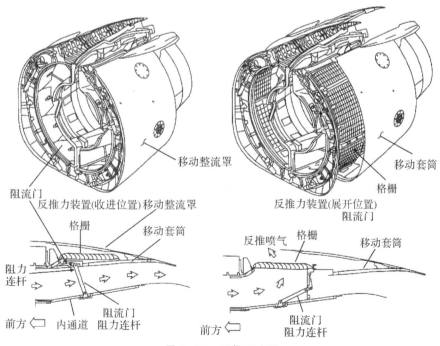

图 5-27　反推平移罩

2. 液压作动筒和同步轴

在反推装置收放过程中,液压作动筒作动平移罩。同步轴可确保液压作动筒以相同的速率缩入或伸出,还可以使维护人员人工操纵反推液压作动筒。

如图 5－28 所示,每个反推半环有 3 个液压作动筒,作动筒活塞杆伸出时作动反推装置展开,活塞杆缩入时反推装置收进。这 3 个液压作动筒中有 1 个为机械锁作动筒,另外两个为无锁作动筒。只有在机械锁作动筒开锁的情况下,无锁作动筒才能运动。机械锁作动筒有一个位置反馈机构和一个人工开锁手柄,在人工作动平移罩时可打开作动筒机械锁。位置反馈机构作动一个 LVDT,LVDT 提供平移罩位置信息。

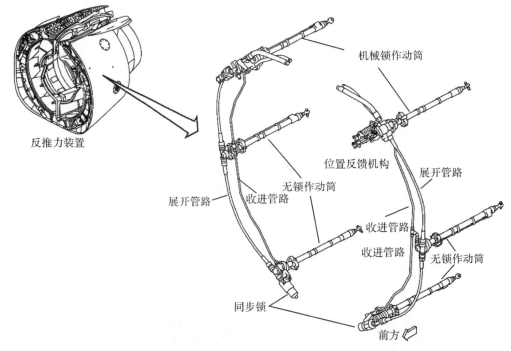

图 5－28　反推作动筒

在每台发动机上有两个相同的同步轴。

在每个反推半环上,最上面的是锁作动筒,两个无锁作动筒位于锁作动筒的下部。三个液压作动筒的前端都与扭矩盒相连,后端都与平移罩相连。

通过打开风扇整流罩并向后作动平移罩,即可以接近液压作动筒。

上同步轴位于上作动筒和中作动筒之间的展开液压管内,下同步轴位于中作动筒和下作动筒之间的展开液压管内,展开液压管比收进液压管的管径要大。打开风扇整流罩就可以接近这些液压管路。

人工开锁手柄可以让维护人员给机械锁作动筒开锁,实现人工作动平移罩,同时它还是平移罩锁传感器的靶标。

同步轴将作动筒的驱动机构连接在一起,两个同步轴位于将三个作动筒展开腔连通的展开管路内。所有无锁作动筒是可以互换的,机械锁作动筒也是可以互换的。

3.反推格栅

反推格栅用于在反推装置展开过程中,控制风扇空气的流动方向,引导风扇排气流斜向前喷射,产生反向推力。反推格栅还起到加强反推装置结构强度的作用。

每台发动机的反推装置有 12 块反推格栅,用数字标明反推格栅的位置,如图 5-29 所示。1 号发动机反推装置格栅的编号为从后向前看沿顺时针方向增加,2 号发动机反推装置格栅的编号为从后向前看沿逆时针方向增加。

反推格栅的前缘通过螺栓与扭矩盒固定,后缘用螺栓与格栅支撑环相连。可以通过展开反推装置来接近反推格栅。

反推格栅是用石墨环氧树脂材料制成的。每一架飞机共有 22 个不同(件号)的反推格栅。每种格栅均使风扇排气气流沿着不同的方向排出。2 号和 3 号格栅是部分阻流型的,这些格栅不允许气流通过叶栅区段。

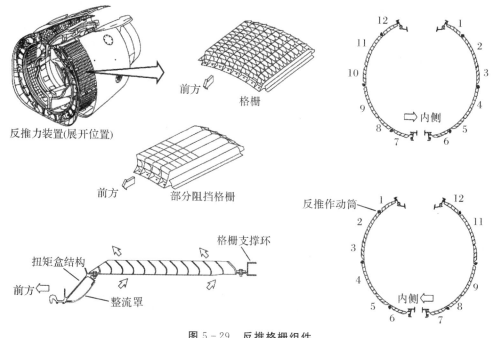

图 5-29　反推格栅组件

4.阻流门和阻力连杆

反推阻流门在反推装置展开时,改变风扇排气气流方向,使其通过反推格栅斜向前喷射以产生反推力。

当反推装置处于收进位置时,阻流门构成风扇涵道外壁的一部分。阻流门阻力连杆将阻流门连接到风扇涵道内壁。阻流门是平移罩的一部分,与平移罩的内部轮廓一起构成光滑通道。

阻流门阻力连杆位于风扇涵道内,如图 5-30 所示。每个平移罩有 5 块石墨环氧树脂材料制成的阻流门,每侧平移罩上有三种不同尺寸的阻流门。每块阻流门用两个铰链连接到平移罩内壁前端。阻流门阻力连杆将阻流门连接到风扇涵道内壁。一个盖板覆盖阻力连杆与阻流门的连接处,阻流门的位置是用数字标明。

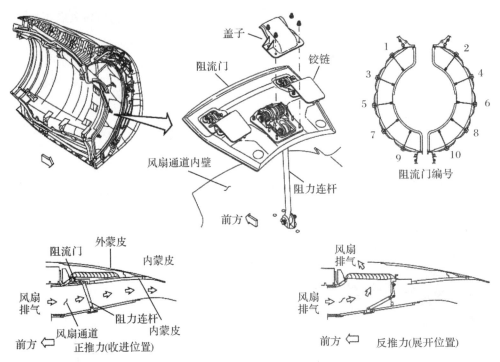

图 5 - 30　阻流门和阻力连杆

在反推装置展开时,平移罩向后移动,使阻流门拉起,挡住风扇涵道,风扇排气气流改变方向从格栅通道喷出,进而产生反推力。

反推装置的主要部件如图 5 - 31～图 5 - 33 所示。

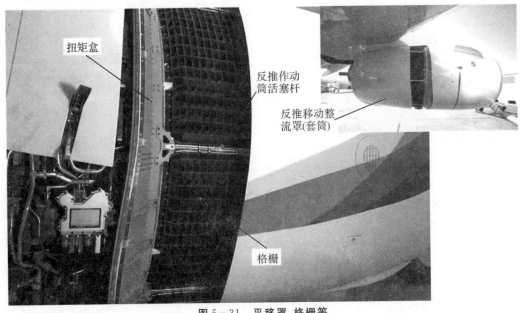

图 5 - 31　平移罩、格栅等

图 5 - 32　反推作动筒

图 5 - 33　阻流门、阻力连杆等

5.7.2　反推控制系统

反推控制系统的作用是根据驾驶舱内反推力手柄的指令,来反推装置的展开和收进。反推控制系统的部件主要分布于驾驶舱中央操纵台的上部和下部,电子电气设备

(Electrical Engineering,EE)舱,前轮舱,主轮舱和反推平移罩。反推控制系统部件位置如图 5-34 所示。

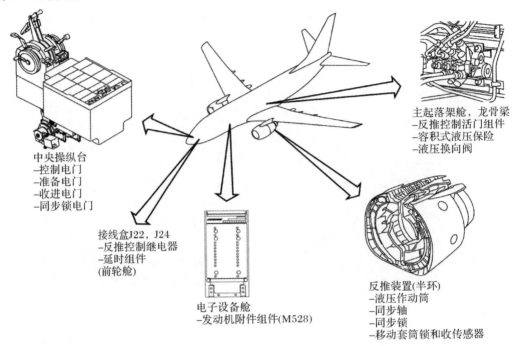

图 5-34 反推控制系统部件位置

反推控制系统控制液压动力和电力以展开或收进反推装置。反推控制系统使用 24/28 伏直流电源和反推手柄的位置进行控制。

当飞机距离地面高度低于 10 ft(3 m)时,才能展开反推装置。飞行控制计算机和一个由无线电高度表作动的继电器提供飞机高度信号,一个空中传感继电器提供空/地逻辑。只有在灭火手柄处于正常位置时,反推控制系统才能获得电力。

反推控制活门组件控制反推装置收放的液压,它包含必要的电气/液压部件控制通向反推作动筒的液压。飞机共有两个反推控制活门组件,每台发动机一个。每一个平移罩半环上有一个反推同步轴以确保作动平移罩的三个液压作动筒同步运动。只有当同步轴可以自由转动时,作动筒活塞杆才能移动。每个反推半环的下部液压作动筒都连接有一个同步锁,同步锁开锁后同步轴才能自由转动。

在反推装置正常工作过程中,同步锁通电开锁。同步锁同时也是一个人工作动机构,在维护中,可以通过同步锁机构人工作动反推平移罩移动。

发动机附件控制组件(Engine Accessory Unit,EAU)具有反推装置收进操作所必需的电路,同时使用反推平移罩接近传感器的输入信号来进行反推自动收进操作。

反推手柄可作动位于自动油门电门组件上的电门,这些电门控制通往 EAU(发动机附件组件),同步锁和反推控制活门组件的控制信号。

1.反推展开操作

当将反推手柄从收进位置提起到展开位时,反推展开操作如下:

（1）自动油门电门组件内的电门作动,同步锁通电开锁,同时给反推控制活门组件一个预位信号。

（2）反推控制电门作动,反推展开信号通到反推控制活门组件。

（3）反推控制活门组件将液压供往反推作动筒,作动平移罩向后移动。

飞行控制计算机 FCC 或者位于前轮舱内的两个继电器 J22/J24 中的一个提供收放反推装置所必需的空/地信号。当空地信号和高度信号都不满足时,液压不能通往反推作动筒。

2. 反推收进操作

当把反推手柄放置压下到收进位时,反推收进操作如下:

1）反推控制电门断开通往反推控制活门组件的展开信号。

2）EAU 自动收进电路进行自测试。

3）自动油门电门组件内的电门被作动,通过 EAU 传送一个预位和收进信号至反推控制活门组件。

4）反推控制活门组件将液压通往反推作动筒,以作动平移罩至收进位。

（5）18 s 后同步锁入锁。

3. 反推自动收进

当反推手柄在收进位而反推平移罩不在收进位或锁定位时,EAU 根据平移罩上的接近传感器输入信号,自动收进反推装置。EAU 根据平移罩接近传感器进行自动收进操作,在正常反推装置收进操作过程中,反推自动收进操作通常只工作 10 s。

4. EAU

EAU 位于电子电气设备(EE)舱的 E3 设备架上。如图 5 - 35 所示。

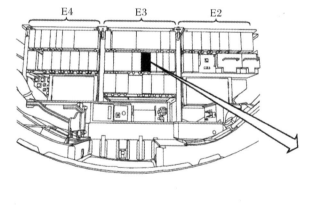
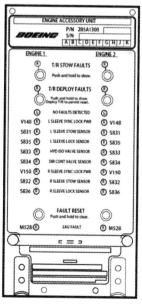

图 5 - 35　EAU

EAU 有以下主要功能：

（1）控制反推装置的自动收进操作。

（2）辅助对反推控制系统排故。

（3）控制驾驶舱 P5 后板的"REVERSER"（反推）灯。

EAU 内部有反推自动收进逻辑电路，这些电路可以控制反推装置的收进操作。

EAU 上的自测试设备（BITE）可以辅助对反推系统排故。

EAU 控制后 P5 板的"REVERSER"灯，该灯亮通常表示反推系统存在故障。

针对每一侧的反推装置，EAU 面板有一系列指示灯和电门，在 EAU 正面下方有一个标牌提供自测试指示。

5.7.3 反推指示系统

反推指示系统在驾驶舱提供下列指示数据（见图 5-36）：

（1）在 CDS 上显示 REV（反推）信息。

（2）REVERSER（反推）灯（P5 后板）。

（3）提供 LVDT 的实时数据和故障数据到 CDU（控制显示组件）。

（4）ENGINE CONTROL（发动机控制）灯（P5 后板）。

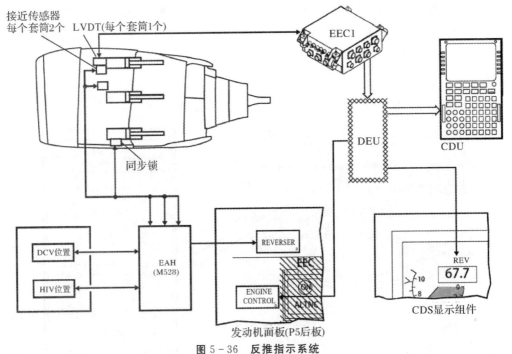

图 5-36　反推指示系统

反推指示系统（见图 5-37）向 CDS 提供反推平移罩位置数据。REV 信息显示作为平移罩位置的指示。反推指示系统使用"REVERSER"灯来表示反推控制系统部件失效。反推指示系统也可以通过"ENGINE CONTROL"灯来表示反推指示系统部件失效。可以通过 CDU 来查看反推指示系统部件失效数据。

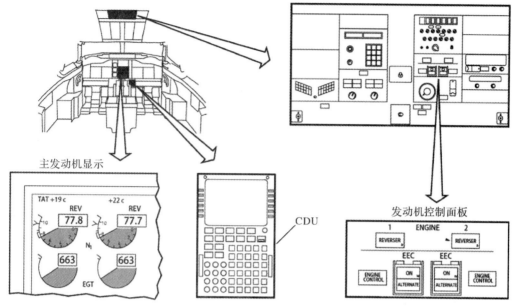

图 5 - 37　驾驶舱反推指示

1. REV 信息

REV 信息位于 CDS 发动机 N1 指示区上方,当反推装置一侧或两侧的平移罩展开到 10%～90% 最大行程时,显示琥珀色 REV 信息;当两侧反推套筒都展开到超过 90% 最大行程时,显示绿色 REV 信息。

每侧反推平移罩各有一个 LVDT 传感器。LVDT 将平移罩位置数据传送至发动机 EEC。EEC 和 DEU 内部包含了控制 REV 信息的逻辑电路。EEC 通过 ARINC429 数据总线提供信号到 DEU,在对应的显示组件上显示信息。

2. REVERSER(反推)灯

琥珀色的反推灯位于发动机面板,该面板位于驾驶舱的 P5 后板。每台发动机在发动机面板上各有一个"REVERSER"灯。当"REVERSER"灯点亮以后,经过一定的时间延时,主警戒灯亮。"REVERSER"灯在飞行中可以点亮。

在正常的反推收进过程中,"REVERSER"灯保持点亮 10.5 s。如果在收进过程中反推控制系统部件失效,则"REVERSER"灯继续保持点亮。"REVERSER"灯继续保持点亮直到收进故障消失为止。

如果反推控制系统部件失效,在展开反推时"REVERSER"灯立刻点亮。"REVERSER"灯继续保持点亮直到排除展开故障并且在 EAU 上进行复位为止。

在反推收进或展开过程中,当下列任一反推控制系统部件未正常工作时,"REVERSER"灯会点亮:

(1)接近传感器(每侧整流罩各 2 个)。

(2)同步锁。

（3）位于反推控制活门组件内部的方向控制活门（DCV）。

（4）位于反推控制活门组件内部的液压隔离活门（HIV）。

EAU 内部包括识别反推控制系统部件失效的逻辑电路。EAU 控制"REVERSER"灯的工作。

3. ENGINE CONTROL 灯

琥珀色的发动机控制灯位于发动机面板上，该面板位于驾驶舱的 P5 后板，如图 5 - 35 所示。每台发动机各有一个"ENGINE CONTROL"（发动机控制）灯。当发动机或反推 LVDT 故障时，发动机面板上的琥珀色"ENGINE CONTROL"灯会点亮。此灯点亮时不允许放行飞机。主警戒灯会随之同时点亮。

反推指示系统使用来自 LVDT 的信号控制"ENGINE CONTROL"灯。对每一反推装置，当下列任意两种条件满足时，"ENGINE CONTROL"灯会点亮：

（1）左侧平移罩位置信号（来自 LVDT）超出范围。

（2）右侧平移罩位置信号（来自 LVDT）超出范围。

（3）左侧平移罩位置信号（来自 LVDT）不一致。

（4）右侧平移罩位置信号（来自 LVDT）不一致。

在 CDU 上可以查看 LVDT 实时数据和故障信息。

4. LVDT

LVDT 是带有独立电枢的双通道传感器，如图 5 - 38 所示。LVDT 有两个电插头分别用于 EEC 的 A 通道和 B 通道，反推机械锁作动筒的反馈杆连接到 LVDT 的电枢组件，LVDT 位于机械锁作动筒的头端，打开风扇整流罩就可以接近 LVDT。

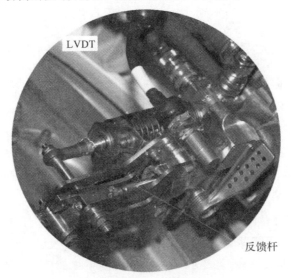

图 5 - 38　LVDT

LVDT 向发动机 EEC 提供反推平移罩的位置数据，EEC 利用 LVDT 的信号来实现下列控制功能：

（1）控制 CDS 上的 REV 信息。

（2）控制发动机控制灯（P5 后板）。

（3）通过 CDU 对 LVDT 进行故障隔离。

（4）反推联锁控制。

（5）发动机正推力和反推力控制。

当反推平移罩展开或收进时，锁作动筒的反馈杆带动 LVDT 的电枢组件。EEC 向 LVDT 供电。LVDT 的输出电压与电枢的位置成比例，使 LVDT 的输出与平移罩的位置成比例。

▶ 拓展阅读

AG600 飞机

1. 概述

大型灭火/水上救援水陆两栖飞机 AG600（简称 AG600，代号"鲲龙"）是中国为满足森林灭火和水上救援的迫切需要，首次研制的大型特种用途飞机（见图 5 - 39）。

图 5 - 39　AG600 飞机

AG600 水陆两栖飞机采用了单船身、悬臂上单翼布局型式；选装 4 台 WJ6 发动机，采用前三点可收放式起落架。AG600 水上飞机在执行森林灭火任务时，可在 20 s 内汲水 12 t，飞机可在水源与火场之间多次往返，投水灭火。在执行水上救援任务时，飞机最低稳定飞行高度 50 m，并可在水面上停泊实施救援行动，一次最多可救护 50 名遇险人员。

2. 发展历程

AG600 飞机由中国航空工业集团有限公司承担研制。2016 年 7 月 23 日 AG600 水上飞机在珠海总装下线，2017 年 12 月 24 日首飞成功。

为了满足水陆两栖的特性,AG600 机头上部是飞机座舱和通舱结构,下部是一个双曲面的流线型船体结构,既要保证水密性要求,又要实现机体的增压要求,机头部件还要满足功能使用要求,因此其设计和工艺制造难度非常大,并且制造难度高于传统的运输类飞机。

除了机头制造难度"爆表",中机身的制造难度也毫不逊色。作为 AG600 整机综合性、复杂性最强的大部件之一,中机身有起落架、机翼、断接和水箱等难度颇大的设计结构。比如,飞机用于储水的 8 个水箱全部在中机身,这意味着这个部件内部需要有 8 个水箱门,如此大和多的开放空间,对飞机水密性要求很高,其制造工艺和难度至少要比常规工序超出一倍。因此,从铆接到防腐蚀材料的选用,每一个环节都要满足水密和防腐蚀要求,还要克服协调要求多、船体结构复杂、下侧空间狭小等许多不利因素,最终部件要实现气密、喷水及灌水水密三项试验均一次性 100% 合格才能过关。同时,整个船体唯一的断接也在中机身,这是由于水陆两栖飞机在起飞离水时,有了这种断接,水的黏合力才能够下降,从而保证飞机离开水面升空。

3. 意义

大型灭火/水上救援水陆两栖飞机 AG600 是中国首次按照中国民航适航规章要求研制的大型特种用途飞机,是国家应急救援体系建设急需的重大航空装备。它的首飞成功,标志着中国航空工业特种用途飞机研制能力取得重大突破,是继 C919 大型客机首飞成功后中国民用航空工业发展的又一个重要里程碑。这是在以习近平同志为核心的党中央坚强领导下中国航空工业发展的最新成就,对于践行新发展理念,实施创新驱动发展战略,推进制造强国和科技强国建设,具有十分重要的意义。

(资料来源:AG600 水陆两栖飞机百度百科 https://baike.baidu.com/item/AG600%E6%B0%B4%E9%99%86%E4%B8%A4%E6%A0%96%E9%A3%9E%E6%9C%BA/19754338? fr=ge_ala)

思 考 题

1. 反推装置有什么功用?

2. 反推装置是如何实现推力反向的?

3. 反推装置有哪些种类? 它们之间如何区分?

4. 民航常用的反推形式是冷气流反推还是热气流反推? 并说明原因。

5. 阻流门格栅式的反推装置包含哪些部件? 它们是如何协同工作的?

6. 锁定反推使其不可作动有哪些方式?

7. 驾驶舱内可以显示哪些有关反推系统的信息? 通常显示在什么页面上?

8. 维护反推装置前,有哪些注意事项?

第6章 发动机指示系统

6.1 发动机指标系统概述

通过测量发动机的参数,可以将其用于控制计算和状态监视。发动机指示系统可以显示发动机工作状态的所有参数,告知驾驶员发动机各系统的工作是否正常,并可以发出报警指示任何可能发生的故障。驾驶员仪表板上的许多表盘式和指针式仪表可以由一个或几个阴极射线管来取代,用来显示发动机的各种参数。这些小型显示器能够显示使发动机安全工作所必需的所有信息。

发动机参数指示(见图 6-1)包含:性能指示,也称为主要指示;系统指示,也称为次要指示;第 3 组指示是用于发动机状态的趋势监控(这通常不在驾驶舱显示出)。性能指示用于监视发动机性能和参数限制。系统指示用于监视发动机各系统的工作,便于迅速探测故障。发动机在地面进行状态的趋势监控,用于分析和探测发动机的问题,它使用由飞机状态监视系统(Aircraft Condition Monitoring System,ACMS)自动记录的发动机参数。

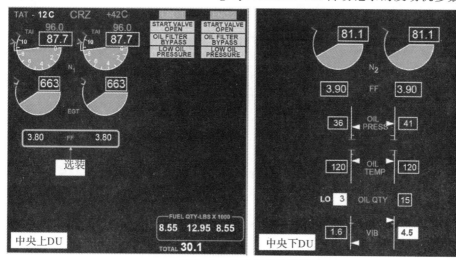

图 6-1 发动机的参数指示

发动机的性能参数主要包括风扇转速(N1 转速)或发动机压力比(Engine Pressure Ratio, EPR)、燃油流量(Fuel Flow,FF)和发动机排气温度(Exhaust Gas Temperature,EGT)等,通过监控这些参数,可以判断发动机是否具备获得最大推力的能力,从而保证不会因为排气温度过高而损坏发动机。

发动机仪表指示系统已发生许多重大的变化,直读仪表已由远距指示的电子仪表所取代,机械式仪表正在被数字电子式的仪表所取代。通常测量部件或传感器安装在发动机舱,而显示仪表或指示器位于驾驶舱。模拟式仪表以指针和表盘的形式给出发动机参数的模拟值来显示连续变化的量(如麦道 82 飞机);数字式仪表由传感器感受信息转换成一系列的电信号输给计算机,处理后送给指示器,由液晶或发光二极管显示数字,即是以离散的数字,而不是以指针的位置来指示参数(如 B737NG 飞机和 A320 飞机)的。

驾驶舱指示仪表的最新发展是:电子指示系统将发动机的参数指示、系统工作的监视以及向驾驶员告警的功能组合在仪表板安装的阴极射线管上,以刻度盘、指针、数字、文字进行显示,各种颜色的标志可以使机组清楚当前状况。

对于装有全功能数字式发动机控制 FADEC 系统的发动机,传感器首先将数据传送到FADEC 系统计算机,然后由计算机发送数据到指示器或显示系统,同时由计算机控制发动机。

6.2 发动机参数测量

6.2.1 发动机推力/功率测量

发动机的推力总是在指示系统最上端显示。发动机的推力在试车台上由推力计精确测量。发动机装在飞机上时,推力需要由其他参数表征。一般常用发动机压力比 EPR 或风扇转速 N1 来表征发动机推力。发动机压力比 EPR 是指涡轮出口总压与压气机进口总压之比,对于高涵道比涡扇发动机,其压力比也称为内涵 EPR。由于高涵道比涡扇发动机的推力主要由外涵风扇产生,所以,一些发动机压力比测量的是风扇出口气体总压与风扇进口气体总压之比,也称为外涵 EPR。

发动机压力比表通常有电机械式系统和电子式系统两种。电机械式系统(见图 6-2)采用传感器膜盒、线性可变差动变压器等,将压力信号转换成电信号,放大后作用在伺服马达的控制绕组上;电子式系统(见图 6-3)通过两个压力传感器,依据振动的频率,计算出发动机压力比的电信号,输入发动机压力比表和电子式发动机控制系统。

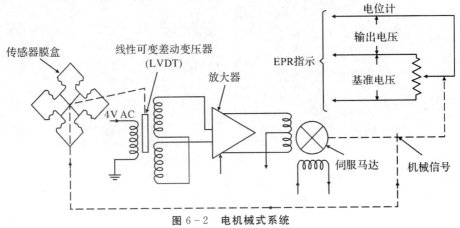

图 6-2 电机械式系统

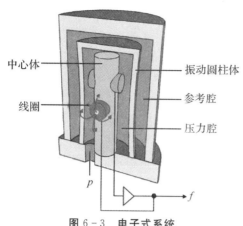

中心体

振动圆柱体

线圈

参考腔

压力腔

p

f

图 6-3　电子式系统

新型发动机 EPR 计算在 FADEC 计算机内进行,使用电子式压力传感器,它比电机机械式传感器更可靠和精确,它的指示过程如图 6-4 所示。

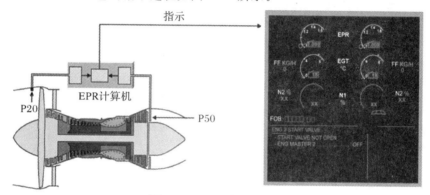

指示

EPR计算机

P20

P50

图 6-4　EPR 的指示过程

在涡轮螺旋桨和涡轮轴发动机中,利用发动机扭矩测量来指示涡轮螺旋桨和涡轮轴发动机输出的功率,该测量指示器称为扭矩计,如图 6-5 所示。

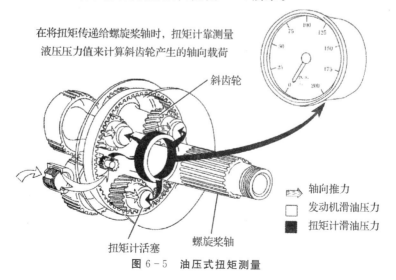

在将扭矩传递给螺旋桨轴时,扭矩计靠测量
液压压力值来计算斜齿轮产生的轴向载荷

斜齿轮

轴向推力

发动机滑油压力

扭矩计滑油压力

扭矩计活塞

螺旋桨轴

图 6-5　油压式扭矩测量

发动机扭矩的数值和输出马力成正比,经由减速器传递出来。扭矩测量可测出扭泵的压力或测出轴的扭转变形从而进行指示。如一种系统由斜齿轮产生的轴向推力与作用在许多活塞上的滑油压力相抵消,抵消轴间推力所需的压力被传给指示器。直升机上较多采用霍尔效应仪或者光电效应仪测量减速器的输出扭矩。

6.2.2 发动机转速测量

所有的发动机都有转速指示,双转子有低压转子和高压转子的转速指示,三转子发动机不仅有高压、低压转子指示,通常还有中压转子转速指示。每个转子转速指示由 3 个主要部分(转速传感器、数据传输和参数指示)组成。现代的涡扇发动机的转速传感器有转速发电机转速测量和变磁阻式转速测量两种方式。

1. 转速发电机转速测量

转速测量可由发动机驱动的一个小型发电机完成,此发电机也被称为 N2 转速发电机(见图 6-6)。转速发电机发出的三相交流电经电路传给指示器。此三相交流电的频率取决于发动机被测转子的转速。发电机的输出频率控制指示器中同步马达的转速,进而转动指示器的指针。转速指示器一般指示当前转速占最大转速的百分比。许多转速发电机发送三相交流电的电信号到 FADEC 从而计算得到转速信号,同时它也被用作发动机电子控制器(Electronic Engine Controller,EEC)的电源,故又被称为专用交流发电机。CFM56-3 发动机的 N2 转速传感器就是转速发电机式的转速传感器,又叫专用交流发电机,它给功率管理控制器 PMC 提供电源。

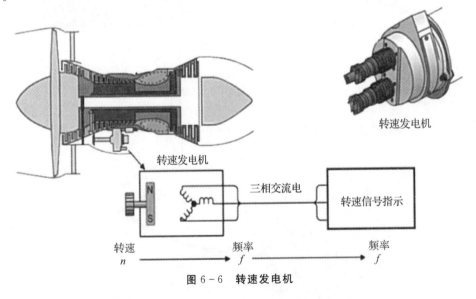

图 6-6 转速发电机

2. 变磁阻式转速测量

转速测量也可以采用变磁阻式转速探头,CFM56-3 的 N1 转速传感器就是可变磁阻式的转速传感器,它与一个音轮相对,产生感应电流,感应电流经放大后被送入指示器,测量感应脉冲的频率,显示转子转速。如图 6 - 7 所示。

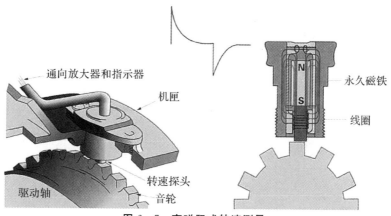

通向放大器和指示器

机匣

永久磁铁

线圈

转速探头

音轮

驱动轴

图 6 - 7　变磁阻式转速测量

转速探头位于机匣的固定器中,与被测轴上的音轮对齐,转子每转一圈音轮外缘上的齿掠过探头一次,通过改变探头中线圈磁通量从而可以诱导出一股电流或发出脉冲,与发动机转速直接相关。脉冲频率与发动机转速成正比。风扇叶片可用来代替音轮来改变传感器磁场,也可通过附件齿轮箱的齿轮起音轮的作用,如 CFM56 - 7B 发动机 N2 转速传感器,无论何种情况都是利用传感器脉冲信号计算转速。

在有些发动机中,转速信号也是发动机机械振动系统的输入信号,用于发动机振动信号的解耦和确定振动相对信息。

6.2.3　温度测量

发动机中常见的测量温度的传感器依据测量原理的不同,可以分为热电偶式、热电阻式、充填式温度传感器和双金属式温度补偿元件等。

1. 热电偶式

发动机排气温度通常用排气温度(EGT)指示。涡轮前燃气温度是发动机工作中的关键参数。实际的排气温度与允许的极限值之间的差值被称为 EGT 裕度,它被用于说明发动机性能衰退的情况。理想情况下应该测量涡轮进口的燃气温度,但是因为该位置温度太高,温度场分布不均匀,通常难以测量。由于在涡轮中燃气温度的下降趋势是按已知的方式变化的,所以测量并限制排气温度不超限,目的是保证涡轮前燃气温度不超出允许值。当然,也可以测量并限制涡轮中间级的燃气温度。不少机型的 EGT 是从低压涡轮中间级测量的,也被称为排气温度。如 CFM56 系列的发动机 EGT 传感器位于低压涡轮第二级进口导向叶片处。

热电偶用于测量较高的温度,排气温度普遍使用热电偶的方式测量。热电偶的工作原理是将两种不同的金属端点相连,位于排气流中的一端被称为热端或测量端而在指示器内的一端被称为冷端或基准端。在工作时,热端感受高温,于是在热电偶中产生热电势。电路中产生的热电势的数值与热电偶两端的温度差成正比。为使冷端补偿到摄氏零度,在电路内装有自动温度补偿器,如图 6 - 8 所示。热电势还取决于回路中的电阻,该电阻在热电偶出厂时已经调好。在热电偶安装中不能随意剪短导线,以免影响测量精度。涡轮发动机的热电偶的常用材料是镍铬-镍铝丝。在一些发动机上各个热电偶的信号汇总在主接线盒(见图 6-9),再传递给飞机或 FADEC 系统,FADEC 计算机是冷端节点。为了测量排气平均温度,常常将多个热电偶并联连接,使各个探头探入气流的长度不同。最终测量结果为有效的平均温度值。

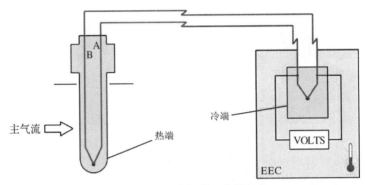

图 6-8　热电偶的工作原理

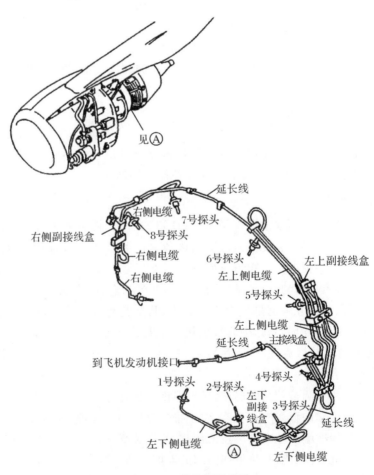

图 6-9　热电偶的并联

2. 热电阻式

这种方式常用于滑油和燃油温度测量。获得燃滑油压力和温度的精确指示,对于发动机正常和安全地运行极为重要。滑油和燃油温度由安装在介质中的温度测量元件测量。温度的变化导致测量金属电阻值的变化,进而改变相应的指示器的电流。测温球的电阻接在比值表型温度计电路中或者惠斯登电桥(见图 6 - 10)的一个桥臂上,指示器的指针按照相当于温度变化的幅度偏转,这就是热电阻式温度传感器,其利用纯金属的电阻值随温度增加而增加的特性测量温度。

$$R = R_0(1 + \alpha T)$$

式中:α 为温度系数。

电阻式的温度测量元件通常被分为热电阻式和热敏电阻式。热电阻式是由金属导体制成感温元件,其化学性能稳定,热容量小,线性度高,而且价格便宜,容易制造。常用的热电阻材料有铂、铜和镍。它的工作特点是随着温度的升高,电阻值逐渐增大。热电阻式的测量元件常用于滑油和燃油的温度测量。热敏电阻式是由半导体制成感温元件,常用的材料有氧化锰,氧化铜等金属氧化物。和热电阻式不同的是,在低温状态下,它近似于绝缘体,当温度升高到一定程度后,随着温度的升高,电阻值会迅速下降。热敏电阻式的感温元件常常被用于远距离测量和快速测量。

3. 充填式

充填式温度测量元件是利用某种物质在温度变化时,通过体积的变化,从而产生压力或位移输出的原理制成的。图 6 - 11 所示为一种充填式温度测量元件,密封金属外套内安装有一个波纹管,波纹管上端焊在外套上,另一自由端则与推杆焊在一起,波纹管与外套之间充满液体(或气体)。当被测介质的温度改变时,充填液体的温度也随之改变,因此液体的体积发生变化,波纹管受到挤压或者拉伸,其自由端产生向上或者向下的位移,从而带到推杆相应地移动,输出信号 y。

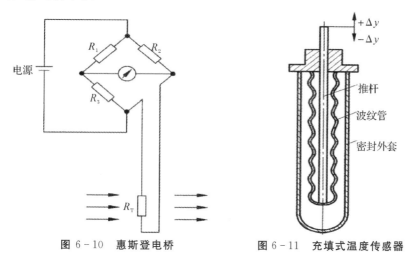

图 6 - 10　惠斯登电桥　　　　图 6 - 11　充填式温度传感器

例如,CFM56 - 3 发动机的风扇进口温度(Fan Inlet Temperature,FIT)测量常使用充填氦气的传感器,气流温度变化引起压力改变,用压力差反映温度,如图 6 - 12 所示。

当 FIT 升高时,球形传感头会受热膨胀,它连接的 FIT 敏感膜盒也同时受热膨胀,从而计量活门左移。但是,外界大气压力变化也会引起球形传感头和计量活门的膨胀或者收缩,为了抵偿外界大气压带来的形变影响,在 FIT 敏感膜盒和计量活门的另一侧,引入真空膜盒来抵消大气压的影响,因此 FIT 的测量元件仅仅对 FIT 的温度变化作出反应,如图 6-13 所示。

图 6-12　CFM56-3 FIT 传感器

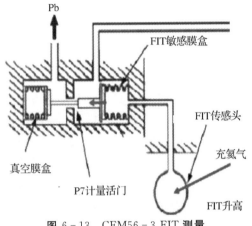

图 6-13　CFM56-3 FIT 测量

4. 双金属式

双金属式的温度测量元件通常用作温度补偿元件,两种金属线膨胀系数不同,从而受热后产生变形影响活门开度,用以补偿温度变化给流量带来的影响。例如,装在液压机械式燃油控制器内压力调节活门弹簧下面的双金属片 2,可用于补偿油温变化对弹簧力带来的影响,如图 6-14 所示。

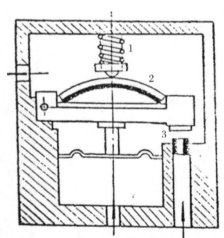

图 6-14　双金属式的温度补偿元件

6.2.4　压力测量

以真空或零压力为基准测出的压力称为绝对压力,以当前的大气压力为基准开始计量,即测量实际施加到流体的压力数值称为表压力。传感器可以是直接压力式的,也可以是压差式的。例如,燃油滤和滑油滤装有压差电门,感受和测量油滤前、后压差,从而指示油滤堵塞情况。油滤前、后压力分别作用在薄膜的两侧,当压差到达预定值时,薄膜发生弹性变形,进而作动微动电门,该电门与驾驶舱的警告灯相连,灯亮则说明油滤部分堵塞,油滤旁通活门即将打开。

压力测量可以采用机械式测量法或者电测方法。广泛采用的机械式压力测量方法采用的是波登管式压力表(见图 6-15)。

波登管式薄壁、扁平、椭圆的青铜管,弯成半圆形。被测压力流体从一端进入波登管,当管内流体压力增大时,试图改变横截面的形状,椭圆变圆,半圆试图伸直,带动与之相关联的指示表指针移动,从而指示波登管内压力。波登管压力表需要定期校准。

压力电测方法使用晶体振荡器,它利用某些晶体(如石英晶体、压电陶瓷)受力后表面产生电荷的压电效应,晶体受压后其表面的电荷量与压力成比例。这种压力测量方式被广泛应用在油压和气压测试上。

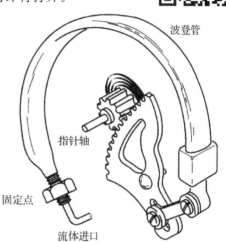

图 6-15　波登管式压力表

6.2.5　燃油流量测量

燃气涡轮发动机关心的是燃油质量流量。一种流量传感器中,叶轮由三相交流马达恒速转动,燃油流过叶轮,叶轮对燃油施加一个旋转运动。从叶轮出来的旋转燃油再通过传感器涡轮,燃油的冲击作用试图使涡轮旋转。但是涡轮有校准弹簧的限制,使它只能偏转一个相应的角度。永久磁铁装在传感器的一端,涡轮的偏转带动永久磁铁的偏转,改变线圈中的磁场。在指示器中有与传感器对应的线圈,两个线圈之间是电连接。指示器中线圈磁场的改变,使其中的永久磁铁也偏转,同传感器中永久磁铁的偏转是同步的。涡轮能够偏转的角度由单位时间内流过的燃油容积和密度共同决定。因此通过测量角度对应的是燃油的质量流量,然后通过指示器的指针显示流量大小。如图 6-16 所示。

目前另一种新型燃油流量传感器被广泛应用于发动机燃油流量测量领域,它由涡旋发生器、转子、涡轮、壳体等部分组成,如图 6-17 所示。燃油经整流器进入涡旋发生器,涡旋发生器旋转。从涡旋发生器出来的旋转燃油流到转子,并且使转子旋转。从转子出来的燃油流到涡轮,试图使涡轮旋转。涡轮转动受到弹簧力约束,只能偏转一个角度。偏转角度取决于作用于涡轮叶片的动量。在自由转动的转子上面前部和后部各有一个磁铁。前部磁铁的外面壳体有一个小线圈,称为起始线圈,当前部磁铁对上起始线圈时,产生起始脉冲。在涡轮外部壳体上有一个大线圈,称为停止线圈,连在涡轮上的信号叶片和涡轮一起转动,当对上转子后部磁铁时产生停止脉冲。如果没有燃油流动转子旋转,起始脉冲和停止脉冲同时发生。当有燃油流过时,涡轮上的信号叶片沿旋转通道偏转,停止脉冲晚于起始脉冲。其起始脉冲和停止脉冲的时间间隔和燃油质量流量成正比。

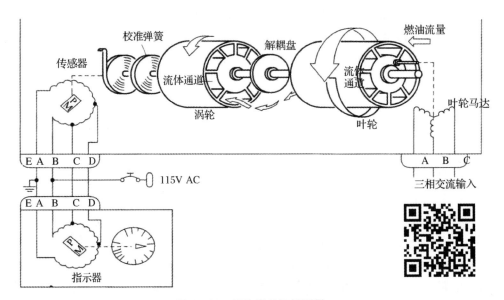

图 6-16　燃油质量流量测量

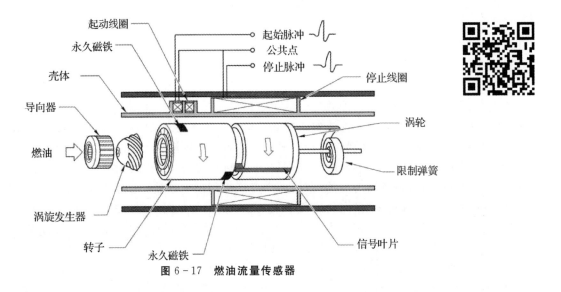

图 6-17　燃油流量传感器

6.2.6　发动机振动测量

在发动机上的压气机端(1号轴承处)和涡轮端装有振动传感器(如 CFM56-3),或者在风扇框架压气机机匣和压气机端1号轴承处装有振动传感器(如 CFM56-7B),可以连续监视发动机的振动水平(见图 6-18)。振动指示器通过放大器接收发动机振动传感器的信号。有的发动机将各个振动传感器的信号以及各个转子的转速信号送到机载振动监视器,经过调制处理后,有些飞机将最大的振动量传送到驾驶舱内的振动指示器加以显示,如图 6-19所示。

发动机振动传感器是加速度计,测量发动机的径向加速度。发动机上采用两种不同类型的加速度计(见图 6-20)——一种是电磁式,一种是压电晶体式。电磁式传感器上永久磁铁被两个弹簧保持在中心,固定线圈围绕在磁铁上。当存在振动时,线圈同传感器壳体一起上下移动,磁铁由于惯性力几乎总是静止的,线圈和磁场之间的不同运动在线圈中导致交流电压,如同发电机一样。压电晶体式的工作原理是:当对晶体有作用力时,在晶体上产生电势差。传感器感受加速时,作用压电晶体到底板的惯性质量在传感器上将加速器转变为力,传感器将力转化为相应的电压信号传输到监视组件,其电压与加速值成比例,频率等于振动频率。监视组件滤波和分析加速度计将这些信号用于座舱指示和发动机趋势监控。

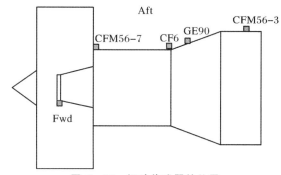

图 6-18 振动传感器的位置

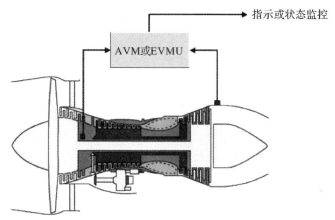

图 6-19 振动的指示过程

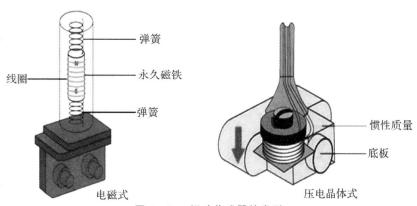

图 6-20 振动传感器的类型

振动信号利用机载振动监视器(AVM)或发动机振动监视组件(Engine Vibration Monitoring Unit,EVMU)进行调制分析计算,依据转速传感器和振动传感器的信号计算低压压气机、高压压气机、低压涡轮、高压涡轮的振动值,最高的振动值在驾驶舱显示并送到飞行数据采集组件(Flight Data Acquisition Unit,FDAU),AVM 或 EVMU 也可以提供配平平衡建议和监视振动趋势,并将信息送至 EICAS/ECAM,由机组或维护人员从 EICAS 维护页或从 ACMS 上读取。

6.3 发动机指示和警告系统

典型的发动机指示系统有波音公司的发动机指示和机组警告系统(Engine Indication and Crew Alerting System,EICAS)和空中客车公司的电子式飞机中央监控系统(Electronic Centralized Aircraft Monitoring,ECAM)。

6.3.1 警告系统

警告系统用来提供可能出现故障或存在危险情况的指示,以便采取措施保护发动机和飞机。尽管一台发动机的各种系统在设计上是故障安全的,但有时仍然会装设附加的安全装置。例如:万一发生功率损失,螺旋桨自动顺桨;万一涡轮轴损坏,自动关闭高压燃油停车开关。

在燃气涡轮发动机上,除了要装火警探测系统外,还可能安装许多其他的声响和目视警告系统。当出现低滑油压力、低燃油压力、振动过高或过热的情况时,这些系统可以发出警告。这些系统发出的指示可以是告警灯、警铃或喇叭声。闪光灯能吸引驾驶员对中央警示板的注意。在 ECAM/EICAS 页面上有警告和告诫显示。

仪表的颜色标记可以使驾驶员知道仪表指示值是安全的还是危险的。一般绿色弧段表示正常范围;黄色弧段表示警戒范围;红色径向线表示不能超越的最大或最小允许值。例如某机型:EGT 表上红线是 EGT 允许的最大值;琥珀色示出对于最大连续推力的 EGT 值,它仅允许在发动机起飞或复飞时短时间超过琥珀色线。新型驾驶舱公共显示系统的显示组件上:白色指针表示参数的变化;灰色阴影区域表示进程;琥珀色表示警戒区域;红色是超限警告;绿色代表目标值。如果 EGT 高于最大连续限制值,但低于 EGT 红线值,则指针、读数、阴影区域变成琥珀色;如果 EGT 超出红线值,则指针、读数、阴影区域变成红色。

6.3.2 指示组件

6.3.2.1 空客 ECAM 指示系统

ECAM 显示组件为机组人员提供音频和视频提示以便于机组人员了解飞机设备的系统构型和飞机危险构型。它也提供适当的校正建议。ECAM 系统通过两个阴极射线管显示组件(Cathode Ray Tube,CRT)来显示飞机状态信息和系统构型。ECAM 数据处理是全自动处理,不需要任何机组操作。此处以 A320 系列为例介绍典型空客飞机的 ECAM 指示系统。

1.组成

(1)装在中央仪表板架子里的两个显示组件,一个是发动机/警告显示组件(Engine/Warning Display,EWD),另一个是系统显示组件(System Display,SD)。

(2)3 个电子飞行仪表系统(Electronic Flight Instrument System,EFIS)和 ECAM 系统共用的显示管理计算机(Display Management Computer,DMC),位于电子设备舱内。

(3)2 个飞行警告计算机(Flight Warning Computer,FWC),位于电子设备舱内。

(4)2 个系统数据采集器(System Data Acquisition Concentrator,SDAC),位于电子设备舱内。

(5)1 块 ECAM 控制面板,位于中央操纵台上。

(6)位于遮光板上的 2 套目视装置,在飞行控制组件(Flight Control Unit,FCU)的每一侧上,每套包括一个主警告灯(MASTER WARN)和一个主警戒灯(MASTER CAUT),这些灯是按钮开关类型的。

(7)2 个扬声器,位于面板 2VU 和 6VU 上,在每个控制器的前面。

(8)1 个音频混频箱,位于电子设备舱内。

(9)多功能控制显示组件(Multifunction Control Display Unit,MCDU)维护和测试。

(10)跳开关。

ECAM 整个系统包括下列部件(见图 6 - 21 和图 6 - 22):

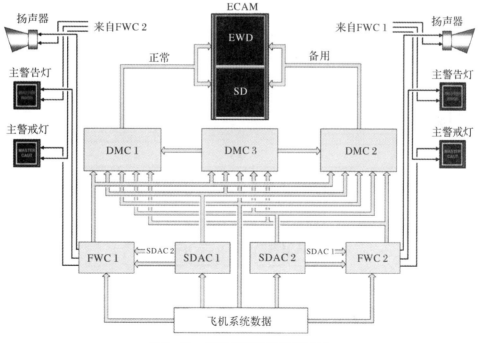

图 6 - 21　A320 系列飞机的 ECAM

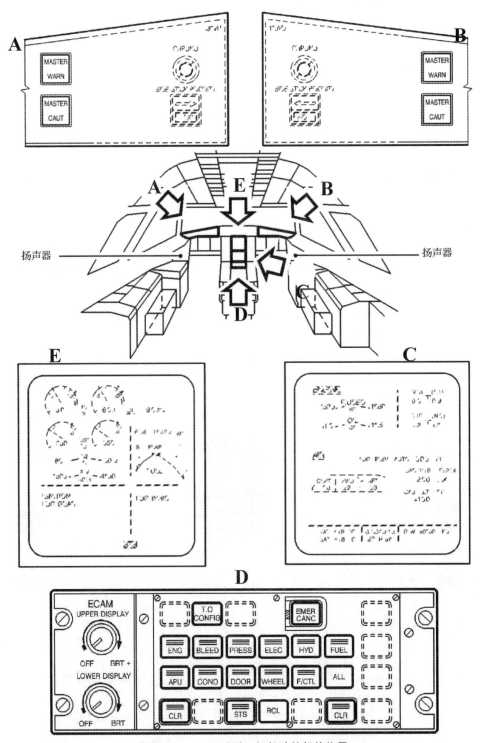

图 6-22　A320 系列飞机驾驶舱部件位置

2. ECAM 构型

(1)正常构型(无飞机系统故障时)。ECAM 系统监控各种系统工作和功能,从而减小了飞行员频繁审视系统和参数的必要性,在上 ECAM 底部提供以下备忘录信息。

典型的备忘录信息是加注燃油、辅助动力装置(Auxiliary Power Unit,APU)可用、座椅安全带系好。

另外,MEMO 在起飞和进近阶段包含正常检查单的几个关键项目。例如:

自动刹车	最大	停留刹车
起落架	DN	
标志	ON	点火
扰流板	ARM	发动机防冰
襟翼	T.O	着陆灯
构型 3		燃油交输

ECAM 系统还为机组提供正常检查单中最重要的项目。此外,ECAM 系统提供无线电高度和决断高度的自动呼叫功能(伴随有同步的语音状态信息)。

(2)异常构型。当下列警告或者警戒情况发生时,ECAM 系统通过目视和/或声音信号将飞行机组的注意力吸引到中央显示器上。

1)每个飞行员都有一个独立的主警告灯(MASTER WARN)和主警戒灯(MASTER CAUT)来吸引飞行员注意;①特殊的声音——用于本能的反应;②合成的语音信息——自动高度报告和特殊警告。

2)更精确地说,一般会听到:①单谐音音频,会伴随第 2 级琥珀色警戒信息;②连续重复谐音音频,大部分会伴随红色的警告信息。

特殊的声音:①骑兵冲锋号声用于自动驾驶(AP)脱开;②3 次滴答声用于着陆能力改变;③蟋蟀声用于失速警告;④蜂鸣声用于呼叫和选择;⑤C 谐音用于高度警告。

飞行机组读取显示在 ECAM 显示器上的信息并与飞机系统警告交叉检查。当飞机飞出它的正常飞行包络线并且发生的故障影响飞机的完整性的情况发生时,ECAM 系统提供警告/警戒,并提供改进的故障分析、纠正动作、最少需要的纸质检查单等帮助信息。警告信息出现在上 ECAM 显示器的下部,包括故障标题和关联程序,以及受故障影响的系统的标题。下 ECAM 显示器会自动(或机组手动选择)显示相关警告系统。最终,机组会在下 ECAM 显示器上看到如着陆能力、可能采取措施、性能局限性、受故障影响的系统等运行状态信息,如图 6-23 所示。

3. ECAM 系统主要部件

(1)系统数据集获器(SDAC)。系统数据集获器是机械结构,所有数字板排列在标准总线的周围,采用标准的计算机系统总线。系统采用(大小、连接等)标准和非专用底板接头(点对点连接)组成,组件由标准铸造模块组成,每块板一个模块。系统数据集获器组成包括1 块计算机中央处理器(Central Processing Unit,CPU)板、1 个存储模块、1 块 ARINC 自动操作板、2 块模拟板、4 块输入板、1 块转换输入板、1 块电源板、2 块灯保护板。飞机有两个SDAC 计算机,这两个 SDAC 计算机是一模一样的,可以相互更换。它们从飞机系统获取失效/故障数据,并将故障信息传送给FWC计算机,用于产生相应的警报和程序信息。2个SDAC计算机获取系统数据后,把系统数据转换成图像指示信号发送给3个显示管理计算机(Display Management Computer,DMC),用于指示系统信息和发动机监控等。

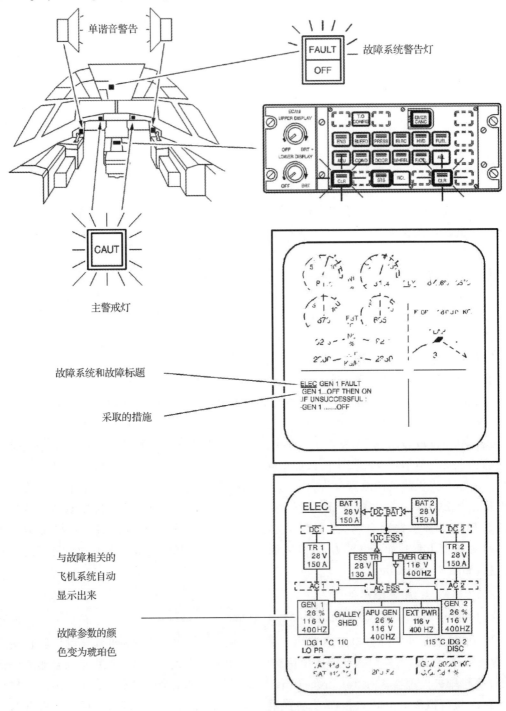

图6-23 A320飞机系统故障时 ECAM 指示

（2）ECAM 控制面板。ECAM 控制面板上的开/关和亮度控制旋钮为 ECAM 面板提供开关功能和亮度调节功能。ECAM 控制面板（ECAM Control Panel，ECP）可以使 ECAM 显示器显示所关注的飞机系统/状态图形。ECAM 控制面板可以用来执行人工选择飞机任何系统的状态页面、抑制和重新唤醒（RECALL）警告信息、取消警告/警戒信息（CLR）、按顺序显示飞机所有系统的系统页面（ALL）、紧急情况下取消警告/警戒信息（EMER CANC）、信息过多时换页、起飞构型测试等操作。

（3）显示管理计算机（DMC）。3 个显示管理计算机功能相同。每个计算机集成 EFIS/ECAM 功能，并能够驱动一个主飞行显示器（Primary Flight Display，PFD），一个导航显示器（Navigation Display，ND），以及任何一个 ECAM 显示组件。正常情况下 1 号 DMC 控制上部 ECAM 的显示，2 号 DMC 控制下部 ECAM 的显示。DMC 包含 4 个部分，其中 2 个部分用于和飞行警告系统（Flight Warning System，FWS）建立数据连接和管理 ECAM 通道。3 号 DMC 计算机不用于正常构型，只有当 1 号 DMC 或者 2 号 DMC 计算机数据丢失时，飞行机组可通过手动旋钮，钮到 1 号或 2 号位置，使信息全部恢复。

（4）ECAM 显示组件。上部和下部 ECAM 显示器屏幕被分为两个区域。上部 ECAM 显示器被称为发动机/警告显示组件（E/WD），上 ECAM 显示器上部区域（大约占屏幕的 2/3）显示发动机所有的主要参数指示，以及机载燃油量和襟翼/缝翼位置指示。上 ECAM 显示器的下部区域显示 MEMO 和飞机构型项目、警告/警戒信息、与警告/警戒相关的飞机系统页标题等信息。下 ECAM 显示器被称为系统或状态显示组件（SD）（见图 6 - 24）。下 ECAM 的上部分区域（大约占屏幕的 3/4）显示飞机系统符号图或者状态信息。下 ECAM 的下部分区域显示一些永久参数，例如大气总温（Total Air Temperature，TAT），大气静温（Static Air Temperature，SAT），世界协调时间（Universal Time Coordinated，UTC），飞机质量，飞机装载重心等。

正常工作时，ECAM 系统提供临时使用的系统（如 APU）和经常工作的系统（如液压系统）的工作情况。从起飞到着陆共分 12 个阶段，各阶段都有相应的页面。如果工作时出现不正常或应急情况，一个显示器显示警告页面，上面有故障分析和应采取的操作措施，另一个显示器出现故障系统的页面（若有的话）。

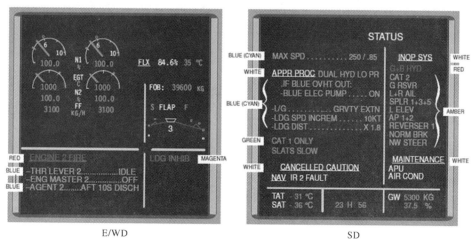

图 6 - 24　系统或状态显示组件

4. 发动机在 ECAM 上的参数指示

发动机主要参数永久性地显示在上 ECAM 显示器上；当自动或人工选择发动机次要参数时，发动机次要参数会指示在下 ECAM 显示器上，如图 6-25 所示。

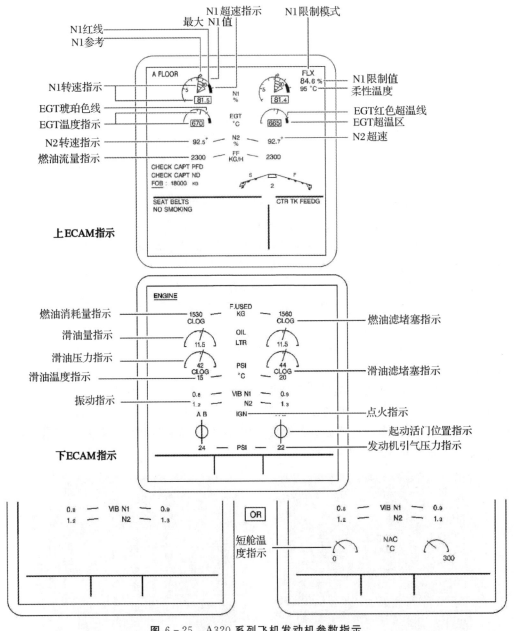

图 6-25 A320 系列飞机发动机参数指示

上 ECAM 显示器上指示发动机实际的 N1 转速值、N1 指令值、最大 N1 值、反推指示、推力限制模式、发动机排气温度、最大排气温度、N2 转速值，燃油流量等参数。下 ECAM 显示器显示燃油消耗量指示、滑油量指示、滑油压力指示、滑油温度指示、发动机振动指示、滑油滤堵塞指示、点火指示、起动活门位置指示、发动机引气压力指示、发动机短舱温度指示等参数。

　　新型发动机利用驾驶舱的控制显示组件 CDU(Control Display Unit)或多功能控制显示组件(Multifunction Control Display Unit,MCDU)(见图 6-26)来进行 EEC 自检,进行地面测试(见图 6-27),查找最近故障和历史故障,查找超限数据,给发动机的使用维护带来极大的方便。飞行员通过飞行管理计算机(Flight Management Computer,FMC)输入飞机的起飞机场、目的地机场、负荷、油量、经济指数等并规定飞行航路,而这些参数的输入需要通过 FMCS 的控制显示组件(MCDU)输入。飞行员使用 MCDU 与 FMC 建立通信,以调用存储在计算机中的各种参数数据,数据信息在 MCDU 显示屏显示,以供查阅。同时,在进行维修工作时,机务人员可以通过 MCDU 调取飞行管理系统的故障信息数据,以查找故障信息。

图 6-26　MCDU

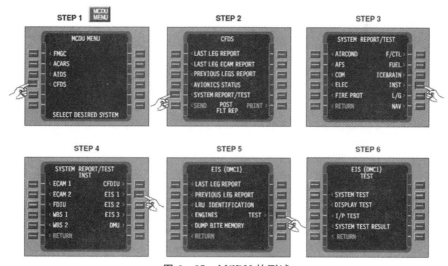

图 6-27　MCDU 的测试

6.3.2.2 波音 EICAS 指示系统

1. 波音 EICAS 指示系统概述

波音飞机大部分机型的发动机指示和机组警告系统（EICAS）包括两个多功能显示器〔阴极射线管型显示器和发光二极管（Light Emitting Diode，LED）型显示器〕，两个控制面板和两个 EICAS 管理计算机。发动机指示和机组警告系统是一种自动监控和中央警告系统。EICAS 系统不仅提供发动机参数指示，还提供飞机状态信息和地面维护数据。

每台 EICAS 计算机接收来自飞机系统和传感器的模拟和数字输入信号。EICAS 计算机分析接收到的信息并把数据显示在两个 EICAS 显示器上。正常情况下只有一台计算机工作来驱动显示组件，另外一台计算机用作备份。EICAS 显示器位于飞机驾驶舱中央位置，B757、B767、B777 飞机两个 EICAS 显示器呈现上下排列形式，如图 6 - 28 所示。

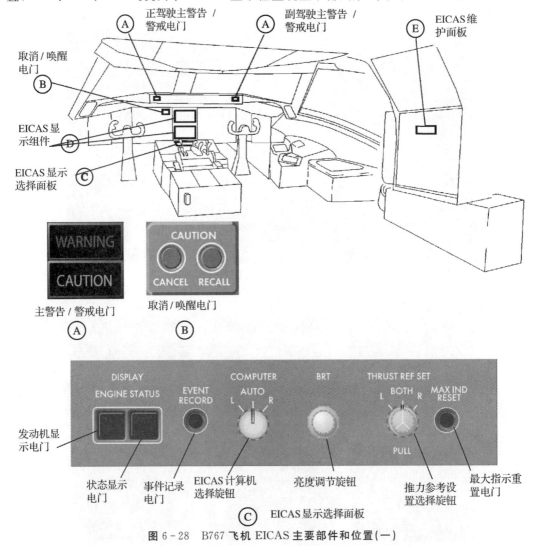

图 6 - 28 B767 飞机 EICAS 主要部件和位置（一）

B737 飞机的显示器的名称略有不同，中央的两个显示器统称为显示组件（Display Unit，DU）。其中上部的显示组件为（上中央显示组件（Upper Center Display Unit，UC

DU），下部的显示组件为下中央显示组件，（Lower Center Display Unit，LC DU）。但其在显示功能方面与 EICAS 大体相同，本节以 B767 驾驶舱布局为例，如图 6-29 所示。

上 EICAS 显示器指示发动机主要参数和机组警告信息，下 EICAS 显示器指示发动机次要参数和飞机状态数据，此外，下 EICAS 显示器可以用于显示地面的维护数据。为防止在空中有一个显示器突然出现故障，EICAS 信息可以在上 EICAS 或下 EICAS 显示器上全部显示。当发动机或系统出现异常情况时，EICAS 会自动显示不正常情况。EICAS 有持续故障监控线路，当 EICAS 计算机检测到故障时，自动故障模式会为系统提供最大的数据显示。

EICAS 可由驾驶舱中两种不同的控制面板控制，EICAS 显示选择面板用于空中选择显示格式。EICAS 维护面板用于地面维护显示。

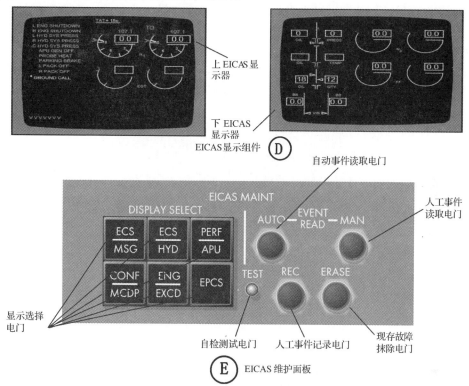

图 6-29　B767 飞机 EICAS 主要部件和位置(二)

2. 波音 EICAS 指示系统主要部件

（1）EICAS 计算机。EICAS 计算机接收飞机各系统的模拟信号和 ARINC429 数字数据术语的输入信号，对这些输入数据进行处理后转变成不同格式的显示形式以呈现发动机、状态和维护数据。每台 EICAS 计算机还接收模拟离散输入信号用于产生 EICAS 信息，这些信息被处理后以合适的形式显示出来。每台 EICAS 计算机都有不同的程序钉供客户选择显示内容，这些选项反映了客户需求、发动机型号和模式等。EICAS 计算机有可供选择装载的软件，这些软件也反映了客户需求、发动机型号和模式等。EICAS 配备有自检功能用于监控自身系统健康状况，此外，每台计算机所处理的所有数据也会通过高速交联数据线发送给另外一台计算机。这允许两台计算机可以交叉互联，以确定它们处理的数据是否有效可用。

（2）主警告/警戒灯。位于驾驶员前方 P7 面板上的警告（WARNING）/警戒灯（CAUTION）用于指示 EICAS 产生的故障信号。琥珀色的警戒灯（CAUTION）会伴随有第 2 级提示信息，此外 EICAS 警告系统还会产生一个音响提示音。电门是按压式电门，可以通过按压电门来取消提示灯。当发动机燃油控制电门在关断位置时，EICAS 会抑制发动机关车引起的警戒灯（CAUTION）提示。

（3）EICAS 显示选择面板。显示选择面板为 EICAS 系统操作提供控制功能，这些功能包括显示格式和计算机选择。面板上"BRT"旋钮可以用来调节 EICAS 显示器的亮度，"THRUST REF SET"旋钮可以用来对推力参考值设置选择，以及提供事件记录电门（E-VENT RECORD）和发动机最大指示重置电门（MAX IND RESET）。

面板上的"ENGINE"和"STATUS"两个显示电门是瞬时按钮电门。正常情况下，按下"ENGINE"电门时，下 EICAS 显示组件上显示所有发动机次要参数。按下"STATUS"电门时，下 EICAS 显示组件上显示状态模式。状态模式信息包括液压系统油量、液压系统压力、APU（排气温度、转速、滑油量）、氧气压力、散装货舱温度、前货舱温度、飞行舵面（副翼、升降舵、方向舵）位置指示以及刹车温度指示等，如图 6－30 和图 6－31 所示。再次按压"STATUS"电门将会清除状态页模式。在空中，如果其中一个 EICAS 显示组件发生故障，那么"STATUS"电门会被抑制。

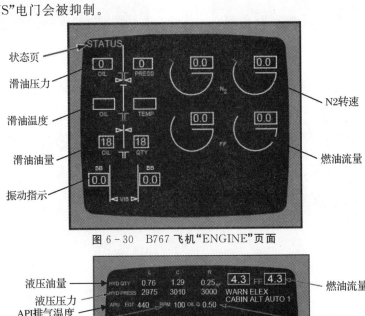

图 6－30　B767 飞机"ENGINE"页面

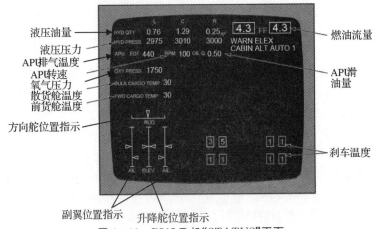

图 6－31　B767 飞机"STATUS"页面

（4）EICAS 显示组件. EICAS 显示组件上下排列安装在驾驶舱中央仪表板上,两个显示组件可以互换,上 EICAS 显示组件用于显示发动机的主要参数,如 N1 转速指示,发动机排气温度（EGT）以及飞机系统的 A、B、C 三个级别的提示信息,如图 6-32 所示。

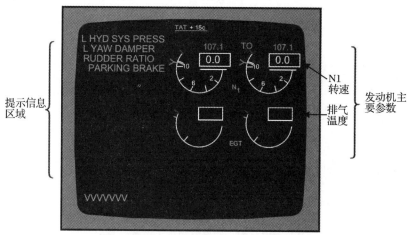

图 6-32　B767 飞机上 EICAS 显示组件

（5）取消和唤醒电门（Cancel/Recall）。

EICAS 取消和唤醒电门位于驾驶舱中央仪表板上（见图 6-28 和图 6-29）,是瞬时按压电门。按压"CANCEL"电门会取消上 EICAS 显示组件当前显示的 B 级和 C 级的提示信息,此时,上 EICAS 显示组件下一页的 B 级和 C 级提示信息就会显示出来,再次按压"CANCEL"电门会取消此时上 EICAS 显示组件当前显示的 B 级和 C 级的提示信息。按压"RECALL"电门,被取消的 B 级和 C 级的提示信息会重新显示出来。A 级提示信息不受这两个电门的影响。

（6）EICAS 维护面板。EICAS 维护面板是维护人员地面操作和查看维护数据的首要选择面板。该面板所有电门都是没有灯光的,而且只有在地面或者空中飞行高度大于 10 000 ft 时才能操作。该维护面板上 6 个瞬时按压电门用于在下 EICAS 显示组件上显示正常可用的系统信息。事件读取电门（EVENT READ）包括自动读取电门（AUTO）和人工读取电门（MAN）,用于调出恰当的维护页面构型。当有（ECS/MSG,ELEC/HYD 或 PERF/APU）有关的警告或超限情况发生时,自动读取电门使被选择的数据显示在下 EICAS 显示组件上面。当按压事件记录电门或"REC"电门时,人工选择电门会显示所选择的维护页面所记录的数据。

6.3.3　发动机备用指示系统

当空客飞机 ECAM 或者波音飞机 EICAS 系统出现故障时,或者其他因素导致发动机主要参数不能指示时,备用发动机显示器（Standby Engine Indicator,SEI）会为驾驶舱飞行机组提供发动机 N1 转速,发动机排气温度 EGT,以及发动机 N2 转速指示。

波音典型的备用发动机显示器如图 6-33 所示。

该显示器的 6 个显示窗口为飞机两台发动机提供 N1、EGT 和 N2 指示。备用发动机显示器有自己独立的供电电源和供电线路。位于备用发动机显示器左下角的测试电门可以用来测试显示器是否工作正常。位于备用发动机显示器右下角的双位选择电门可以用来选择自动"AUTO"或者打开"ON"位置。电门选择在自动"AUTO"位置,如果 EICAS 上发动机主要参数指示可用,备用发动机显示器指示就会被抑制;只有当两台 EICAS 显示器全部发生故障时,备用发动机显示器才会自动显示发动机的操作参数。电门选择在打开"ON"位置时,备用发动机显示器会一直显示发动机主要参数。

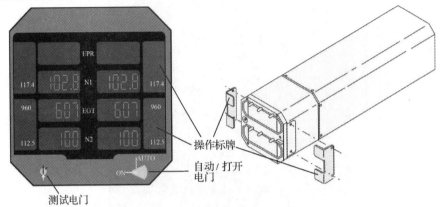

图 6 - 33　备用发动机显示器

6.3.4　典型发动机指示系统的常见维护工作

发动机指示系统常见的维护工作有参数超限后的记录抹除、EGT 插头检查、发动机振动配平等。

1. 参数超限后的记录抹除

发动机对转速有一定的限制,对于部分发动机,超过一定转速,发动机会关断燃油,从而使发动机关车。在发动机起动和工作时,EGT 温度有限制,不能超温。在某些发动机上,由于 EGT 导线接头接触不良,EGT 温度会显示为 XX。

发动机可能会由于推油门过猛而出现短时的参数超限情况,对于转子转速和 EGT 超限,一般需要对发动机进行孔探检查或试车验证,确认是内部损坏导致的参数超限,还是线路问题导致的假信号。如果孔探后未发现内部损伤,那么需要先在发动机电子控制器内抹除超限记录,然后检查线路清洁电插头,再试车验证,若没有问题,则可以正常放行发动机。

2. EGT 插头检查

(1)目视检查传感器有无损伤,传感器是否松动。

(2)目视检查电气连接导线及插头是否松动,有无损伤。

(3)对于有些发动机,可以对 EGT 传感器进行测试。

3. 发动机振动配平

发动机振动问题可以直接在相关计算机上进行自检,通过故障信息来判定是假信号还是真实振动超限。典型的发动机振动超限后需做如下维护工作:

(1)发动机振动高故障主要表现为发动机真实故障或 AVM 系统故障。

(2)故障原因,发动机振动,AVM 系统故障。

(3)排故步骤,必须严格按照飞机维护手册相关程序来进行。

　　1)读取 AVM 历史振动数据,确认振动来源。参考飞机维护手册,询问机组振动与发动机转速是否有关。

　　2)若振动高只出现在风扇(FAN)和高压压气机(HPC)上,或者只出现在高压涡轮(HPT)和低压涡轮(LPT)上,或者振动与发动机转速无关,则按照 AVM 系统故障排故。

　　3)若 AVM 历史数据显示发动机真实振动,则按照发动机振动排故。

6.4　B737 飞机发动机指示系统

　　发动机指示系统持续将发动机数据提供给公共显示系统(CDS)。CDS 通常在两个显示组件(DU)上显示发动机数据。一个 DU 显示主发动机指示,另一个显示次要发动机指示。主发动机指示通常显示在上部中央 DU 上,次要发动机指示通常显示在下部中央 DU 上。发动机数据可以显示在内侧 DU 上。

6.4.1　显示组件

　　公共显示系统使用 6 个液晶显示(LCD)组件,如图 6-34 所示,包括两个外侧 DU,两个内侧 DU,两个中央 DU。中央显示器分成上 DU 和下 DU。上 DU 位于 P2 板,下 DU 位于 P9 板。B737-800 飞机驾驶舱如图 6-35 所示。

　　显示组件(DU)可以显示主飞行信息、导航信息和发动机信息。

　　正常情况下发动机主要和次要参数显示在上、下中央 DU 上。

　　公共显示系统有两个显示电子组件(DEU)。DEU 可进行的操作包括收集飞机系统中的数据,将数据转换为视频信号显示在显示器上,将数据传送到其他飞机系统。

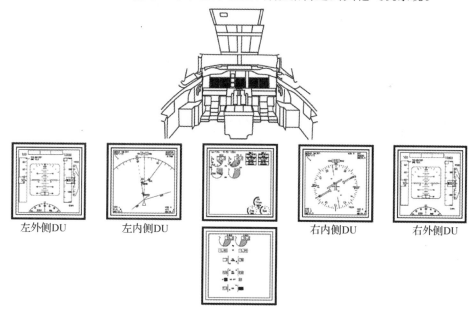

左外侧DU　　　左内侧DU　　　　　　　　右内侧DU　　　右外侧DU

图 6-34　公共显示系统液晶显示组件

图 6 - 35　B737 - 800 飞机驾驶舱

6.4.2　显示控制

机长和副驾驶显示选择面板用于控制在各显示器上的显示数据，如图 6 - 36 所示。主面板 DU 电门控制显示内侧和外侧 DU 上的数据。下 DU 电门控制中央显示组件下部 DU 上的数据。

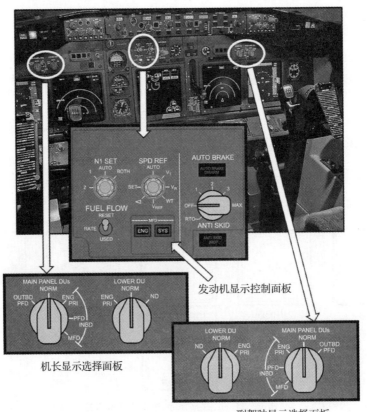

图 6 - 36　发动机显示选择和控制

当机长和副驾驶显示选择面板上的选择电门都在 NORM(正常)位时,CDS 六个显示器显示下列数据(见图 6-37):

(1)左外侧 DU:机长主飞行显示。

(2)左内侧 DU:机长导航显示。

(3)右内侧 DU:副驾驶导航显示。

(4)右外侧 DU:副驾驶主飞行显示。

(5)上中央 DU:发动机主要参数显示。

(6)下中央 DU:发动机次要参数显示

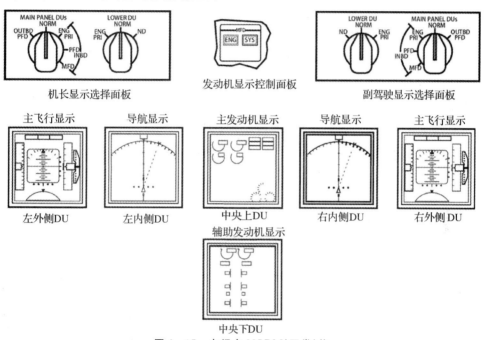

图 6-37　电门在 NORM(正常)位

6.4.3　发动机参数指示的形式

发动机参数指示主要采用模拟指示和数字指示,如图 6-38 所示。

模拟指示器是指在液晶显示器上模拟仪表盘和指针,动态指示发动机参数的变化。模拟指示器有圆表盘指示器和垂直刻度指示器两种形式。

圆表盘指示器由圆表盘、指针及随指针变化的阴影区组成。当发动机参数变化时,指针位置改变。圆表盘的指针显示白色,阴影区是灰色的。有些圆表盘上带有径向标线,琥珀色标线指示发动机参数接近极限值,提示机组注意;红色标线指示发动机参数的极限值,超过此极限值有可能给发动机造成严重影响。

垂直刻度指示器由垂直刻度线和指针组成。当发动机参数变化时,指针沿垂直方向移动,指示当前发动机参数值。有些垂直指示器的垂直刻度线上有红色和琥珀色标线,琥珀色标线指示发动机参数接近极限值,提示机组注意;红色标线指示发动机参数的极限值。

有些指示器的琥珀色和红色限制是一个区域,称为限制带。

数字指示器指在液晶显示器上直接用数字指示发动机参数。通常在数字读数的周围加上方框。数字指示器的数字读数与模拟指示器的指针指示相一致。

模拟指示器和数字指示器除了琥珀色标线之处,红色标线显示各自的颜色,阴影区显示灰色之外,其余部分都显示白色。当指针进入琥珀色区域时,白色的显示部分也会变成琥珀色;同样,当指针进入红色标线区域时,这些显示部分也会变成红色;这些颜色的改变也包括数字指示器中的数字读数和读数框。颜色的改变(从白色变为琥珀色或红色)表明相关的发动机参数接近或超出极限值。

有些发动机参数并没有琥珀色和红色标线,这些参数通过数字读数反白显示指示参数值超限。正常的发动机显示是黑色背景,数字读数和读数框都显示白色。发动机参数超限时,数字读数变成黑色,原来的白色读数框被白色填充。其余的显示部分仍为白色。

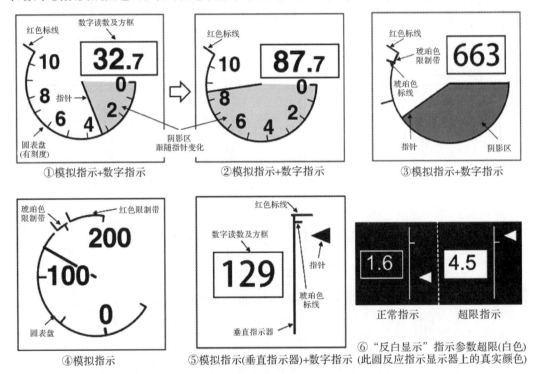

图 6-38　发动机参数指示器的形式

6.4.4　发动机转速指示

发动机转速计系统将发动机低压转子(N1)和发动机高压转子(N2)转速信号提供给下列部件(见图 6-39):

(1)电子发动机控制(EEC)。

(2)显示电子组件(DEU)。

(3)发动机机载振动监控(AVM)信号处理器。

N1 转速传感器如图 6-40 所示,N2 转速传感器如图 6-41 所示。N1、N2 转速传感器的工作原理相同。转速传感器属于电磁感应型测速计,可以输出交流电信号。

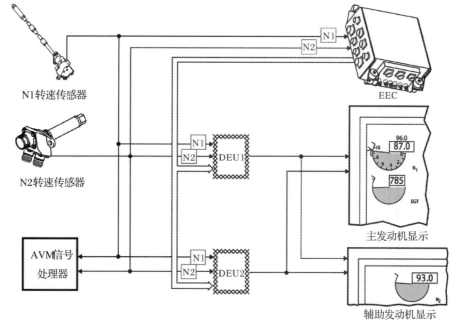

图 6 - 39　发动机转速指示

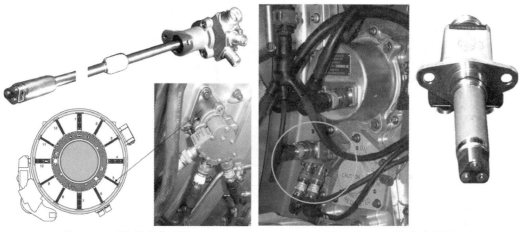

图 6 - 40　N1 转速传感器　　　**图 6 - 41　N2 转速传感器**

1. N1 指示

N1 数字读数显示发动机低压转子转速(见图 6 - 42)。DEU 使用从 EEC 或 N1 转速传感器输入信号,显示 N1 转速。

当 N1 转速低于 N1 红标线时,数字读数和围绕读数的方框都是白色的。

在一个圆表盘上的指针也显示 N1 转速。一个阴影区域跟随此指针变化。指针通常是白色的。阴影区域通常是灰色的。

当 N1 转速高于 N1 红标线时,下面的指示变为红色。

(1)N1 数字读数。

(2)围绕 N1 数字读数的方框。

(3)N1 指针。

(4)阴影区域。

当 N1 转速降至低于红标线时,指示回到正常的颜色。

N1 红标线表示 CFM56-7B 发动机的最大认证的发动机低压转子转速。红标线显示红色。EEC 提供红标线数值。

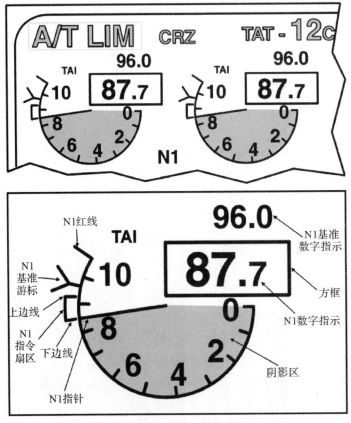

图 6-42 N1 指示

2. N2 指示

N2 数字显示示出发动机高压转子转速(见图 6-43)。DEU 使用从 EEC 或 N2 转速传感器的输入信号,显示 N2 转速。数字读数和方框在 N2 转速低于 N2 红标线时是白色的。在一个圆表盘上的指针也显示 N2 转速,一个阴影区域跟随着此指针变化。指针通常是白色的。阴影区域通常是灰色的。

当 N2 转速高于 N2 红标线时,下列指示改变为红色。

(1)N2 数字读数。

(2)围绕 N2 数字读数的方框。

(3)N2 指针。

(4)阴影区域。

当 N2 转速降至低于红标线时,指示恢复到正常的颜色。

N2 红标线表示 CFM56 - 7B 发动机最大认证的发动机高压转子转速。EEC 提供红标线值。红标线用红色显示。

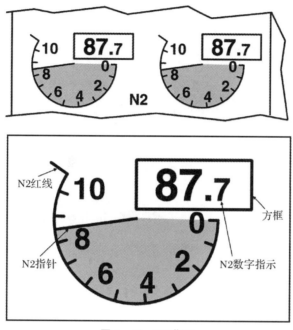

图 6 - 43　N2 指示

6.4.5　发动机排气温度(EGT)指示

EGT 指示系统可在驾驶舱提供 EGT 的指示,可用于监控每一台发动机低压涡轮进口的温度,如图 6 - 44 所示。EGT 由安装于第 2 级低压涡轮进口导向叶片内的 8 个热电偶进行测量。热电偶和导线系统位于低压涡轮机匣上。EGT 指示器显示的温度是从发动机上 8 个热电偶测量得到的一个平均值。

EGT 数字读数以摄氏度为单位显示排气温度。数字读数和围绕的方框通常是白色的。

在一个圆表盘上的指针也指示 EGT,表盘没有刻度。一个阴影区域跟随着指针变化。指针通常是白色的。阴影区域通常是灰色的。

当 EGT 高于 EGT 最大连续极限但低于 EGT 红标线时,下列白色的指示改变为琥珀色。

(1)EGT 数字读数。

(2)围绕数字读数的方框。

(3)指针。

(4)阴影区域。

当 EGT 高于 EGT 红标线时,下列指示改变为红色。

(1)EGT 数字读数。

（2）围绕数字读数的方框。

（3）指针。

（4）阴影区域

当 EGT 恢复到正常范围内时，指示颜色变为白色。当发动机关闭后 EEC 断电，如果 EGT 在发动机运转期间曾经超过红线，则数字读数框变为红色。

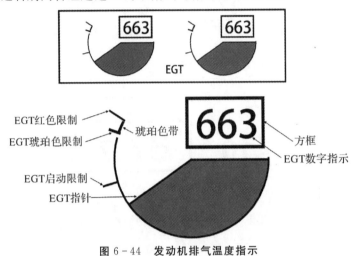

图 6-44　发动机排气温度指示

6.4.6　燃油流量指示

燃油流量指示（见图 6-45）包含数字指示和模拟指示。燃油消耗量指示仅有数字指示。数字读数和数字读数框是白色的。在一个圆表盘上的指针也指示燃油流量，一个阴影区域跟随着指针变化。指针是白色的，阴影区域是灰色的。

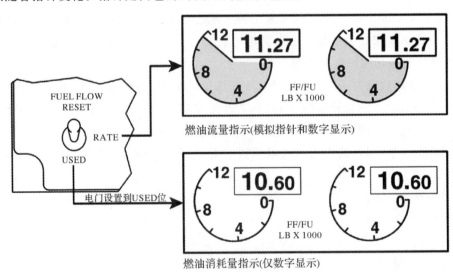

图 6-45　燃油流量指示

1. 燃油流量指示控制电门

燃油流量指示控制电门在驾驶舱内的发动机显示控制面板上。此电门控制发动机显示器所显示的燃油质量流量和燃油消耗量指示。发动机显示控制面板在 P2-2 中央主控面板上(见图 6-35)。燃油流量指示电门有三个位置：RESET(复位)、RATE(流量)和 USED(消耗量)。

2. 燃油流量指示

电门通常在"RATE"位置,此时发动机指示显示燃油质量流量。如果需要将电门扳到其他两个位置,需要保持电门作动力,一旦松开电门,内部的弹簧会使电门回到 RATE 位置。

3. 燃油消耗量指示

如果将燃油流量指示控制电门扳到"USED"位置,燃油流量指示转换到燃油消耗量指示模式,此时指针和阴影消失,燃油消耗量是从计数器设置为零之后所消耗的燃油质量。注意：燃油消耗量只显示在数字显示部分,模拟显示不显示燃油消耗量。燃油流量指示控制电门返回 RATE 位 10 s 后,燃油流量指示恢复到正常指示模式,数字和模拟指示都显示燃油质量流量。

燃油流量指示控制电门 RESET 位置将燃油消耗量计数器归零。将电门扳到 RESET 位,指针和阴影消失,燃油消耗量归零,数字读数瞬时显示燃油消耗量,然后显示燃油流量。

当切断 DEU 电源后再接通时,计数器也会归零。

6.4.7　发动机振动指示

机载振动监控系统可连续显示发动机的振动水平。较大的突发或渐进式的发动机振动,意味着发动机或发动机部件有故障,发动机出现过大振动的可能原因有：压气机或涡轮叶片损坏、转子不平衡、非正常作动附件齿轮箱,或发动机安装附件故障。应及时对早期的警告采取措施,防止对发动机造成更严重的损坏。

机载振动监控系统(见图 6-46)包括：

(1)机载振动监控(AVM)信号处理器。

(2)1 号轴承振动传感器。

(3)风扇框架压气机机匣垂直(FFCCV)传感器。

AVM 信号处理器位于 EE 舱 E3-2 设备架上。发动机装备有两个能够感受和测量垂直位移的振动传感器。这两个传感器都是压电型传感器,由放置在惯性物质和基座之间的多层压电晶片组成。当传感器振动时,惯性物质在晶片上施加载荷。载荷产生与过载成正比的一定量的电流。传感器连接到 AVM,振动信号用于指示,振动分析和配平平衡程序。通过在 AVM 内过滤振动信号,以确定低压或高压转子的振动水平。

发动机振动指示可采用模拟表盘[见图 6-47(a)],圆表盘上的指针指示发动机振动等级,阴影区域跟随指针变化,指针和阴影区域是灰色的。

发动机振动指示也可采用数字读数指示[见图6-47(b)],数字读数包含在数字读数框内。当振动水平超过振动高限时,发动机振动数字指示反白显示。

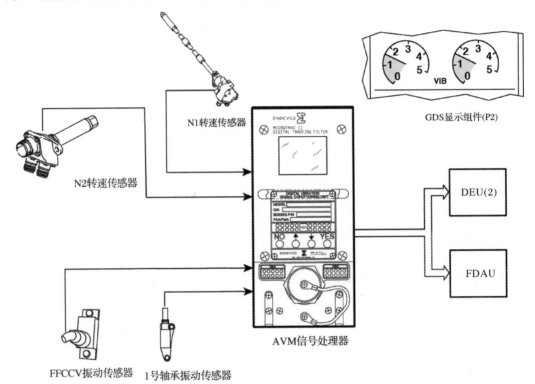

图6-46　机载振动监控和指示

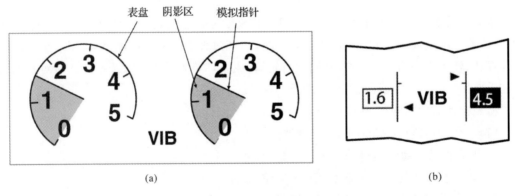

(a)　　　　　　　　　　　　　　　　(b)

图6-47　振动指示

(a)模拟表盘;(b)数字读取

▶拓展阅读

案例分析:英伦航空92号班机事故

1.事件经过

肇事客机为一架英伦航空的B737-400型客机(见图6-47),当时其为新问世之机型,是一班执行从伦敦希斯路机场至北爱尔兰首府贝尔法斯特的定期航班,当天该飞机(英伦航空 92 号班机)已执行了一趟来回航程。当飞机于 1989 年 1 月 8 日下午 7 时 52 分从希斯路机场起飞后,92 号班机如惯例以自动驾驶模式开始爬升至 35 000 ft 巡航高度,当飞机飞至 28 300 ft 高空时,飞机左发动机风扇叶片一小片裂离吸入,以致破坏了发动机内部结构及转速了降低,而该飞机自动驾驶模式系设计为:当发动机转速降低时自动增加该发动机的供油量以提高转速,因而引起质量不均的振动与油料溢出产生火焰(机舱还散发出焦烟气味)。由于驾驶员对于新机型的仪表判读与空调设计缺乏充分训练,误判为右发动机故障,于是解除自动驾驶模式以便关闭右发动机,使用单发动机动力飞行。

右发动机关闭之后,左发动机虽有故障但暂能运转,且由于自动驾驶模式解除,左发动机不再过量供油、转速降低,巧合地呈现振动减轻、火焰消失、机舱里的焦烟气味减少等动力稳定之假象,因此驾驶员与目击火焰消失的乘客均不作他想。而为安全起见,机长决定就近转往东密德兰机场降落,到了降落的最后步骤须增加发动机动力来调整高度的时候,左发动机又开始剧烈振动起火,数秒间完全停止运作,飞机失速下坠,驾驶员虽尝试起动右发动机,可惜为时已晚,飞机坠落于 M1 公路旁的一条堤围上,并发生爆炸起火,当时飞机离机场跑道只剩 900 m。

图 6 - 48　肇事的英伦航空的 B737 - 400 型客机残骸

2. 真实原因

一号发动机因叶片设计有瑕疵而断掉,损坏了发动机。肇事的机长凯文·亨特(Kevin Hunt),当时判断是飞机的右侧的二号发动机故障导致飞机振动及冒烟,因为 B737 系列的飞机的二号发动机是负责控制机上的空调系统,可是从 B737 - 400 客机开始,波音重新设计了该套系统,使两台发动机都负责控制,飞行员被误导。部分机舱服务员及乘客都知道是左边的一号发动机故障,但没有人将此状况告知位于驾驶室的机员,他们以为机员都知道是一号发动机出了问题。

当没有问题的二号发动机被关闭后,机上振动情况及机舱内的烟雾却巧合地被改善了,这使得机员更加相信是二号发动机发生故障,而正当机员通过检查确认先前的行动正确时,空中管制员这时通知机员降落指示,令机员最后未发现错误。该两名机员很明显未曾受过发动机故障造成飞机振动及冒烟等问题的训练,令他们同时判断错误。但两名机员同时判断错误是很罕见的,再加上机上显示发动机状态的仪表亦发生故障,并且B737-400的驾驶系统过于复杂,这令当时的情况更糟。

3. 事故之后

在这次事故发生后,世界民航吸取了教训。例如,此前旅客在机组下达"抱紧防撞"口令后的防撞姿势并不正确,传统的抱紧头部的动作并不能在飞机大过载下防止旅客颈部和头部晃动。正确的姿势应该是头部贴近大腿,两个胳膊用力抱紧腿部。

波音公司重新设计了B737飞机的引气系统,并将飞机振动仪表和发动机仪表平行的设计布局改成了上下排列;重新设计了飞机固定座椅的地板和行李架,并对在旅客头部上方放置行李的体积和质量提出了新的要求。同时,航空公司对机组执行单发的程序提出了更细致的要求;在发动机振动值大的情况下,不要求对发动机进行关车处理。

在飞行训练中,航空公司更要求机组,在任何时候,控制好飞机的飞行状态永远是第一位的,在这个前提下,机组再去识别、判断、处置不正常情况。特别是在处置一些影响较大的系统故障时,机组成员必须交叉核实。飞机在低高度单发,在1 000 ft以下不做处置;在低高度发生严重危及飞行安全的发动机火警时,机组要尽量接通自动驾驶仪,以减轻飞行机组的工作负荷。

4. 案例反思

本案例中,提到"驾驶员对于新机型之仪表判读与空调设计缺乏充分训练,误判为右发动机故障"以及"两名机员很明显未曾受过发动机故障造成飞机振动及冒烟等问题的训练",可以看出飞行员的专业技能不足、培训不到位,导致对飞机状态的判断出现失误,而引发不可挽救的灾难。

乘坐飞机的旅客的生命在很大程度上掌握在飞行员和飞机维修人员等民航从业人员的手上,民航从业人员必须做到民航的"三个敬畏":敬畏生命、敬畏规章、敬畏职责。

敬畏生命,就要把人的生命放在第一位。敬畏生命,就是要坚持安全重于泰山,始终把安全飞行摆在首要位置,牢固树立安全发展理念,层层压实安全责任,深入排查整治各类安全风险,坚决克服各种侥幸心理和变通思维,坚决守住民航安全底线。

敬畏规章,就要从平时养成抓起,坚持业务技能与规章学习同抓共管,不断强化规章学习,深化理解认知,深刻把握工作规律,不断精进专业技能,加强技术培训,做到保障飞行更加自信、技能运用更加自如、特情处置更有把握、危急时刻经得起考验。

敬畏职责,体现了民航人的职业操守,是岗位责任和专业能力的高度统一。

民航院校要培养大学生在校期间就树立民航"三个敬畏"思想。从事机务维修的工作者更需注重提升自身的专业技能,需认真对待每一次维修培训工作,认真完成每一次维修任务,认真钻研每一次故障分析,严格对待本职工作,做到"干一行,爱一行,钻一行",发扬工匠精神。

(资料来源:英伦航空 92 号班机事故百度百科 https://baike.baidu.com/item/％E8％8B％B1％E4％BC％A6％E8％88％AA％E7％A9％BA92％E5％8F％B7％E7％8F％AD％E6％9C％BA％E7％A9％BA％E9％9A％BE/16822062? fr＝ge_ala)

思　考　题

1. 发动机指示系统的功能是什么?

2. 发动机转速采用哪种方式测量?

3. 表征推力的参数有哪些? 它们为何可以表征推力?

4. 请说明转速发电机的工作原理。

5. 测量温度的方法有哪些? 它们的应用范围有何不同?

6. 发动机排气温度 EGT 采用哪种测量方法?

7. 燃油流量是通过哪种方式测量得到?

8. 请说明发动机振动的指示过程。

第7章 发动机滑油系统

7.1 滑油概述

7.1.1 滑油的功用

滑油的功用有很多——润滑、冷却、清洁、防腐等,如图7-1所示。当发动机工作时,在轴承和齿轮等工作表面送进滑油,构成连续的油膜,带走由于摩擦产生和周围高温零件传来的热量,冲走在这些零件工作表面的杂物和碎屑,以维持这些零件的正常温度状态,减少零件的磨损和摩擦损失,并防止零件的腐蚀;热滑油在滑油冷却器中将热量传给燃油或空气;此外,还可以利用具有压力的滑油,作为各种液压调节器和操纵机构的工质,如螺旋桨调速器和涡轮螺旋桨、涡轮轴发动机的测扭泵等。

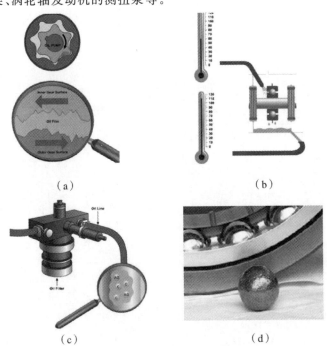

（a）　　　　　　　　　　（b）

（c）　　　　　　　　　　（d）

图7-1　滑油的主要功用

(a)润滑;(b)冷却;(c)清洁;(d)防腐

　　由此可见,发动机工作的可靠性在很大程度上取决于滑油系统。为此,对滑油系统提出以下的基本要求。

　　(1)当发动机在飞机飞行包线范围内工作时,系统应保证供给发动机所需的滑油。

　　(2)系统的滑油消耗要小。

　　(3)当发动机工作时,特别是当飞机高速飞行时,工作后的热滑油应在消耗功率最小的条件下,得到可靠的冷却,保持滑油在给定的温度范围内工作。

　　(4)在低温条件下,系统应能迅速而可靠地起动。

　　(5)系统应便于接近,进行调整、维护和检查,故障征候要能事先发现。

　　(6)附件的构造应简单,工作可靠、尺寸紧凑、质量轻、寿命长。

7.1.2　滑油的种类

　　滑油的种类:一类为矿物基的滑油,即从石油中提炼出来的;另一类为合成滑油,即从动物、植物中提炼出来的。燃气涡轮发动机使用合成滑油,即从动物、植物、矿物基滑油提炼人工合成的。它的优点是不易沉淀而且高温下不易蒸发,有较好的热稳定性、黏度、压力和阻力大。它的缺点是价格贵,不管溅到什么地方,都可能产生气泡和掉漆。它不能和矿物基滑油混合,而且生产厂要求不同等级、型号的滑油不要混合。合成滑油有添加剂,易被皮肤吸收,有高毒性,应避免长时间暴露和接触皮肤。欧洲将合成滑油分成Ⅰ、Ⅱ和Ⅲ型。Ⅰ型滑油是最早一代的合成滑油,现在仅用在一些老型号的燃气涡轮发动机上;Ⅱ型滑油是现代燃气涡轮发动机最常使用的;Ⅲ型滑油和Ⅱ型滑油相比,有较高的热稳定性和高温下的黏性,它可以在特种飞机上使用,如图 7 - 2 所示。

图 7 - 2　合成滑油的应用

7.1.3　滑油的性能与选择

　　常用的表示滑油性能的指标有黏度、黏度指数、闪点、燃点、流动点、抗氧化性和抗泡沫性等。

　　(1)黏度:黏度对滑油的性能来说是一个重要的参数,滑油黏度表示了滑油流动的阻力。滑油流动慢,说明黏度高。黏度随温度的变化而变化,在冬天,一些滑油几乎变成固体。温度低,滑油黏度大,流动性变差,造成润滑、冷却、散热效果不佳,起动困难;温度高,滑油变稀,黏度小,不能形成一定厚度的油膜或者油膜可能会破坏。

　　(2)黏度指数:滑油的黏度指数代表了滑油黏度随温度的变化规律,反映了温度变化对滑油黏度的影响。在给定的温度变化下,黏度变化小的滑油其黏度指数高。

（3）闪点：滑油面上出现可以闪燃蒸汽的温度，称为闪点；设计滑油系统时，保证滑油工作在滑油闪点温度以下，才能防止滑油的闪燃，避免火灾。

（4）燃点：滑油面上有足够可燃蒸汽的温度，称为燃点。

（5）流动点：滑油能够流动的最低温度，称为流动点。设计滑油系统时，必须保证滑油工作温度在滑油的流动点之上。

（6）抗氧化性和抗泡沫性：随着燃气涡轮发动机性能的提高，现代发动机涡轮前燃气总温越来越高，滑油的工作温度也越来越高。在高温下，滑油可能被氧化，产生泡沫，甚至生成胶状物堵塞油路，影响滑油系统的循环，同时滑油中的氧化物会使滑油变稠，黏度变高，性能变差，还会增加滑油的腐蚀性。

因此，要选择黏度适当的滑油：既有强的承载能力又有良好的流动性；选择高闪点的滑油；闪点、燃点低的滑油易于挥发，增大滑油消耗量，容易引起火灾；滑油应有较好的抗泡沫性、抗氧化性，碳沉积低、黏度指数高。

7.2 发动机滑油系统部件及工作原理

7.2.1 滑油系统的分类

大多数的燃气涡轮发动机使用再循环式润滑系统，即滑油经过增压过滤后，分送到各个需要润滑的部位，然后经过回油系统返回滑油箱。但有个别工作时间很短的发动机使用可消耗系统，在这种系统中，滑油润滑之后便溢出发动机外。

按照循环性质，可分为调压活门式系统和全流式系统。它们的主要差别在于对供向轴承的滑油流量的控制。在这两种系统中，对于发动机正确和安全运转最关键的是滑油的温度和压力。因此，在驾驶舱中有用于指示这些参数的设备。

调压活门式滑油系统如图7-3所示。

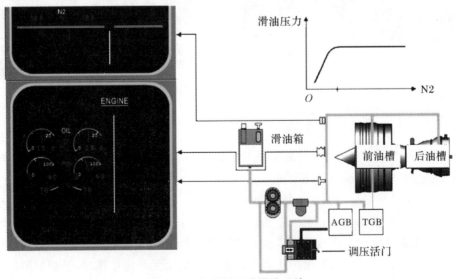

图7-3 调压活门式滑油系统

调压活门式滑油系统将供油路中的滑油压力限制在给定的设计值，以便控制向轴承腔供应的滑油流量。也就是说，从慢车转速到最大转速期间，滑油压力由调压活门控制，保持给定值。如果超过设计给定值，那么允许滑油从增压泵出口回油。在所有发动机正常工作转速下，它都提供恒定的供油压力，保证在所有发动机转速下有同样的流量。

全流量式滑油系统如图 7-4 所示。全流量式滑油系统可以在整个发动机转速范围内达到要求的滑油流量，它不用调压活门，但有释压活门，在发动机工作的所有转速下它允许增压泵直接向滑油供油喷嘴供压。释压活门通常处于关闭状态，仅在系统压力过大时打开，以防止薄壁管件损坏。滑油压力由增压泵转速、滑油喷嘴尺寸、轴承腔压力决定，滑油压力受滑油温度的影响。由于滑油压力随着工作状态的变化而变化，从而保证了发动机在各个工作状态下滑油压力和流量的要求，特别是高功率状态下的要求。增压泵的尺寸由发动机最大转速下要求的滑油流量决定。

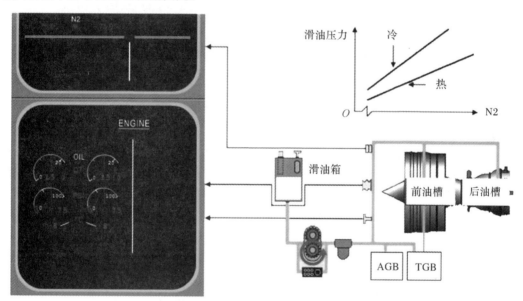

图 7-4　全流量式滑油系统

全流式系统简单，发动机维护期间不需要调整，可以使用较小的增压泵和回油泵，主要缺点是功率减小后该系统滑油温度升高。调压活门式的恒压系统保持相对低的滑油压力，功率减小后没有增加滑油温度是其优点，但是恒压系统更加复杂，维护期间需要调整，且调压活门常常就是故障源。现代大型的燃气涡轮发动机一般都采用全流式的滑油系统，而调压活门式的滑油系统更适用于推力较小、轴承腔压力较低的发动机。

7.2.2　滑油系统的部件

滑油系统的部件通常包括滑油箱、滑油泵、滑油滤、磁屑探测器、滑油冷却器、油气分离器、释压活门、滑油喷嘴和最终油滤及测试仪表等，如图 7-5 所示。

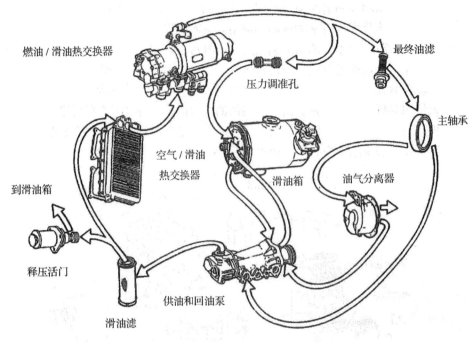

图 7-5　典型滑油系统的部件

1. 滑油箱

滑油箱通常安装在发动机上,如图7-6所示。发动机滑油箱的主要功用是:①储存发动机滑油;②从回油中分离空气;③进行油量检测并视情添加滑油。现代燃气涡轮发动机的滑油系统绝大部分是干槽式的。有独立外部油箱的滑油系统,称为干槽式。若滑油存在于发动机内集油槽或者集油池中,则称为湿槽式。

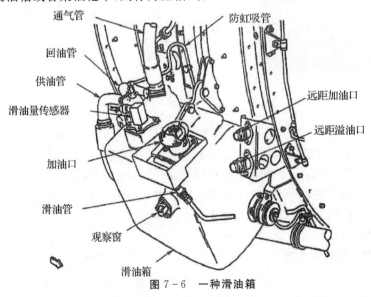

图 7-6　一种滑油箱

滑油箱加油可以是重力式或压力式加油。加油口应标注"Oil"和油箱容量。油箱应提供地面目视检查油面的方法。油箱应留有容量的 10% 或 0.5 gal[①] 的膨胀空间,因为使用过的滑油温度高,体积有一定的膨胀,而且流动过程中会产生一些泡沫,这都会使滑油体积变大。油箱应有传感器来测量油箱滑油量,并在驾驶舱仪表上指示。油箱中有油气分离器,将滑油回油中的气体分离,滑油继续循环使用。油箱里安装有防止油晃动的隔框。

有的机型有防虹吸部件,如图 7-7 所示,可防止停车后油箱滑油通过供油管流到系统中的最低点。

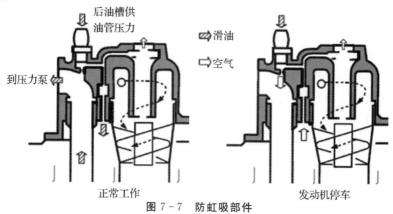

图 7-7　防虹吸部件

2.滑油泵

滑油泵对于发动机的有效工作极为重要。齿轮泵是最常用的增压泵和回油泵,如图 7-8 所示。齿轮泵后释压活门用于防止泵后压力过高,损坏系统薄壁部件和管路接头。此外,也有发动机使用旋板泵等。由于滑油回油温度高,并且含有大量气泡,因此回油系统的能力必须至少是增压系统的两倍以上。所以通常供油泵可以是 1 个,回油泵则有 3 个或 4 个。供油泵和回油泵常位于润滑组件中,装在附件齿轮箱上。

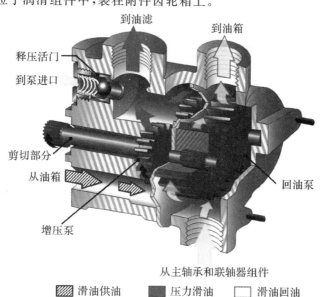

图 7-8　滑油泵

---

① 　1 gal(美制)＝3.785 412 L,1 gal(英制)＝4.546 092 L。

3.滑油冷却器

滑油需要循环使用,必须将滑油的热量散掉,因此滑油系统中安装有滑油散热器。散热器可以装在供油系统中,也可以装在回油路中。如果散热器装在回油路上,冷却后的滑油回油箱,称为冷箱系统。散热器位于增压系统,热滑油直接回油箱,称为热箱系统,此时,油箱出来的滑油中含有较少的空气,可以用较小的散热器。

根据冷却介质的不同,可以将常用的滑油散热器分为两类——以燃油为冷却介质的燃油/滑油热交换器和以空气为冷却介质的空气/滑油热交换器,而某些机型中同时使用燃油冷却的和空气冷却的散热器。

燃油/滑油散热器,如图7-9所示,有一个蜂窝散热组件,由折流板分隔成段。大量的导管穿过蜂窝散热组件,燃油从导管内部流过,滑油在折流板的引导下从导管外部流过。热量由滑油传给燃油,因此降低了滑油的温度。

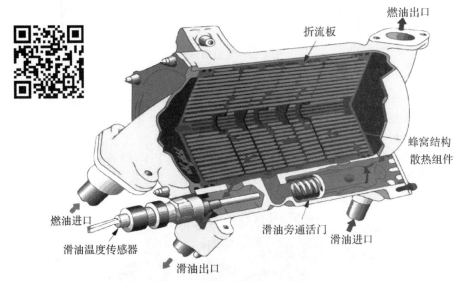

图7-9 燃油/滑油热交换器

滑油旁通活门将决定滑油通过散热器还是绕过散热器。旁通活门为温度控制活门,当滑油温度低时,不需要散热,滑油旁通活门打开,滑油旁通,不进行热交换。当滑油温度高时,滑油旁通活门关闭,迫使滑油与燃油进行热交换。当散热器前后压差达到某一规定值时,该活门也可以在压差作用下打开。

空气/滑油散热器,通常作为散掉滑油过多热量的第二冷却器,在结构上它与燃油/滑油热交换器类似,但滑油是在管子内流动的,空气是在管子外面流动的。

发动机上除有主燃油/滑油热交换器外,整体传动交流发电机中恒速传动装置润滑的滑油也需要冷却,也有燃油/滑油热交换器。此外,伺服燃油也同滑油进行热交换,称为伺服燃油加温器,防止伺服燃油结冰。

4.滑油滤

滑油滤的主要功用是过滤滑油中的微粒,以保证滑油的清洁。在滑油箱的出口或紧接在滑油泵进口之前通常安装粗滤网,以防止碎片损坏油泵。在供油路和回油路上都装有滑油滤,以保证滑油清洁。

滑油滤的过滤元件有丝网式滤、螺纹式油滤等,纸质过滤元件使用后报废。有的发动机油滤装有堵塞指示器,如图7-10所示,当油滤堵塞时,堵塞指示器红头跳出给予告示。维护人员检查时发现油滤堵塞,应及时清洗或更换。油滤有旁通活门,一旦油滤堵塞,为了不使供油中断,应将旁通活门打开,使未过滤滑油绕过油滤。监视油滤是否堵塞,可用油滤压差电门。当油滤前、后压差过大时,给驾驶舱信号,指示油滤堵塞。

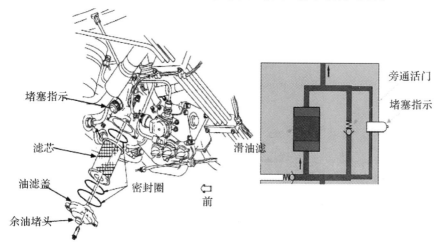

图 7-10　一种滑油滤

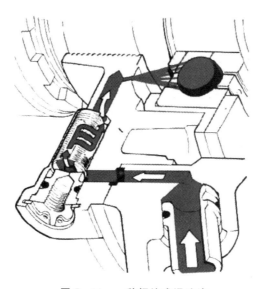

图 7-11　一种螺纹式滑油滤

螺纹式滑油滤如图 7 - 11 所示,常作为滑油喷嘴前的最终油滤,防止喷嘴堵塞。由于最终油滤在发动机内部,因此它只能待发动机翻修时更换。

5. 磁屑探测器

磁屑探测器又称为磁性堵塞,如图 7 - 12 所示,通常装在回油路上。磁屑探测器内装有永久磁铁用来吸附铁质颗粒,并用滤网收集非铁质颗粒。分析探测器内颗粒的性质,可确定润滑系统部件内部的状况。磁屑探测器应定期拆下检查,在高倍放大镜下观察,分析金属屑的来源。磁屑探测器有自封活门,防止磁性堵塞拆下时滑油流出。

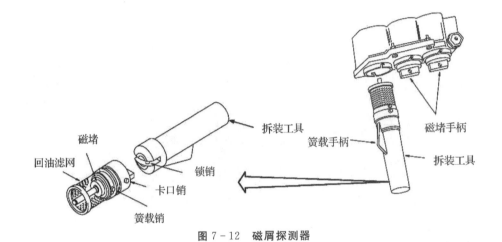

图 7 - 12　磁屑探测器

有的机型,如 CFM56 - 7B,发动机采用电子式磁屑探测器,如图 7 - 13 所示,它能接通驾驶舱的告警系统,提供飞行中的指示。

图 7 - 13　电子式磁屑探测器

6.油气分离器

为防止滑油箱、齿轮箱和轴承腔中的压力过高,在滑油系统中有通大气的通风口。在空气通往机外之前,空气中的油滴被油气分离器(见图7-14)分离出来。通过油气分离器,去除气泡、蒸汽,防止供油中断或者破坏油膜,减少滑油消耗。滑油继续循环使用,空气通到发动机外。工作时,空气/滑油油雾进入分离器,油滴由转子离心力向外甩,收集在壳体底部经回油泵返回滑油箱,空气从转子中心经通气出口到大气。油气分离器大多安装在齿轮箱上并由齿轮箱轴驱动,也有的机型上油气分离器装在发动机低压转子轴上,由低压轴驱动,如图7-15所示。

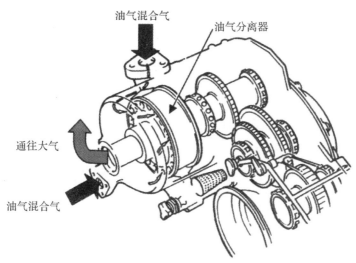

图 7-14　油气分离器

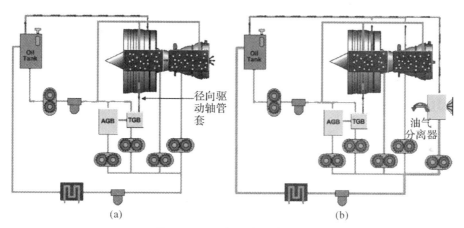

图 7-15　油气分离器的位置

(a)油气分离器在发动机轴上;(a)油气分离器不在发动机轴上

7.2.3 滑油系统的分系统

发动机滑油系统向发动机的轴承和齿轮系供油以起到润滑、冷却和清洁的作用。典型的发动机滑油系统一般由供油系统、回油系统、通气系统三部分组成,下面以 CFM56 - 3 发动机的滑油系统为例进行介绍,如图 7 - 16 所示。

1. 供油系统

供油系统,又称为增压系统。滑油箱内的滑油经供油管路,由供压泵增压后供到压力管路。滑油箱内的滑油→供压泵(1 个)→压力油滤→附件齿轮箱(Accessory Gear Box, AGB)、转换齿轮箱(Transter Gear Box,TGB)、前油槽(1 号、2 号和 3 号轴承)、后油槽(4 号和 5 号轴承)。滑油压力管路穿过风扇框架第 10 号支柱内的空腔供到前油槽,穿过涡轮框架第 6 号支柱内的空腔供到后油槽。

供油路上的主要部件包括滑油箱、供油泵、压力油滤。

2. 回油系统

附件齿轮箱 AGB 油槽、前油槽和后油槽收集的滑油,经排油管路、回油泵和回油管路回到滑油箱。AGB 油槽还可以通过一个外部管路收集转换齿轮箱(TGB)的滑油。3 个油槽收集的滑油→磁屑探测器(3 个)→回油泵(3 个)→回油滤→伺服燃油加温器→燃油/滑油热交换器→回到燃油箱。发动机前油槽滑油排油管路(即滑油回油泵进口管路)穿过风扇框架 7 号支柱内的空腔,从风扇框架中心的腔室延伸到外部,通到回油泵。发动机后油槽滑油排油管路穿过涡轮框架第 5 号支柱内部的空腔,从涡轮框架中心的腔室延伸到外部,通到回油泵。

回油路上的主要部件包括回油泵(3 个)、磁屑探测器(3 个)、回油滤(1 个)、燃油/滑油热交换器、伺服燃油加热器。

3. 通气系统

轴承油槽和齿轮箱由通气管路互连,在进入滑油分离器和通气之前收集滑油蒸气。滑油箱和 TGB/AGB 油槽通过通气管路连接到前油槽。前、后油槽的滑油蒸气流过滑油分离器,进入低压转子轴中心通气管,随发动机排气排出。滑油分离器分离出的滑油返回发动机前、后油槽。

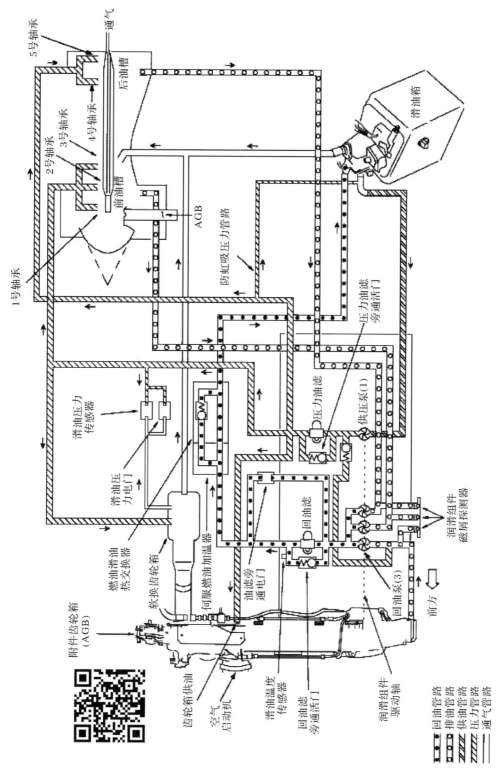

图 7-16　CFM56-3 发动机滑油系统总图

7.3 发动机滑油系统的监控和维护

7.3.1 滑油系统的工作指示

滑油指示系统的功用是指示发动机的滑油系统工作是否正常,指出可能出现的故障。滑油系统工作指示包括滑油量、滑油压力、滑油温度等工作参数监视以及滑油滤旁通、滑油压力低等警告指示,这些均在驾驶舱显示。

滑油量传感器装在滑油箱中,通常有两种类型:一种是电容式,一种是浮子式。如图7-17所示。电容式传感器由两个同心管作为两个极板,浸在滑油箱中,利用滑油和空气的介电常数不同,测量滑油量;浮子式传感器的浮子组件内有永久磁铁,滑油箱滑油高度变化,浮子上下运动,使接近它的电门闭合,引起电路电阻改变,传感器输出相应的电压。

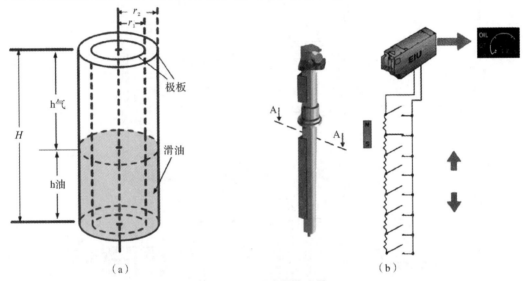

图7-17 滑油量传感器
(a)电容式;(b)浮子式

滑油压力和滑油温度传感器通常在滑油系统中。滑油压力传感器有两种类型——波登管式和应力表式,如图7-18所示。波登管式,滑油从一端进入波登管,当管内流体压力发生变化时,波登管变形,它的曲率发生变化,即伸直或弯曲,连接到另一端的指针摆动,指示波登管内的滑油压力;应力表式,膜片感受发动机前油槽供压管路与转换齿轮箱通气腔之间的压力差,它将作动电枢,从而改变电磁感应线圈的磁阻,此磁阻信号传送到指示器以指示滑油压力。

滑油温度传感器在滑油系统中的安装位置取决于发动机类型。它可装在回油系统中,也有的装在供油系统中,它有热电偶和热电阻两种形式。

当通往发动机的滑油压力过低时,将接通滑油低压警告电门,给出低滑油压力警告,这时应该立即停车进行检查和维修,以保证发动机正常工作。

滑油滤堵塞指示由油滤压差电门控制,该电门感受油滤进出口压差,当因油滤堵塞而使压差达到设定值时,电门接通,给出油滤旁通警告。

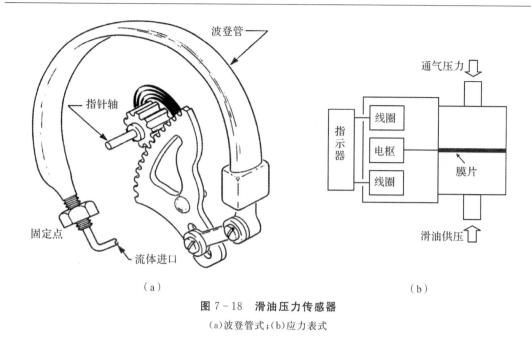

图 7 - 18　滑油压力传感器

(a)波登管式;(b)应力表式

7.3.2　滑油系统的维护

1.系统维护的安全注意事项

滑油系统的日常维护主要包括滑油量检查、加油、磁堵检查、更换油滤和冲洗滑油系统等。合成滑油有高毒性,应避免长时间接触皮肤,若有接触应及时用水冲掉。若不慎进入眼睛,应立即用大量清水冲洗。滑油对漆层和橡胶有腐蚀性,应避免让滑油洒到这些部件上。如果滑油滴落在涂漆表面或橡胶零件上,要立即擦干净。在做滑油系统维护时,应做好个人防护,如戴橡胶手套和护目镜等。

2.滑油量检查

常规情况下飞机每次落地后都要检查发动机滑油量,滑油量可以从滑油箱的观察窗检查或者从驾驶舱 ECAM 或 EICAS 显示上检查,但有些机型可能因为发动机关车后发动机电子控制器断电,在 ECAM 或 EICAS 显示滑油量为空白,所以应以滑油箱上的玻璃窗口检查为主。检查和添加滑油必须在发动机停车后的规定时间内进行,过早或过晚都会导致检查或添加的滑油量数据不准确。

3.加油

当滑油低于规定值时,需要加注滑油到工作单卡要求的量。由于发动机运转时滑油温度较高并且是增压的,所以发动机关车 5 min 以内不要打开滑油箱口盖,打开口盖可能因滑油溅到眼睛或皮肤上导致人员受伤。滑油冷却需要在燃油/滑油散热器进行,通常情况下,燃油压力高于滑油压力。打开滑油箱加油口盖时如果有燃油气味说明有燃油进入滑油系统,可能是燃油/滑油散热器漏油,需要进一步排故。添加滑油时,以整罐为添加单位。不需

189

要添加整罐滑油时,就不要加油,以避免最后添加不足一罐滑油而导致滑油消耗量计算不准确。添加滑油后应在飞行记录本上准确记录所加滑油量,以便监控发动机滑油消耗量,及时发现发动机滑油系统可能会出现的问题。

4. 磁堵检查

磁堵及滑油滤检查是对发动机滑油系统监控维护的手段之一,目前磁堵检查一般分为定期检查和视情检查两种。定期检查就是定期拆下磁堵检查有无异常;视情检查是指发动机上安装有碎屑检测电路,如果磁堵上吸附了足够多的金属屑,检测电路就会接通,在MCDU 上产生维护信息,机务人员检查到维护信息时拆下磁堵检查。无论采用哪种方式,都是为了监测滑油系统有无金属屑等异物,当发现磁堵上的金属屑中有疑似发动机轴承等关键部件的成分,应当立即上报,并及时送实验室化验,未确定前不能放行发动机。

5. 更换油滤

不同机型油滤维护和滑油更换的时间间隔有很大的不同,通常应定期拆下滑油滤检查更换,旧油滤做报废处理,不能循环使用。拆下油滤后,应检查滑油的非正常颜色或者颗粒含量,检查滤芯和滤杯内侧是否有不正常碎片,并报废封圈。如果发现不正常颗粒、碎片和不正常油液颜色,需对颗粒、碎片进行化验,并由工程师决定下一步方案。

6. 冲洗滑油系统

滑油系统维护过程中可能遇到滑油污染的问题。可能出现的污染包括燃油、液压油和洗涤液等污染,处理的方法一般是更换油滤并对滑油系统进行冲洗。

7.4 CFM56-7B 发动机滑油系统

该滑油系统用于向发动机主轴承(1 号、2 号、3 号、4 号和 5 号轴承)、径向驱动轴轴承、转换齿轮箱 TGB 和附件齿轮箱 AGB 内的轴承和齿轮提供润滑和冷却的滑油。

1. 滑油储存

发动机滑油箱位于风扇机匣上 3 点钟位置,如图 7-19 和图 7-20 所示。通过滑油箱检查口盖可进行滑油量的目视检查和加滑油。发动机滑油箱容纳约 21 quart(美制)(20.2 L)滑油。2 号发动机的滑油箱能够容纳比 1 号发动机更多的滑油。这是机翼的上反角,飞机双翼与其横轴水平面之间的夹角不同所致。

滑油箱有一个油量观测口、一个重力加油口和一个压力加油口。油量观察口在滑油箱的正面,用作发动机滑油量的目视检查。重力加油口在滑油箱的右侧,维护人员可以利用重力加油口对滑油箱进行加油,加油口盖处有一个锁定手柄。在加油过程中溢出的滑油汇集在滑油余油孔处,滑油余油孔又与一条余油管相连。维护人员可以通过一个位于滑油箱底部的余油塞将溢出的滑油放出。根据防火的需要,滑油箱的外部涂有耐火涂层。

当发动机工作时,流经油箱的滑油是循环使用的。在滑油供压泵的作用下,油箱底部的滑油通过吸油管流出滑油箱,通过供压泵,供往附件传动齿轮箱和发动机轴承。使用后的滑油经回油泵抽回,由燃油/滑油热交换器冷却,冷却后的滑油回到油箱。流回滑油箱的滑油经回油孔流到油气分离器,混有气泡的回油经过油气分离器后螺旋运动,油液被甩到挡油圈,流入油箱底部,而气泡则被分离,通到通气管路,到达前油槽,通过低压转子空心轴通往外界大气。

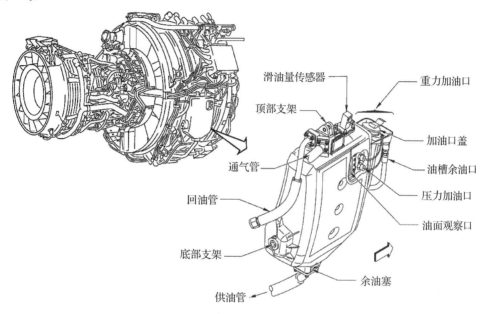

图 7 - 19　CFM56 - 7B 发动机滑油箱的组成

图 7 - 20　CFM56 - 7B 发动机滑油箱实物图

2.滑油分配

滑油系统的部件安装于风扇机匣的左侧、底部和右侧,如图7-21所示。主要包括滑油箱、防漏活门、润滑组件、主燃油/滑油热交换器和回油滤组件等。

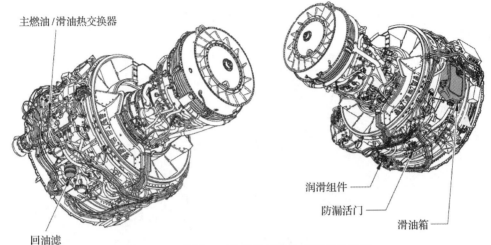

图 7-21　CFM56-7B**发动机滑油系统附件位置**

发动机滑油分配系统包括供油系统、回油系统和通气系统,如图7-22所示。

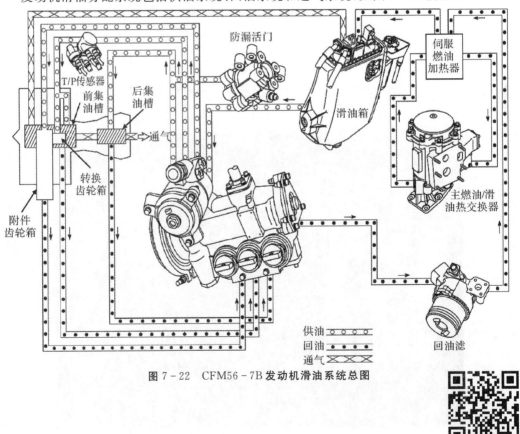

图 7-22　CFM56-7B**发动机滑油系统总图**

　　(1)供油系统。供油通道将滑油输送到发动机轴承和齿轮进行润滑。滑油从滑油箱出来,经过一个防渗漏活门到达润滑组件。供油泵增压滑油。滑油从供油泵流至供油油滤。供油滤是润滑组件的组成部分。从润滑组件流出的滑油分 3 条油路润滑前油槽和转换齿轮箱 TGB、后油槽、附件齿轮箱 AGB 等区域,如图 7 - 23 所示。

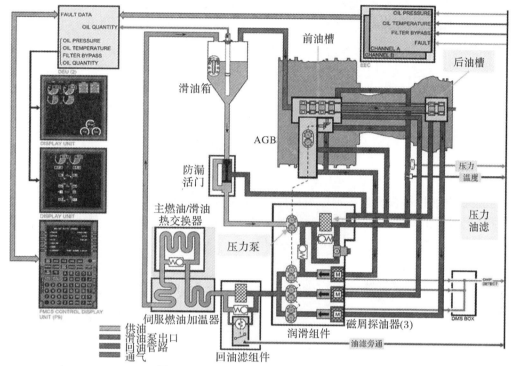

图 7 - 23　CFM56 - 7B **发动机滑油系统**

　　从滑油箱出来的滑油经防渗漏活门到润滑组件,滑油供油泵给滑油增压。当供油压力过高时,释压活门释放滑油到 AGB/TGB 回油泵的入口处。滑油流到压力油滤,压力油滤旁通活门监控压力油滤两边的压力差,若油滤堵塞,则活门打开。在压力油滤旁通活门打开之前,跳出指示器会弹出一个红色的指示销。从后集油槽供油管路来的压力滑油到防渗漏活门,保持该活门打开。

　　(2)回油系统。回油通道将滑油从发动机中收集回来。滑油首先流经润滑组件,经过回油滤和主燃油/滑油热交换器,回到滑油箱中。在回油通道有 3 个磁堵,用于收集前油槽、后油槽、附件齿轮箱 AGB 和转换齿轮箱 TGB 这 3 条回油通道中的物质(见图 7 - 23)。

　　滑油流到 3 个回油泵,每个回油泵驱动一个回油管路中的滑油。从 3 个回油管路来的滑油流到回油滤,回油滤旁通活门监控压力油滤两边的压力差,如果油滤堵塞,则活门打开。经过过滤的滑油流经伺服燃油加温器后到达主滑油/燃油热交换器,主滑油/燃油热交换器中有一个旁通活门用来监控热交换器,若热交换器堵塞,则旁通活门打开,伺服燃油加温器和主燃油/滑油热交换器被旁通,滑油流回伺服燃油加温器然后流到滑油箱中。

　　(3)通气系统。在发动机内部,AGB 和 TGB 和前集油槽相连,如图 7 - 24 所示。在外部,有一条通气管路连接发动机的滑油箱用以释放滑油箱中多余的空气压力。

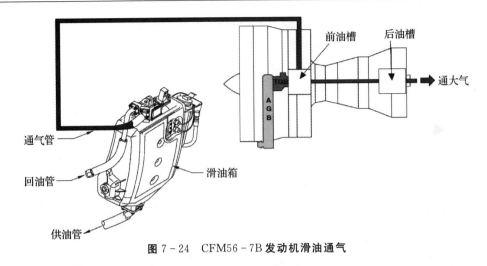

图 7-24 CFM56-7B 发动机滑油通气

3. 滑油指示

发动机滑油指示系统为显示电子组件(Display Electronics Unit,DEU)提供滑油系统的数据。在 P2 中央仪表面板上的主、辅助发动机显示页面显示滑油量、滑油压力、滑油温度和滑油回油滤的状态等数据,如图 7-25 所示。

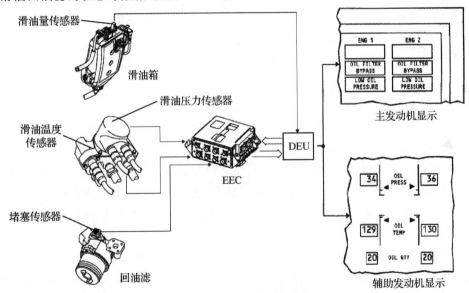

图 7-25 CFM56-7B 发动机滑油指示

通过滑油量传感器、滑油压力传感器、滑油温度传感器和滑油回油滤堵塞传感器部件监控滑油系统,滑油量传感器直接发送滑油量数据至 DEU。3 个其他的部件通过 EEC 发送信息至 DEU。温度/压力(T/P)传感器组件包含滑油压力传感器和滑油温度传感器。

(1)滑油量指示。滑油量指示系统在辅助发动机显示器上显示滑油量数据,如图 7-26 所示。

滑油量指示系统使用一个滑油量传感器测量在滑油箱内的滑油量。滑油量传感器直接发送滑油数据至 DEU。

　　滑油量传感器是一个电阻式传感器。它使用一个浮筒式磁铁和簧片电门给出滑油信息。在浮筒式磁铁随油面升高或降低移动时,簧片电门断开或闭合不同电阻的电路。一个与滑油面高度成比例的传感器输出信号传送至 DEU。DEU 在辅助发动机显示器上显示滑油量。

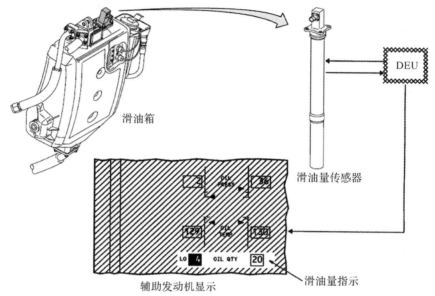

滑油箱

滑油量传感器

辅助发动机显示

滑油量指示

图 7 - 26　CFM56 - 7B 发动机滑油量指示

　　辅助发动机显示器以 quart 或 L 为单位显示可以使用的滑油量。显示范围为 0～19 quart(18 L)。大于 19 quart 数量显示为 19 quart。机翼的上反角使 2 号发动机的滑油箱容纳比 1 号发动机的多一些滑油。当滑油量小于 4 quart(3.8 L)35 s 后,一个 LO(油量不足)信息显示。

　　(2)滑油压力指示。滑油压力指示系统在显示装置上显示发动机滑油压力数据,如图 7 - 27 所示。一个滑油压力传感器在润滑组件的出口处测量滑油压力。滑油压力传感器通过发动机电子控制器(Electronic Engine Controller,EEC)发送滑油压力数据至 DEU。滑油压力传感器在一个壳体内有两个传感元件,每个元件通过一个接头连接到 EEC 的一个通道。

　　滑油压力传感器测量在滑油供油泵出口和 TGB 内腔之间的压力差,如图 7 - 28 所示。滑油压力传感器发送一个电信号至 EEC,EEC 改变这个信号为 ARINC429 信号并发送至 DEU。

　　DEU 通常在辅助发动机显示器上显示滑油压力,以两个垂直指示器和两个数字指示器显示,每台发动机各一个。在每个垂直指示器上一个指针以 $psi(lb/in^{-2})$ 压差显示滑油压力,每个指示器有两个分度标记。琥珀色的分度标记表示滑油压力琥珀色极限;红色的分度标记表示滑油压力的红标线极限。如果滑油压力显示在琥珀色极限和红标极限之间,则数字显示器和围绕数字显示的方框都是琥珀色的,滑油压力处于告警的范围;如果滑油压力在红标线极限下面显示,则数字显示器和围绕数字显示的方框都是红色的,滑油压力超出极限范围。

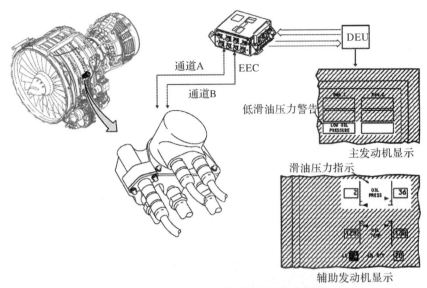

图 7-27　CFM56-7B 发动机滑油压力指示

当滑油压力小于红标线极限时,EEC 发送一个信号至 DEU,这个使显示装置显示琥珀色的滑油压力低信息,每台发动机有一个琥珀色的滑油压力低信息。滑油压力低信息在主发动机显示装置上显示。

图 7-28　CFM56-7B 发动机压力温度传感器

1—滑油温度传感器;2—滑油压力传感器;3—燃油流量传感器;4—燃油喷嘴油滤

(3)滑油温度指示。滑油温度指示系统在显示装置上显示发动机滑油温度数据,如图 7-29所示。滑油温度指示系统使用一个滑油温度传感器测量在润滑组件出口处的滑油温度。滑油温度传感器通过 EEC 发送滑油温度数据到 DEU。滑油温度传感器在一个单个壳体内有两个传感元件,每一个元件连接至 EEC 的一个通道,两个通道只有一个电接头。

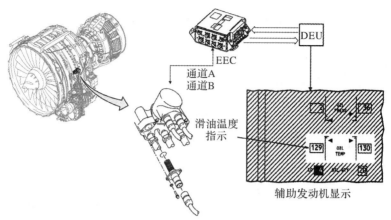

图 7 - 29　CFM56 - 7B发动机滑油温度指示

滑油温度传感器在前油槽和转换齿轮箱供油管获得滑油温度数据。DEU 通常在辅助发动机显示器上显示滑油温度,在两个垂直的指示器和两个数字显示器上显示,每台发动机各一个。在每台指示器上一个指针以℃为单位显示滑油温度,每个垂直的指示器有两个分度标记。琥珀色的分度标记是滑油温度琥珀色极限;红色分度标记显示滑油温度的红标线极限。若滑油温度是在琥珀色极限和红标线极限之间,则数字显示和围绕数字显示的方框是琥珀色的,滑油温度是在告诫的范围内;若滑油温度是大于红标线极限,则数字显示和围绕数字显示的方框是红色的,滑油温度是在超出极限外的范围内。

(4)回油滤旁通警告。回油滤旁通警告系统在显示装置上显示回油滤状况信息,如图 7 - 30所示。回油滤旁通指示系统使用一个回油滤压差电门,回油滤压差电门监控回油滤进口和出口之间的滑油压力差。当回油滤进出口压差达到一定值时,回油滤压差电门闭合,EEC 发送回油滤旁通信息至 DEU,DEU 通常在主发动机显示器上显示滑油滤旁通信息,显示组件上显示信息 OIL FILTER BYPASS(滑油滤旁通)。回油滤压差电门通过一个单个的接头与 EEC 连接。

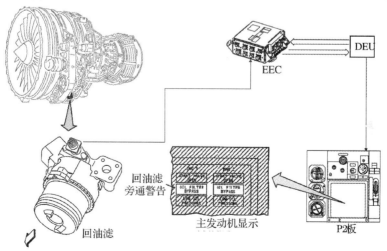

图 7 - 30　CFM56 - 7B发动机回油滤旁通警告

▶拓展阅读

李志强——大国工匠　匠心筑梦

大推力的航空喷气发动机是一个国家空军实力的根本保证,更是一个国家工业综合能力的集中体现。我国在近几年刚刚实现这种发动机的国产,打造这样一台强劲的发动机,需要装配工人把几万个零件组装到一起,重达数吨的发动机,装配精度堪比机械表芯。

1.担当之美——"准公务员"进厂当了工人

1983年,李志强从部队退伍回来,一只脚已经迈进了公务员的行列——沈阳市公安局的面试顺利通过,就准备去报到了。可是从事航空发动机生产的父亲却说:"干航空发动机,不仅是一个人的骄傲,更是全家的光荣。"当过兵的人,明白祖国重于泰山的道理。父亲的觉悟,也正是自己的担当。因为父亲的一句话,"准公务员"李志强放弃了惹人羡慕的人民警察行当,走进了工厂,在航空发动机装配岗位当了工人,一干就是30多年。

2.积淀之美——数万个零件组装纯手工完成

熟悉李志强的人都知道,李志强经常在兜里装着笔和本。装配工作中遇到特殊状态、疑难问题,他就记下来,一有时间就认真研究。经过不断的努力,他练就了多机种发动机的装配技能。工友们称他是发动机装配的"活图纸""活标准"。

一台航空发动机,需要装配工人用数万个零件组装而成,每个零件的安装角度的细微误差,都需要人手去感知,去调整。

李志强说,一个最简单的螺钉既不能拧紧也不能拧松。拧紧了,超过它的疲劳强度,在飞行当中,可能就会震折或者脱落;松了,固定的附件松动,容易出现机毁人亡的事故。因此,目前这个工作必须依靠装配工多年积累的经验,由手工来完成。

工匠的工作貌似平常无奇,但是这些工作中都积淀着经年累月淬炼而成的技艺,承担着身家性命和社会民生的重大责任,饱含着常人不易承受的坚忍辛劳。积累、积淀的背后,是下的工夫和功夫。

3.创新之美——世界首创倒班接力作业

30多年的实践与经验,使李志强练就了一身过人本领,他能将一本超过百页的发动机安装工艺规程全部记在脑子里;他还为许多特殊部位,平时难于安装的螺钉螺帽设计了40余款特制工具,极大地提高了生产效率。

过去,在发动机装配业内,倒班操作是不被允许的,这就相当于一台脑外科手术做到一半,换主刀医生。但是,一班操作,工人天天晚上加班到10点,人的精神状态满足不了发动机的精度要求。李志强大胆创新,突破了不能搞倒班制的禁区,世界首创发动机装配倒班接力作业,干成了发达国家也干不了的事。

当年,是父亲让李志强选择了发动机装配这一行,如今,当自己的儿子面临择业时,他同样告诉儿子,干航空发动机,和身披戎装没什么不同,都是保家卫国的光荣使命。就这样,一家三代都成了航空动力的工作者,在这个家庭中,航空人的技艺和责任一起得到了传承。

从 1983 年进厂,中国航发集团首席技能专家、高级技师李志强在发动机装配的岗位上一干就是 34 年,经他手安装的航空发动机达上百台,经历了我国航空发动机的两次跨代发展,是我国航空发动机装配领域名副其实的"大国工匠"。

(资料来源:中工网 https://baijiahao.baidu.com/s? id＝1773739394481369232&wfr＝spider&for＝pc)

思 考 题

1. 滑油的主要功用有哪些?

2. 如何选择燃气涡轮发动机用的滑油?

3. 简述全流式润滑系统的特点。

4. 滑油增压泵和回油泵相比,哪个有较大的容量? 为什么?

5. 滑油系统通气装置的主要功用是什么?

6. 燃气涡轮发动机润滑系统的滑油压力过高或过低,分别会造成什么后果?

7. 滑油系统为什么装有最终油滤?

8. 在航空燃气涡轮发动机使用的滑油箱应留出多少膨胀空间? 为什么?

9. 滑油系统中为什么要安装油/气分离器?

10. 为确定发动机内部状况,要对滑油实施什么检查?

第8章　发动机地面维修

8.1　发动机地面维修概述

发动机维修,根据维修的作用可分为两大类——预防性维护与修复性维修。预防性维护包括各个发动机部件、组件和系统按照预先的计划进行常规检查和必要的调整和修理。定期检查属于预防性维护,通常是基于发动机和部件的工作小时数(如 300 飞行小时)、工作循环数(如 200 次飞行循环)或日历时间(如 35 天)来进行的。一次工作循环是指发动机从起动、运转到最后停车的过程。发动机以及部件从新装机使用开始就要累计小时数和循环数;翻修后还要累计翻修后使用的小时数和循环数。记录循环数和小时数用于时寿件(Life Limited Part,LLP)的管理、预估发动机零部件的性能状态和衰退情况,以及因特定原因需要对某些非时寿件的定期监控或维修[如执行服务通告(Service Bulletin,SB)等]。修复性维修指的是对发生故障和损坏的零部件,为使其恢复到原有性能而进行的修理或更换。

发动机维修还可以根据维修的深度分为三类——航线维护、定检维护和发动机大修维护。另外还有一些其他的发动机维护,如发动机孔探、无损探伤、发动机风扇叶片的润滑、发动机风扇/压气机叶片的修理和打磨、发动机气路清洗(风扇/压气机叶片的清洗)等。有关发动机孔探和发动机气路清洗请参阅第 9 章"发动机管理"的相关内容。

8.1.1　发动机航线维护

航线维护指的是装在飞机上的发动机及其各系统保持适航状态所要求的维修,主要指例行检查、一般勤务和排故工作。例行检查以一般目视检查为主,包括发动机外观检查、发动机区域检查和发动机主要部件检查。

发动机外观检查主要是对发动机整流罩和吊舱的外表进行检查,检查发动机整流罩是否关闭并扣好,整流罩有无污迹或损坏,发动机上的接近盖板是否关闭扣好,各个气管和油管出口是否堵塞、有无漏油等。发动机区域检查主要是对发动机进气道和排气区域进行检查,检查进气道和排气区域有无外来物,进气道唇口、消音板、风扇叶片、涡轮叶片和排气尾锥是否完好无损。发动机主要部件检查主要是对发动机磁堵、燃油滤和滑油滤进行检查,根据飞机维护手册或工卡按需检查磁堵有无碎屑及碎屑颗粒个数和尺寸是否超标(详细的磁堵检查内容请参阅本书第 9 章"发动机管理"的发动机滑油分析部分内容),燃油滤和滑油滤根据各自油滤上的红色堵塞指示销是否伸出、驾驶舱仪表相关堵塞警告指示或航后报告按需检查,并作出相应处理。

发动机勤务主要是对发动机滑油进行勤务(即加注滑油),根据飞机维护手册检查发动机的滑油量并按需添加滑油至规定的范围,滑油加注方式包括压力加油和重力加油。

发动机航线维护除了上面的基本维护之外,还包括针对一些发动机部附件失效时的维护和排故,如反推失效后的反推解除和恢复、起动活门电磁线圈失效后的人工超控、发动机部附件航线可更换组件(Line Replaceable Unit,LRU)失效后的更换等。另外,发动机航线维护还包含特殊不安全事件的维护处理,如鸟击、外来物损伤、发动机着火或释放灭火剂、发动机短舱高温、发动机工作参数超限或发动机高应力、发动机失速、飞机硬着陆等。

8.1.2 发动机定检维护

发动机定检维护是指在发动机航线维护基础之上增加了一些相关的维护内容,包括检查、勤务和功能测试等。发动机定检维护类似于汽车的保养,是基于发动机的工作小时数、工作循环或日历时间所进行的维护工作。不同的定检级别对应不同的维护内容,定检级别越高,维护项目越多。不同航空公司的定检内容不完全相同。不同航空公司的 A 检负责的部门也不完全相同,大部分航空公司把 A 检放在定检车间来做,但有些航空公司把 A 检放在航线车间来做。对某航空公司的 B737NG 飞机 1A 检和 1C 检工作包所包含的涉及发动机维护的主要内容简单整理归纳,见表 8-1 和表 8-2。

表 8-1 某航空公司 B737NG 飞机 1A 检工作包所包含的
涉及发动机维护主要内容的简介

序号	内 容
1	详细检查——左发、右发整体驱动发电机(Integrated Drive Generator,IDG)滑油量
2	详细检查——左发、右发附件齿轮箱(Accessory Gear Box,AGB)/转换齿轮箱(Transfer Gear Box,TGB)和前后集油槽磁堵
3	B737NG 航后维护工作单——机电
4	B737NG 每日维护工作单——机电
5	一般目视检查——左发、右发 TGB 水平驱动轴 V 形卡箍
6	检查——左发、右发反推打开作动筒活门杆收回时的空行程
7	发动机反推限动和解除限动
8	定检后检查飞机外部可动接近盖板/门是否闭合

表 8-2 某航空公司 B737NG 飞机 1C 检工作包所包含的
涉及发动机维护主要内容的简介

序号	内 容
1	详细检查——左发、右发
2	一般目视检查——左发、右发发动机导线(整流罩打开)

续表

序号	内　　容
3	一般目视检查——左发、右发 IDG 表面空气冷却的滑油冷却器
4	操作检查——发动机燃油抽吸供油
5	检查——左发、右发发动机燃油关断活门导线
6	详细检查——左发、右发点火导线
7	区域（一般目视）——左发、右发前吊架整流罩
8	区域检查（一般目视）——左发、右发风扇整流罩
9	区域检查（一般目视）——左发、右发反推
10	目视检查——左发、右发阻流门
11	详细检查——左发、右发反推防火封严
12	检查——左发、右发反推上锁作动筒支架连接螺杆的安装螺帽的力矩
13	加注和放气——左发、右发反推打开作动筒
14	发动机反推限动和解除限动
15	检查反推 LVDT 是否磨损并视情更换
16	检查并视情更换反推作动筒接头和连杆
17	目视检查——左发、右发 AGB/TGB 安装法兰和风扇机匣/隔框固定点
18	操作检查——A 和 B 系统发动机驱动泵（EDP）释压电磁活门
19	操作检查——A 和 B 系统发动机驱动泵（EDP）关断活门
20	检查——左发、右发起动机螺杆
21	更换——左发、右发滑油供油滤滤芯
22	目视检查——左发、右发 5 级引气单向活门
23	孔探检查——左发、右发 1、4、6、8 级高压压气机叶片
24	定检后检查飞机外部可动接近盖板/门是否闭合

　　发动机定检维护检查区域除了前面航线维护介绍的区域检查以外，还增加了风扇机匣区域和核心机区域的检查，这些区域的检查需要打开相应的整流罩。风扇机匣区域和核心机区域主要检查风扇机匣区域和核心机区域的部件、管路和电气线路是否损坏、磨损或相磨，卡箍有无松动，防火封严、火警探测器和支架是否完好无损，发动机结构和吊点是否完好无损，反推相关部件是否完好无损等。

　　发动机定检勤务项目在航线勤务项目基础上有所增加，如发动机燃油滤和滑油滤的勤务、发动机起动机的勤务等。发动机燃油滤和滑油滤的勤务是指无论油滤有无堵塞，都必须将燃油滤和滑油滤根据维修计划并按照维护手册的施工程序定期更换滤芯和封圈。最后在所有维护工作完成后通过发动机试车来确认所更换的油滤有没有渗漏。起动机的勤务包括起动机滑油的更换和起动机磁堵的检查。有些发动机的起动机滑油和发动机滑油是共用的，如 B737NG 飞机的 CFM56 - 7B 发动机、B777 飞机的 GE90 - 115B/94B 发动机，这对发动机起动机滑油量的要求更为严格,应严格按照维护手册规定的程序进行勤务。

发动机定检维护中的功能测试项目包括发动机不运转时的点火测试、反推系统测试、起动活门测试、相关接口组件测试等。在有些定检维护中,还包括风扇整流罩和反推整流罩锁的张力检查和锁机构的完整性检查、人工放出和收进反推的检查、发动机快速更换(Quick Engine Change,QEC)和发动机拆装等。发动机拆装部分的相关介绍请参阅本章后面的"发动机拆装"部分的内容。

QEC 是指发动机从飞机上拆下后和发动机大修返厂回来后的部件拆装。以 CFM56 - 7B 发动机为例,QEC 部件包括导线、火警线、燃油供油管、液压供油管、起动活门和供气管、推力连杆、整体驱动发电机(Integrated Driven Generator,IDG)、液压泵、余油管、前后吊点、气源引气管道和引气控制器等气源引气系统部件、进口整流罩热防冰系统、支架、12 点钟支柱、进气道、排气管和排气尾锥等。

8.1.3　发动机大修维护

发动机大修维护是根据发动机到寿(工作小时数或工作循环数)情况、发动机性能衰退情况或出现的故障情况,把发动机从飞机上拆卸下来送至有专门资质的飞机发动机修理厂家进行大修。

现代的飞机发动机本体都是单元体设计理念,一台发动机可分成多个单元体,如 CFM56 - 7B 发动机由 3 个主单元体(风扇主单元体、核心发动机主单元体、低压涡轮主单元体)和附件驱动系统组成,如图 8 - 1 所示,这些主单元体又可细分为 17 个小单元体。

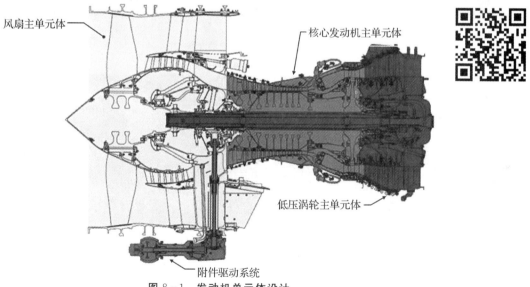

图 8 - 1　发动机单元体设计

发动机大修维护根据维修的深度可分为有限能力的维护、车间的深度修理和大修。有限能力的维护是对未安装的发动机在车间环境下进行维修,如一般部件和重要零件的检查和更换。车间的深度修理包括单元体组件的更换和轴承及重要的零组件的更换。而大修则包括发动机进厂前的检验,对发动机每个单元体的完全分解、清洗、检验、修理、平衡、更换零件、装配调试,单元体的总装,试车和油封包装等。图8-2为发动机大修流程。大修的典型任务有清洗、裂纹检查、尺寸检查、静态和动态平衡(见图8-3)、轴承腔压力检查、滑油喷嘴流量检查、风扇叶片的称重和力矩称量(见图8-4)等。

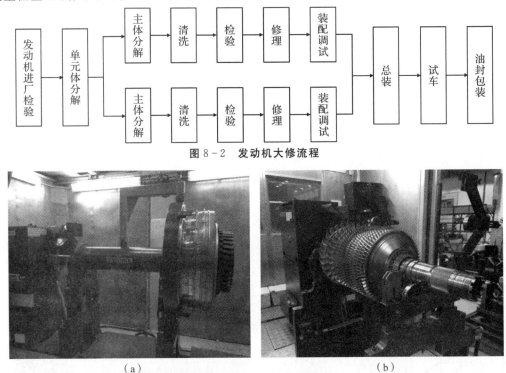

图8-2 发动机大修流程

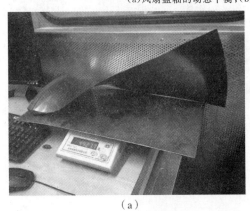
（a）

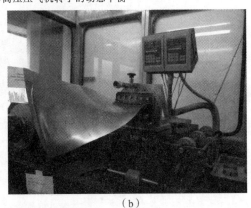
（b）

图8-3 发动机部件的动态平衡

(a)风扇盘轴的动态平衡;(b)高压压气机转子的动态平衡

（a）

（b）

图8-4 风扇叶片的称重和力矩称量

(a)风扇叶片的称重;(b)风扇叶片的力矩称量

发动机可使用升降机构或托架以垂直或水平位置进行组装,如图8-5所示。发动机的分组件或单元体在单独的场地进行装配,这样可以大大缩短装配中在升降机或托架上的装配时间。装配中要进行检测,保证轴向和径向的间隙和关键的配合工序。保证整台发动机螺栓、螺母和螺钉的紧度均匀。完成装配后,发动机在试车台进行试车(见图8-6),然后将性能数据换算成标准大气状态进行检查。

（a）　　　　　　　　　　　　　　　　　（b）

图 8-5　发动机的装配方式

（a）发动机的垂直装配；（b）发动机的水平装配

图 8-6　装在试车台上的发动机

　　以前绝大部分发动机规定了在需要大修之前能工作的特定小时数,称之为翻修间隔时间（Time between Overhaul,TBO）,随发动机的型号不同而不同。一种新发动机投入使用时,其翻修时间间隔相对较短。当状态监控、发动机的使用记录和检验证明发动机可靠时,翻修间隔时间一般可以延长。翻修间隔时间实际上取决于发动机内的一个或两个组件的寿命。在翻修中,一般要求某些部件在到达其寿命极限时要更换,而发动机仍继续服役,其他组件机械上是完好的并且适合继续服役更长时间,这些完好的部件则"视情"翻修。"视情"翻修意味着不给出发动机的寿命,而只给出发动机某些部件的寿命。现代大多数燃气涡轮发动机维修建立在视情维修基础之上。燃气涡轮发动机状态监控、可靠性研究进展和发动机单元体结构设计等使视情维修方法成为可能。由于含有寿命限制件的单元体可用类似的单元体更换,因此发动机能以最短的延误时间恢复服役。更换下来的单元体被分解成小单元体,以便根据要求对已到寿命的零部件进行更换、修理或完全翻修。

8.1.4 其他的发动机维护

1.发动机无损探伤

发动机在使用过程中由于疲劳或应力集中等因素会出现裂纹或缺陷,就必须做一些无损探伤的工作,包括着色渗透检查、荧光渗透检查、磁粉检查、X射线检查、涡流检查和超声波检查等。当然,在进行无损探伤时,一些发动机核心部件必须拆卸下来,如发动机电子控制器(EEC)或发动机电子控制组件(ECU)。

2.发动机风扇叶片的润滑

飞机发动机风扇叶片质量大、转速较高、转动时承受很大的离心力,长时间使用后发动机风扇叶片根部、填充块以及风扇盘榫槽等承压件表面的涂层(二硫化钼)会被磨损或脱落,造成发动机风扇盘和叶片各方面的动量矩不平衡,使发动机N1振动值变大,影响风扇叶片和风扇盘的寿命。为了防止这种情况发生,延长其寿命,需要定期进行发动机风扇叶片的清洁、检查和润滑。

在进行发动机风扇叶片润滑时要严格按照手册的程序来施工。首先要根据进气整流锥和风扇安装法兰盘上的记号,使用规定的标记笔用数字标记好风扇叶片和风扇叶片平台[见图8-7(a)],以便于在叶片润滑后将其装回原来的风扇盘榫槽内,保证风扇润滑和安装后的平衡。然后拆卸风扇叶片放在风扇叶片专用架上[见图8-7(b)],用规定的清洁剂对叶片榫头、填充块和榫槽进行清洁,并检查有无裂纹、擦伤或腐蚀等缺陷,目视检查风扇叶片和风扇盘承压面是否有磨损现象。等这些被清洁的部件变干之后,再均匀喷涂规定的润滑剂(二硫化钼)。当润滑剂干透之后,把风扇叶片、平台和填充块安装回原来的榫槽。最后对发动机进行测试,确认发动机风扇叶片安装正确,避免N1振动过大。而在一些现在较为先进的发动机上,如CFM LEAP发动机上,发动机风扇叶片不再需要润滑。如果振动值过大,则通过机载设备的发动机风扇配平系统,直接给出相应的风扇配重螺钉位置和配重序号的配平方案,按照此配平方案人工调整风扇叶片的配重螺钉即可。

| （a） | （b） |

图8-7 发动机风扇叶片的润滑

(a)风扇叶片填充块的标记;(b)风扇叶片专用架

3.叶片打磨和更换叶片

燃气涡轮发动机工作期间,外来物被发动机吸入或内部部件脱落以及掉块撞击叶片并造成损伤,称为外来物损伤 FOD 或内物损伤(Domestic Object Damage,DOD)。缺口、凹痕和划伤是外物撞击常见的变形,如果损伤不严重可以进行在翼修理后继续使用,经在翼打磨后可以阻止损伤区域的扩散。如果受到大尺寸的外物撞击引起严重损伤,则需要返厂修理。维护手册中规定了损伤深度、损伤长度和按叶片允许的总损坏的限制值。叶片打磨是在发动机装机情况下进行的一种修复方式,主要用于风扇叶片和压气机叶片损伤的修复。叶片在翼打磨,由孔探仪配合打磨工具来完成,磨掉少量的损伤材料再修其轮廓后可继续使用。叶片在翼修理,可提高发动机可靠性,减少拆发修理次数,延长维修间隔,降低航空公司的运营成本。图 8-8 是发动机压气机叶片的打磨修理效果图。

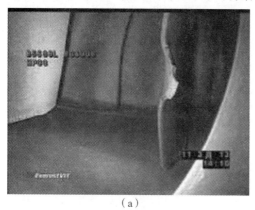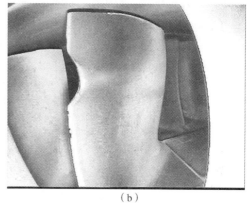

（a）　　　　　　　　　　　　　　　　　（b）

图 8-8　发动机压气机叶片的打磨修理效果图

(a)损坏的高压压气机叶片;(b)在翼打磨修理后的高压压气机叶片

叶片更换要求换装动量矩相同的叶片,在叶片根部有叶片的质量、动量矩、件号和序号等的数据。转子能够无振动运转,其彼此相对的叶片应产生同样的离心力。离心力取决于 3 个因素——转子转速、叶片质量和叶片重心与转轴的距离。在有偶数叶片的压气机上,一个叶片损坏,同时更换对称的两个叶片;在有奇数叶片的压气机上,一个叶片损坏,同时更换对称的 3 个叶片,保持转子平衡。如果仍不能平衡,则需要用平衡重量校正。

8.2　发动机维修工具、记录、储存和运输

发动机是由很多昂贵的零件组成的精密机械,维护需要使用许多专用工具(见图8-9),因此,必须知道这些工具以及何时、何地、如何使用,并且每次维修必须使用正确的工具。维修必须记录并保存好,因为发动机数据记录和分析是很重要的。发动机的内部工作基于复杂的热力和气动原理,故对发动机不应随意分解和调整零件,而应严格按相应手册和工卡规定执行。

发动机、单元体的储存和运输的准备工作是很重要的。库房保存要有温湿度显示器。储存和运输要求对发动机进行专门的油封处理,并注意根据发动机储存时间选择不同的油封方法,如 10 天以下的油封、1 个月以下的油封、3 个月以下的油封和 1 年以下的油封等。

如果需要长期储存发动机,还需采用特殊的油封油对发动机滑油和燃油系统进行油封,防止发动机轴承、油泵等部件的腐蚀损坏。发动机要装在密封的罩袋内,要放置规定量的干燥剂。如要运输,需把发动机安装在专用运输托架上,如图 8-10 所示。

油封后的发动机重新启用前要解除油封。

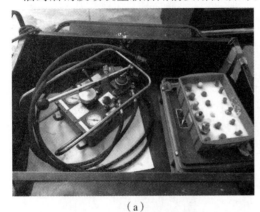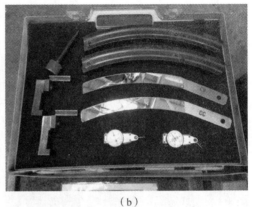

（a）　　　　　　　　　　　　（b）

图 8-9　发动机维修专用工具

（a）某型发动机可调静子叶片内罩环磨损孔探检查的辅助专用工具；
（b）某型发动机风扇叶片燕尾槽磨损测量专用工具

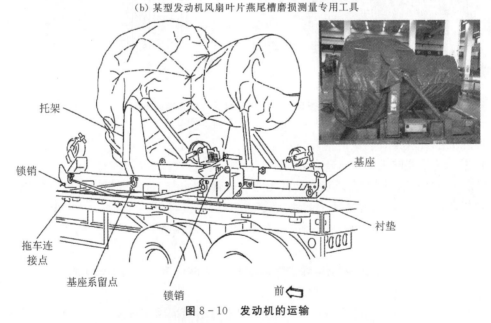

图 8-10　发动机的运输

8.3　发动机系统维护注意事项

发动机系统维护期间必须遵守一些注意事项。点火系统可引起致命的危险,所以对于点火激励器、点火电嘴、点火导线进行任何维护工作之前,必须断开电源,并至少等 5 min 后再断开高压导线。同样,在对与电气系统连接的装置开展维护工作时,必须切断电源,或断开相应的电路跳开关来确保系统的安全。

添加滑油时,小心不要溅出滑油。若不小心溅出滑油,则应立即清理。这是因为滑油有毒,它会对涂漆面以及电缆中使用的某些橡胶化合物元件造成损坏。若滑油长时间与皮肤接触,还会因渗入而导致人体中毒。小心不要给滑油系统过量加油。如果飞机在地面停放不平或在滑油油面检查之前发动机已静止了很长一段时间,很容易造成加油过多。

修理、调整或更换部件之后,必须对发动机、进气道和排气系统进行最后的检查,确保没有任何杂物留在里面。检查进气道和排气系统之前,必须确保起动系统不工作,点火系统不通电。除非当地有特殊规定,否则,在发动机不工作时应装好进气道和排气系统堵盖,以防止外物进入发动机内部或发动机意外转动,从而防止对人员或发动机造成损害。

在维护过程中使用燃油或类似可燃物,尤其是在测试燃油喷嘴或燃油系统部件时,要时刻遵守防火安全注意事项。在燃油系统中禁止使用硅树脂滑油,否则将会对发动机造成损害。

禁止将防腐油或类似油喷入发动机进口、核心压气机或涡轮、发动机尾喷管。若湿润的转子叶片和静子叶片上有脏的颗粒,则会影响发动机性能。在发动机所有开口区域比如支柱、管道以及安装座处安装堵盖或堵头。在发动机任何一侧放置干燥剂,不要让干燥剂接触发动机表面。

8.4　发动机拆装

在发动机时寿件到寿、发动机损坏或有故障、发动机吊架区域的部件需要检查或修理等情况下,需要拆装发动机。发动机吊点(也称安装节)把发动机连接和固定到飞机吊架上,同时传递发动机推力,以及垂直、侧向载荷和扭矩到飞机上。安装节有隔振装置和接地线。例如 B737NG 飞机 CFM56 - 7B 发动机有一个前吊点和一个后吊点,分别位于风扇框架和涡轮框架上(见图 8 - 11),同时还辅助以安装在风扇框架中介机匣的推力杆传递推力和扭矩到飞机吊架上。而 A320 飞机 CFM56 - 5B 发动机的两个吊点分别位于风扇框架中介机匣和涡轮框架上,如图 8 - 12 所示。

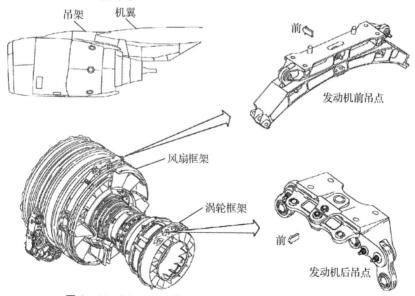

图 8 - 11　B737NG 飞机 CFM56 - 7B 发动机的两个吊点

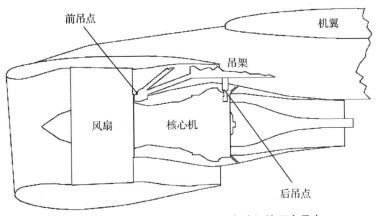

图 8-12 A320 飞机 CFM56-5B 发动机的两个吊点

发动机拆装有三种批准的方法：第 1 种使用吊车支持的吊索方法，第 2 种采用自持系统方法，第 3 种使用升起加载器方法，如图 8-13 所示。下面主要以采用自持设备的方法为例来简要介绍典型发动机的拆装流程，详细的拆装流程和注意事项请严格遵守飞机维护手册的要求以防止对人员的伤害和对设备的损坏。

图 8-13 发动机拆装的三种方法
(a)使用吊车支持的吊索方法；(b)自持系统方法；(c)使用升起加载器方法

8.4.1 发动机拆卸前的飞机准备工作

从飞机上拆卸发动机前，应确保发动机停车至少 5 min。必须完成项目检查单以保证正确的操作，同时记录发动机工作小时数和循环数随发动机保存以便跟踪。对飞机进行以下准备工作：使飞机水平、静电接地；确保安全装置在位；在必要的位置放置警告牌；检查飞机起落架地面锁销位置正确；襟翼/缝翼放在合适的位置；确保被拆卸发动机起动手柄在关断位，并挂上"禁止操作"警告牌；确保被拆卸发动机的燃油活门关闭，切断燃油供应；断开被拆卸发动机的电源供应并在电瓶电门上挂上"禁止操作"警告牌；断开发动机点火、发动机备用电源、发动机起动活门和发动机燃油关断活门等的相应电路跳开关，并挂上"禁止闭合"警告牌；切断连接到发动机的气源系统；给液压系统卸压，将发动机液压驱动泵电门置于关断位；准备飞机维护手册所规定的发动机托架、起吊装置、工具和耗材，注意起吊装置的最大安全工作负荷必须大于被吊起的发动机质量；拆卸风扇包皮、打开反推包皮；检查所拆下的发动机和更换的发动机型号（发动机数据牌）；在两个反推包皮与吊架之间正确安装撑杆设备；断开反推的打开作动筒；断开所有和发动机吊架相连的电气、液压、气动、燃油和机械的接头,并在断开的接头处加上保护盖以防止灰尘和杂质进入。

8.4.2　发动机的拆卸

拆卸前整流罩,安装前、后吊挂设备(见图 8-14)。将前、后吊挂设备连接到发动机上(见图 8-15)。将准备好的托架和运输架放到动力装置下面,确保托架与发动机对齐,注意在动力装置下面移动托架时要小心。如果托架碰撞动力装置或进气道,那么会损坏设备。

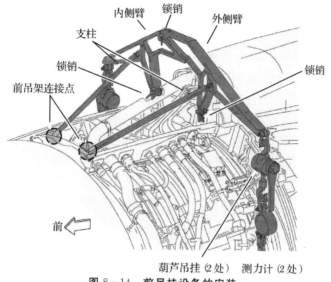

图 8-14　前吊挂设备的安装

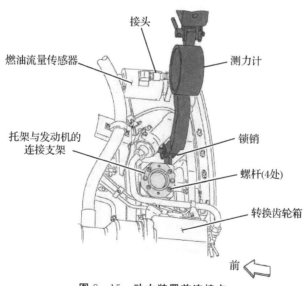

图 8-15　动力装置前连接点

在吊挂设备受力之前,确保所有测力计已设置为零。给葫芦加载直到测力计读数到合适的载荷值范围,确保所有的测力计不要超出规定的值,否则吊挂载荷会超过最大限制从而损伤动力装置、大翼和吊架。拆卸所有前后吊点、推力连杆的螺杆和垫片,脱开发动机前、后吊点。

　　缓慢给葫芦减载直至把发动机下降安放至相应的托架上并连接好(见图 8 - 16),在此过程中仔细观察发动机以确保吊架和发动机之间的所有管路、导线和气管已经断开。否则会损坏发动机和吊架。断开发动机端的吊挂设备,将发动机小心移离工作区域,以免碰撞反推整流罩造成反推整流罩和发动机的损伤。

8.4.3　发动机的安装

　　发动机安装程序的飞机准备工作与拆卸时基本相同,顺序相反。发动机安装前检查发动机铭牌以确保要安装的发动机构型与飞机和反推匹配,否则可能会造成运转发动机时发动机和部件的损坏。对于采用全功能数字式发动机控制(Full Authority Digital Engine Control,FADEC)的发动机(如 CFM56 - 5B/7B 发动机),需确保飞行管理计算机软件、反推构型、另外一台发动机 EEC/ECU 软、硬件与新发动机匹配,而液压机械控制的发动机(如 CFM56 - 3 发动机)需检查燃油控制系统与飞机匹配。EEC 是发动机电子控制器(Electronic Engine Controller,EEC),ECU 是电子控制组件(Electronic Control Unit,ECU)。

　　确保内涵排气尾喷管构型与飞机吊架相匹配。安装发动机时应清洁结合面,检查前、后吊点螺杆、螺帽、保持垫片和垫圈、发动机吊点的吊架接合面处的剪切销和吊点的剪切销正常,按手册要求对其进行清洁和用防咬剂润滑,并检查螺帽的自锁力矩。

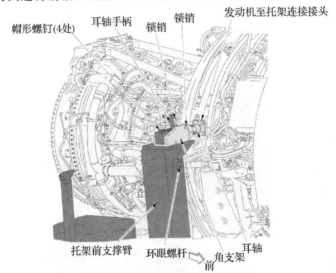

图 8 - 16　风扇机匣到托架组件的连接点

　　安装吊挂设备到吊架。将安装有动力装置的托架放在吊架下面正确的位置。把吊挂设备连接到发动机上,确保前后吊挂和所有发动机连接支架已正确安装。从托架脱开发动机时要小心,避免损坏发动机部件。用前、后葫芦吊挂从零开始缓慢增加所有测力计的力,从托架上提升发动机。在提升过程中,检查确保吊挂组件处于水平状态,不要处于前低后高的姿态,注意前、后测力计的负载差以及读数不能超出其限制范围。接合剪切销时,确保发动机吊点表面与吊架接合面平行贴合。禁止先安装一个吊点的定位销,以防止损坏吊点和吊架。用前、后吊点的螺杆将动力装置连接到吊架(见图 8 - 17),螺杆、自锁螺帽、垫片和固定片都要严格按照维护手册的规定来润滑和安装,并交叉将螺杆拧紧到手册规定的力矩值。

从工作区域移走托架。卸掉葫芦吊挂上的载荷。从动力装置和吊架上脱开吊挂设备，安装前整流罩。拆下各个系统所有拆卸下来的电气接头、燃油管、气动管、液压管、吊架余油管和传感器管等的防护罩盖并安装好各个接头和管路，并按手册规定的力矩拧紧所有螺栓、螺母。

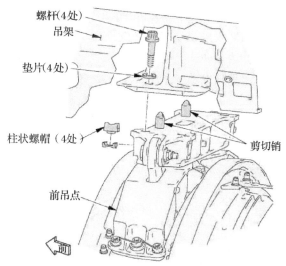

螺杆(4处)
吊架
垫片(4处)
柱状螺帽（4处）
剪切销
前吊点
前

图 8－17　发动机前吊点的安装

8.4.4　发动机安装后的飞机恢复工作

发动机安装好后，要把飞机恢复到正常状态。连接反推整流罩打开作动筒。从反推整流罩和吊架上拆卸撑杆设备，确保反推整流罩所有的质量由两个打开作动筒支撑，否则拆卸撑杆时反推整流罩会突然移动，从而造成人员和设备的损伤。

如果发动机已油封，那么进行发动机在翼去除油封的工作。确保发动机滑油系统、整体驱动发电机(IDG)的滑油系统和起动机滑油系统已做好勤务，加满滑油。关闭反推整流罩。安装风扇整流罩。清除发动机进口或动力装置周围的所有工具或物品。如果这些物品进入发动机，会损坏发动机。

拆下相关"禁止闭合"警告牌并闭合其电路跳开关。拆下发动机起动手柄上的"禁止操作"警告牌。拆下发动机液压驱动泵电门上的"禁止操作"警告牌并设置到 ON 位。作动气源总管系统，提供电源，拆下驾驶员头顶面板上电瓶电门的"禁止操作"警告牌。

采用 FADEC 控制的发动机，需重置飞行管理计算机系统的控制显示组件(Control Display Unit,CDU)或多功能控制显示组件(Multifunction Control Display Unit,MCDU)的构型报告，输入新发动机的序号并确保正确。消除 EEC/ECU 里所有储存的故障。确保发动机推力级别显示正确。新装发动机的 EEC/ECU 软件版本要和对称的另一台发动机的软件版本匹配。EEC/ECU 软件版本要同时安装到两台发动机上，要根据飞机构型同时更换。检查发动机超限页面，如果超限，使其复位。检查并确保发动机的风扇配平螺丝和振动监控组件［如机载振动监控器(Airborne Vibration Monitor,AVM)或发动机振动监视组件(Engine Vibration Monitoring Unit,EVMU)］里的一致。最后要进行发动机地面试车检查。

8.5 发动机地面试车

发动机地面试车的基本目的是在发动机安装之后,确认发动机性能和机械完整性,或检查发动机故障或证实排故期间的纠正措施。地面试车必须严格遵守手册规定的注意事项和工作程序,防止人员受伤和损坏发动机或飞机。发动机工作时,会吸入大量空气,排出高温、高速燃气,并产生很大噪声。为避免人员受伤和设备损坏,在飞机前、后都规定了危险区域(见图 8-18、图 8-19),其面积随发动机的体积、位置、推力和风速的不同而不同。要注意发动机工作时的前、后危险区。发动机慢车工作期间注意遵守接近发动机的安全通道,同时建议系上安全带、佩戴防护耳罩,地面维护人员必须与驾驶舱试车人员保持密切沟通。在高于慢车功率时不能接近发动机。

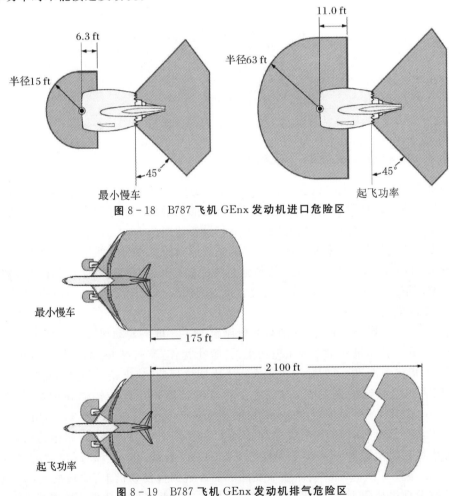

图 8-18 B787 飞机 GEnx 发动机进口危险区

图 8-19 B787 飞机 GEnx 发动机排气危险区

如果要进行发动机的干冷转,因为燃油泵和燃调是用燃油润滑的,所以要确认燃油梁活门或低压燃油关断活门在打开位置以确保燃油泵进口有增压泵的压力,燃油系统加满燃油,避免损坏燃油泵和燃调。通过冷转完成 FADEC 操作测试。检查液压和燃油管路以确保无渗漏。测试反推系统、起动发动机、进气道防冰系统的工作。然后对发动机进行运转测试，完成最低慢车检查确保无渗漏，检查发动机引气系统的工作。

发动机试车的测试项目包括气源渗漏检查、干冷转测试、湿冷转测试、慢车功率渗漏检查、部分功率渗漏检查、功率验证检查、振动测试、加减速测试等。根据工作任务按需完成所需的发动机地面试车程序。

正常天气情况下的冷发动机的起动前检查、起动过程和起动注意事项请参看第 3 章发动机起动和点火系统。当在严寒天气情况下第一次起动发动机时，需要对发动机进行加温，便于发动机起动和润滑机件。如 CFM56 发动机，当大气温度低于 −40 ℃时，需要先对发动机用加热器的热空气管进行加温后再起动发动机。要确保 N1、N2 转子转动自如，如有必要，用除冰剂为风扇叶片除冰或防冰。确保进气道和风扇排气涵道内的消音板没有积冰。

正常的发动机停车程序是油门杆收回到慢车位，发动机在慢车转速工作至少 3 min，提供气源（发动机一旦出现内部火警时用于冷转发动机灭火），然后起动手柄移到关断位或发动机主电门移到 OFF 位。较详细的发动机起动程序和停车程序请参看前面的"发动机起动和点火系统"这一章相关的内容。发动机停车前在慢车转速工作 3 min（即正常的冷车），其目的是确保发动机及其部件能够充分冷却。起动手柄收回到关断位，就关闭燃油关断活门，终止燃烧。从燃油关断活门关闭到发动机到达静止状态的时间称为停转时间，它受发动机内部的摩擦力、外部风向和风速的影响。而对于刚停车的发动机，若需要再起动，即所谓的热发动机起动，则必须等发动机充分冷却后才能进行。否则，由于发动机内部未充分冷却，一方面，燃烧室内容易形成过富油，引起发动机热起动；另一方面，涡轮叶片、压气机叶片与机匣的间隙此时较小，再次起动时，叶片将刮伤机匣封严涂层，甚至导致叶片损坏，使发动机性能衰减速度加快，使用寿命缩短。所以，试车人员应严格遵守热发动机起动的冷却间隔时间。在炎热夏季飞行时，冷却时间应适当延长。

▶拓展阅读

全国劳模倪泽军：见证中国飞机维修业发展与变迁

1. 初入民航，潜修内功

1995 年 8 月，刚参加工作的倪泽军被师傅带到一间摆满了各种手册的屋子里，"你没事要来这里多看看，我们还没有一个人能把这里的手册全部看完，希望你是第一个看完的。"后来，倪泽军不仅把那里所有的手册都看完了，而且当某项工作需要相关手册的时候，他还会再次进行细致的研究。

2000 年，公司进入新品研发高峰，倪泽军第一次挑起了大梁。面对波音飞机在结构修理中的新问题，他做的第一件事就是潜下心来练内功，把涉及飞机结构概述的内容熟读于心。有了扎实的理论依据做基础，倪泽军在实际工作中遇到问题时，总能及时梳理出解决方案，精准采集现场数据，为厂家决策提供最准确的依据。

勤于学习思考，工作严谨细致，倪泽军一步一个脚印地走在成为优秀结构工程师的道路上。他熟悉从设计制造、运营维护到退租出售的整个飞机市场周期的民航基础法规，熟悉飞机的设计理念、维修手册和技术标准，具有丰富的飞机结构修理和改装施工技术指导经验，能够从飞机设计制造单位、运营人、维修单位、监管局方的立场思考飞机结构修理的具体问题,提出有效的解决方案。

2.飞机结构修理,他一直"钉"在一线

从护航飞机安全的初心出发,倪泽军和团队一起,克服重重困难,潜心钻研,以 B737-300 飞机 D 检维修许可证为突破口,逐渐攻克整张机身蒙皮和大段机身更换、发动机吊架和翼尖小翼加改装等技术难关。他担任技术负责人实施了《B757-200 飞机 STA900 增压隔框下缘条整体更换方案》,打破了该缘条只能分段更换的传统修理工艺。

多年的坚持与创造,倪泽军为飞机维修安全生产和技术进步做出了突出贡献,多次获得公司及行业内的科技进步奖励,以及"B737-300 飞机龙骨梁更换和推广""B 737-NG 翼尖小翼改装""B757-200 飞机吊架改装""B757-200 客改货研发与实施"等证书,成为了飞机结构修理方面的大匠。

3.飞机重特大结构改装,他冲破封锁、树立权威

随着国内物流业的迅猛发展,将客机改装为货机是飞机维修行业的一个重要战略。凭着丰富的结构维修经验,倪泽军主持了 B757 客改货结构专业的技术准备和前 4 架飞机的现场支援工作。

倪泽军带领工程师们花了三个多月的时间,消化了 300 多套工作单卡,2 000 多张工程图纸,160 多套改装器材包,近百套工装夹具,掌握了 B757 客机改货机的技术细节,并对施工小组成员 1 对 1 地进行培训。在倪泽军和团队的努力下,他们用相对国外同类项目最少的人力配置,成功完成了"B757-200 飞机客机改货机"项目,使公司成为当时国内国有企业中首家可以实施客机改装为货机工程的单位,打破了国外厂家对飞机重特大结构改装技术的垄断,为国内飞机结构重大修理和改装积累了宝贵的经验。

4.化经验为理论,引领行业同侪再创辉煌

在 2019 年民航工会举办的"劳模大讲堂"上,倪泽军对年轻一辈民航机务人说:"机务工作是艰苦的,也是枯燥的。为了用正确高效的方案保证飞机的健康,机务工程师要耐住寂寞,学习和阅读大量的资料。罗马不是一天建成的,平时的积累很重要。"而"耐住寂寞,方得始终"正是倪泽军长期以来对自身学习、工作的要求与准则。当被问起如何看待自己所取得的成绩时,他说:"没有完美的个人,只有完美的团队。一个人能力再强,离开了集体,就什么也不是。相对于我所在的 Ameco 公司而言,我个人就是滚滚江河中的一朵小浪花。而我平时所做的,就是听指挥,做好准备,关键时刻指到哪儿就能打到哪儿去。"

工作之余,他还积极参与公司在飞机结构持续适航管理优化方面的工作,以多年来积累的一线维修经验,编写和推广培训教材,开发飞机结构损伤/修理的工作单卡标准化方法,为培养飞机结构后续人才奉献着自己的智慧。

参加工作以来,倪泽军见证了中国飞机维修业的快速发展与变迁。他长期专注于机务维修本职岗位工作,追求维修技术精益求精,在国产 Y7、Y12 飞机大修,波音公司 B737 系列、B757,空客公司 A320 系列、A330、A340 等飞机及其发动机部件的结构修理领域辛勤耕耘,全程参与了公司在飞机结构专业方向的科技改进和开发工作,曾获得"全国民航五一劳动奖章""全国五一劳动奖章"等荣誉称号。他说:"希望有一天,我们的国产飞机走向世界,中国成为民航强国,我们可以在这里有更大的作为,我相信,个人的梦想终将因国家和民族的强大而更加灿烂。"无论行业如何变化、发展,倪泽军心中秉持的工作信念始终没变——在自己的岗位上兢兢业业,踏实奉献。而这,就是最为朴实的"劳模精神"。

（资料来源:大众网 http://www.dzwww.com/xinwen/jishixinwen/202012/t20201210_20016277.htm)

思 考 题

1. 发动机维修分为哪两大类?

2. 预防性维护指的是什么? 修复性维修指的是什么?

3. 从维修的深度来分,发动机维修分为哪几类?

4. 发动机航线维护主要包括哪些内容?

5. 发动机定检维护主要包括哪些内容?

6. 发动机大修维护主要包括哪些内容?

7. 典型的发动机大修任务包括哪些工作?

8. 视情维修指的是什么? 其是建立在什么基础之上的?

9. 发动机维护有哪些需要注意的事项?

10. 发动机拆装有哪几种方法?

11. 请简单描述发动机拆装的过程。

12. 发动机试车时要遵守哪些注意事项?

13. 为什么要规定发动机的危险区? 其范围与哪些因素有关?

第9章 发动机管理

9.1 发动机管理概述

　　航空发动机一直被喻为飞机的心脏,其安全性、可靠性与航空公司飞行安全有着密切而重要的联系,而且在很大程度上还会影响公司的运营成本,所以安全和效益是航空公司生存和发展必须并重的两个方面。发动机内部结构复杂,工作环境恶劣,而且还存在很多不可预料的因素,其健康状况的突然改变或恶化,都会对飞机或发动机机队运营的安全和效益造成严重的后果。如何把握发动机性能变化的趋势,确保发动机的可靠运行,延长其在翼使用寿命? 当前,各航空公司对现代燃气涡轮发动机的管理模式通常采用全寿命管理,即发动机从引进到最后退出机队的整个过程中对发动机所进行的一整套维修工程管理的统称,包括在翼管理、送修管理和性能管理。发动机全寿命管理还包括发动机机队重要事件管理、发动机可靠性数据管理和换发管理。

　　发动机重要事件是指在飞机运营、航线维护、定检或换发过程中出现的重大发动机故障或缺陷的事件,包括但不限于下列情况:空停、地停、超温、超转、不可自动恢复的失速或喘振、失去推力控制、着火、火警、滑油或燃油严重泄漏、鸟击或外来物损伤(Foreign Object Damage,FOD)导致的拆发、影响发动机运行的结冰、异地换发、维护中造成发动机损伤、部件丢失,以及发动机因素导致的中断起飞、返航、改航等。

　　换发包括非计划性换发和计划性换发。非计划性换发是指发动机缺陷或其他强制性要求(特殊运营的临时要求除外)导致从技术标准上要求必须在3个日历日之内的换发。计划性换发是指除了非计划性换发之外的换发,一般包括时寿件(Life Limited Part,LLP)到寿换发、性能原因换发和梯次换发(含特殊运营要求)。

　　发动机管理的指标通常有空中停车率、中断起飞率、返航改航率、延误取消率、返厂率和非计划换发率。

9.2 发动机在翼管理和维修

　　发动机在翼管理主要体现在对发动机运行状态的监控和日常的检查、维护以及对发动机制造商服务通告(Service Bulletin,SB)、服务信函(Service Letter,SL)和备忘录等的评估和执行上。通过开展发动机在翼管理工作,来综合分析评估在翼发动机机队状态,制订并调整发动机机队在翼使用计划和发动机拆换计划。

发动机实时运转状态可通过发动机参数指示仪表、屏幕显示和警告灯等反映出来,大多数情况下,当发动机工作参数或运转状态出现异常时都会进行告警,比如发动机转速超转时,转速指示变成红色。发动机工作参数也常被用作趋势分析,通过人工或自动方式采集发动机工作参数并将其输入监控系统,监控系统将获取的数据换算到标准大气海平面状态所对应的值,和发动机基线值进行比较,进而检测发动机性能是否有比较明显的变化,通常较明显的变化意味着发动机结构或系统出现了故障。监控的发动机工作参数有两种:发动机性能参数和发动机机械参数。发动机性能参数包括风扇转速(N1 转速)或发动机压力比(Engine Pressure Ratio,EPR)、燃油流量和发动机排气温度(Exhaust Gas Temperature,EGT)等,监控这些参数可判断发动机是否具备获得最大推力的能力,从而保证不会因为排气温度过高而损坏发动机;发动机机械参数包括发动机转子转速[N1、N2 转速(三转子发动机还有 N3 转速)]、滑油温度和滑油压力、发动机振动 VIB(Vibration)等,可避免因过大的载荷或缺乏润滑而损坏发动机。

9.1.1　发动机状态监控

发动机状态监控(Engine Condition Monitoring,ECM)是视情维护的重要基础,是获得发动机工作安全与维修措施有效之间取得平衡的重要手段。它能准确评估发动机的性能和健康状况;能够早期探测潜在的问题(通过不正常的趋势对发动机进行检查来判断故障原因);监控长期的性能趋势用于制订维修计划。发动机状态监控的好处是延长发动机的在翼寿命,减少燃油消耗,减少维修成本,使主要的操作事件、高成本失效和非计划性换发减到最小。发动机状态监控是指利用发动机性能趋势监控、滑油耗量监控、孔探检查、燃油滤和滑油滤检查、滑油磁性堵塞检查以及对滑油金属含量进行分析等手段对发动机的使用和维护状态进行监控(见图 9-1)。实施发动机状态监控工作,可以在一定程度上预防或协助排除发动机故障,从而保障发动机机队的可靠性。

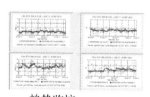
趋势监控

振动监控

孔探检查

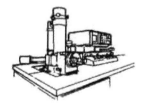
滑油颗粒分析

滑油光谱分析

图 9-1　发动机主要状态监控方法

9.1.2 发动机性能趋势监控

1. 性能趋势分析概念

发动机性能趋势分析是当前普遍采用的一种发动机状态监控方法,通过软盘等电子媒介或飞机通信寻址与报告系统(Aircraft Communication Addressing and Reporting System, ACARS)采集发动机工作状态参数,记录对应的发动机工况和外部条件,输入监控系统,监控系统根据飞机和发动机的工作状态参数(如大气温度、马赫数、高度、推力设置和引气情况)计算出基线值,将获取的飞行状态参数按相似换算法换算到标准大气海平面条件下的值,然后将所得到的换算值减去该工况下的基线值,得出相对于基线的监控参数偏差值或偏差百分比(偏差值与基线值之比的百分比),对所得到的各个航班的监控参数偏差值或偏差百分比进行数据平滑处理后绘图得到性能监控趋势图。图 9 - 2 是现代民航客机所用发动机的典型性能监控流程。

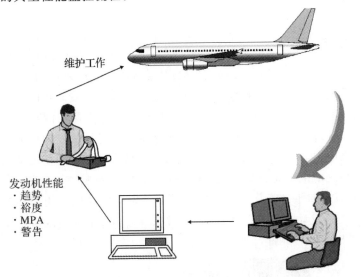

图 9 - 2　现代民航发动机典型性能监控流程

性能趋势监控的短期目标是发现并纠正潜在的发动机故障,而长期目标是管理发动机、规划维修和安排换发。根据性能趋势图可检查偏差值是否超限,若超限可报警;并可根据监控参数的不规则变化,推断引起变化的可能原因,为故障隔离提供重要参考。典型的发动机性能趋势监控参数包括发动机热天起飞排气温度裕度(Exhaust Gas Temperature Hot Day Margin,EGTM)也称 EGT 裕度,巡航状态的 EGT 偏差值、核心机 N2 转速(和或风扇 N1转速)偏差值和燃油流量偏差值。图 9 - 3 是早期的某型发动机健康管理的性能趋势监控报告(也称指印图)。图 9 - 4 是典型的现代燃气涡轮发动机的正常性能趋势。图 9 - 5 是某台现代燃气涡轮发动机的不正常性能趋势,从发动机振动监控趋势的飘移可看出发动机有故障,通过孔探检查发现该台发动机的高压压气机(High Pressure Compressor,HPC)4～8 级叶片有损伤。

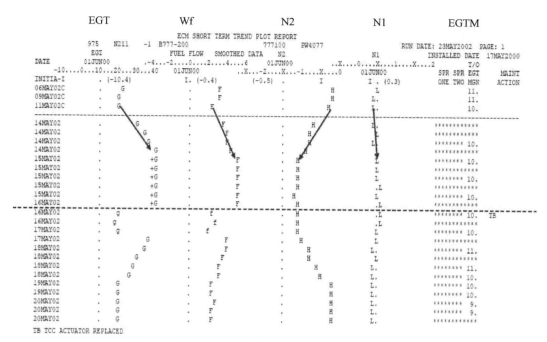

图 9-3　早期的某型发动机健康管理的性能趋势监控报告

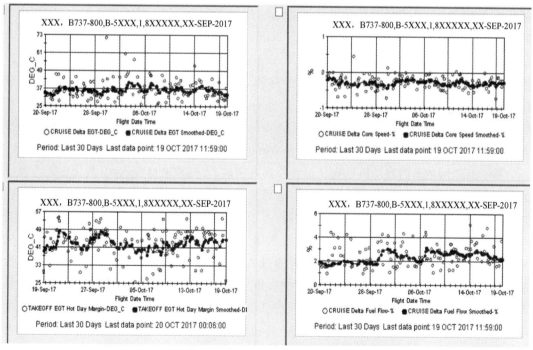

图 9-4　典型的现代发动机正常的发动机性能趋势

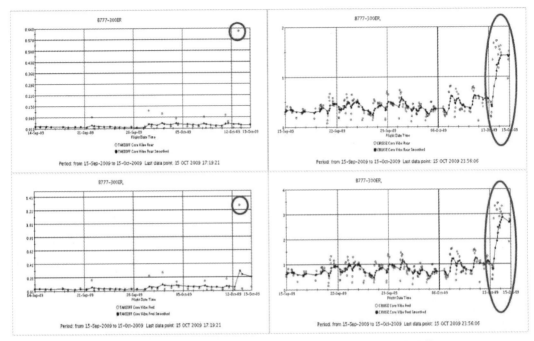

图 9-5　监控到有故障的现代燃气涡轮发动机的不正常性能趋势

2.发动机性能趋势监控的方法

当前发动机性能状态监控方法主要有两种:基于互联网技术的远程监控平台和单机软件监控。不同公司对于基于互联网技术的远程监控平台有不同的名字,例如:GE/CFM56公司提供的远程诊断(Remote Diagnostics,RD);普惠和 IAE 公司提供的先进诊断和发动机管理(Advanced Diagnostic & Engine Management,ADEM);罗罗公司提供的远程监控平台(www.aeromanager.com)。单机软件有:GE/CFM56公司提供的燃气涡轮发动机分析系统(System for Analysis of Gas Turbine Engines,SAGE);罗罗公司提供的状态监控性能分析软件系统(COndition Monitoring Performance Analysis Software System,COMPASS);普惠公司提供的发动机健康监控 EHM(Engine Health Monitoring)。

基于互联网技术的发动机远程状态监控具有实时、方便和准确等优点,是目前最为流行的在翼发动机性能状态监控方法。典型的远程状态监控系统一般采集起飞阶段和巡航阶段的飞行数据,包括输入记录识别、飞机使用状态、发动机性能和机械参数测量和空调系统引气信息等,起飞和巡航阶段对应的具体监控数据见表 9-1。当满足条件(如巡航时发动机稳定工作至少 5 min)时会自动记录数据并通过 ACARS 系统把数据自动传输到地面的监控系统,监控系统输入飞行数据,处理飞行数据,并分析处理结果。航空公司根据实际需要每天对远程监控平台提供的趋势报告或警告信息(alarm)进行多次处理。日常监控仅处理远程监控平台的警告(alarm)、咨询(advisory)和超限(exceedance)等信息。当监控人员发现远程监控平台系统不能正常工作时,应立即启动备用监控方式,以保持发动机性能监控的延续性。

表 9-1　典型的远程状态监控系统的详细监控数据

数据采集类别	起飞阶段采集的具体数据	巡航阶段采集的具体数据
输入记录识别	飞机识别号、日期、时间	飞机识别号、日期、时间
飞机使用状态	高度、马赫数、TAT	高度、马赫数、TAT
发动机性能和机械参数测量	N1 和 EGT	N1、N2、EGT、燃油流量、振动、滑油压力和温度、VSV 位置
空调系统引气信息	空调系统引气信息	空调系统引气信息

采用单机软件(如 SAGE/ COMPASS/ EHM)监控时,发动机的工作参数的获取不是实时的,因此监控结果具有一定的滞后性;如果采用人工记录数据,那么还会影响监控结果的准确性。采用单版机软件监控,仅在没有其他监控方式的情况下采用,或者作为远程监控平台的备用方案。目前很多航空公司采用两种监控方式并存的监控模式,通常以远程监控为主,单机软件作为辅助或备用监控手段。随着互联网技术和电子技术的发展,远程监控平台将最终取代以单机软件为基础的传统监控方式,而且发动机制造厂家和航空公司都在不断地对远程监控平台进行升级换代。

9.1.3　发动机滑油耗量趋势监控

由于某些远程监控系统或软件不具有滑油耗量监控功能,因此需要维护人员在每次滑油系统勤务时准确记录滑油耗量,将其输入监控系统(基地)或通过邮件发送给监控人员(外站),监控人员收到滑油耗量数据后应分析一定周期内的滑油耗量变化趋势。如果趋势出现明显的漂移或变化,则需告知维护人员以便对发动机进行排故。图 9-6 是典型的双发滑油耗量数据和趋势。

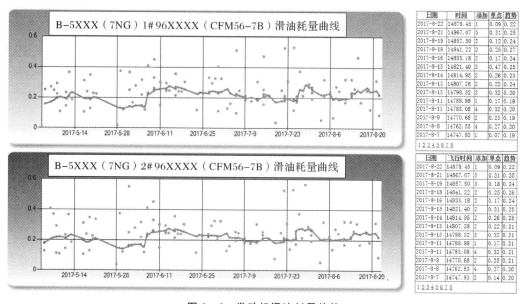

图 9-6　发动机滑油耗量趋势

9.1.4　发动机振动监控

民用航空发动机工作环境十分恶劣,其健康状况的恶化,很大程度上会影响飞行安全及运营成本。因此加强对民用航空发动机工作状态的监控,特别是对发动机振动的监控,是保证发动机安全的有效手段。航空发动机振动监控主要用于监视发动机旋转机械的工作状态。作为一种典型的高速旋转机械设备,航空发动机的振动信号(包括振动信号的幅值、频率和相位等)可直接反映其当前工作状态。通过监控发动机稳定工作状态的高、低压转子振动值的变化,可分析发动机内部的旋转机械部件的状态和发动机高、低压转子的动平衡情况,进而推测发动机本体可能存在的一些机械故障,避免引起发动机更大的内部损伤和二次损伤,并采取合理的维护措施来提高发动机的可靠性,降低维护成本。

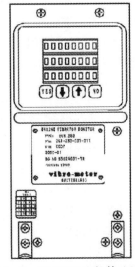

目前,民用航空发动机振动监测的主要方法是在飞机上安装发动机振动监测装置,被称为机载振动监测器(Airborne Vibration Monitor,AVM)或发动机振动监测组件(Engine Vibration Monitoring Unit,EVMU)。图9-7是B737NG飞机的机载振动监测器AVM。发动机振动监测装置通过安装在发动机上的加速度计监测发动机的振动变化情况。振源具有稳定的激振力,能准确反映发动机振动能量,测量振动的加速度计须靠近振源安装。加速度计一般安装在发动机的安装点、转子支撑面、发动机机匣对接面等位置。一般双发动机上面安装两个加速度计,有些装在风扇机匣和轴承上(如CFM56-7B发动机),有些装在轴承和涡轮框架上(如CFM56-3发动机),分别测量两个加速度计处的振动信息。振动加速度计所测的信息和发动机高、低压转子转速信息经

图9-7　B737NG飞机的AVM

发动机振动监测装置内部的电荷放大器、滤波器、记录器、模/数(Analog to Digital,A/D)转换器、振动信号处理计算机计算后,输出给飞机显示器,为飞机驾驶舱实时提供发动机振动值的显示。图9-8是典型的发动机振动监测原理。图9-9是B737-800飞机CFM56-7B发动机的起飞和巡航时的风扇振动监控。

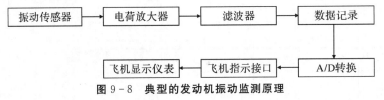

图9-8　典型的发动机振动监测原理

发动机振动监测过程可分为振动测量、振动信号处理及故障特征提取、状态识别等。根据监测对象的特征,如结构特点、振动信号频带范围和幅值,确定测试系统的传感器和记录设备。振动信号处理是振动监测的核心,它可以从原始振动信号中提取有用信息。状态识别是根据信号处理结果和故障特征信息,判断监测对象的状态及其故障的发展趋势。信号处理和故障状态识别通过计算机软件实现。振动信号处理器使用两个加速度计的信号和发动机高、

低压转子转速信号来计算振动的大小,可排除故障、提供配平方案、查看和抹除振动数据。

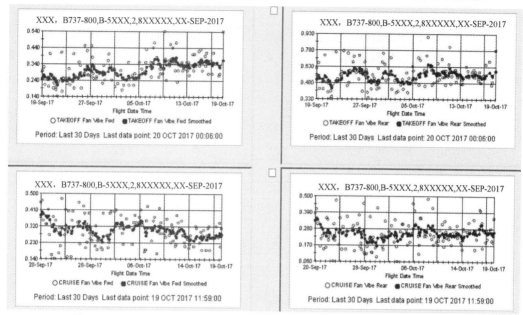

图 9 - 9　B737NG 飞机 CFM56 - 7B 发动机的起飞和巡航时的风扇振动监控

振动总量反映了发动机总的振动能量状况,振动分量则反映出是何种激振源及其激励大小。发动机一般都规定总量限制值,振动总量超过限制值,表明发动机振动过大,部件可能因此而破坏。发动机上的各振源通常有不同的激振频率,如转子质量不平衡会激起频率为转子工作转速的振动,不对中故障会激起较大的二阶振动,而转子与静子相碰摩会产生分频等频率成分十分丰富的振动。振动信号处理就是要从原始振动信号中提取这些有用信息,为状态识别和故障隔离提供依据。

9.1.5　发动机滑油分析

各种机械装置中的运转部件,如发动机齿轮和轴承等,接触表面相互运动的摩擦作用,必然会造成机件的磨损,而且随着运行时间的延长,磨损会不同程度地加剧。如果不能准确了解并监控机件的磨损状态,就有可能造成轴承破损和传动轴断裂等严重缺陷,导致转子卡滞、传动失效等严重故障的发生,甚至引发恶性事故。航空发动机零件存在腐蚀、断裂与磨损等三种最常见的失效方式,其中磨损所占比例达到了 80% 左右。

为了有效减轻航空发动机的工作磨损,航空发动机中设置了滑油系统,把具备一定压力的清洁滑油源源不断地供给发动机轴承支撑点及传动系统的齿轮啮合处,对运转部件进行润滑、降温和清洁。当运转部件磨损时,产生的磨粒进入滑油中,这包含着发动机部件磨损情况的重要信息,主要包括磨损微粒的含量、成分种类、形貌、尺寸以及滑油品质变化等。通过滑油铁谱分析、光谱分析以及能谱分析等现代油液监测分析技术提取发动机磨损信息,不仅可以直接反映发动机轴承及传动系统的技术状态,而且能够进一步预测发动机部件的变化趋势,进而有效地监视发动机部件的磨损状况,帮助飞机维修人员采取积极主动的维修策略,改定期维修为视情维修,并对发动机部件的磨损故障进行诊断,确定磨损的严重程度和故障部位,提高发动机的可靠性和利用率。

发动机滑油系统状态监控主要包括滑油滤与磁堵碎屑监控以及滑油品质抽样监控两方面。发动机滑油状态监控内容(见图9-10)又可以分为磨粒分析和滑油理化性能分析。磨粒分析包括滑油滤与磁堵收集的大颗粒碎屑的分析、滑油铁谱分析和光谱分析等。滑油铁谱分析、光谱分析和滑油理化性能分析属于滑油品质抽样监控。

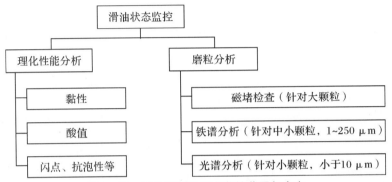

图9-10　发动机滑油状态监控范围与内容

滑油滤与磁堵碎屑监控指的是当从发动机部件上磨损掉落下来的大碎屑颗粒被滑油滤或磁性金属微粒探测器(简称磁堵)收集,送去专门的滑油碎屑检测部门进行成分分析,根据碎屑的形状、大小、数量和成分来判断故障源。机型持续适航维修大纲(Continuous Airworthiness Maintenance Program, CAMP)要求定期检查磁堵。飞机维护手册(Aircraft Maintenance Manual, AMM)和发动机手册(Engine Manual, EM)中有检查标准,并提供了轴承材料和齿轮材料的成分元素和量值,可与收集的碎屑的成分检测报告进行对比,以判断磨损的程度和部件。图9-11是通过磁堵收集的颗粒,图9-12是滑油碎屑颗粒的成分。

图9-11　磁堵收集的颗粒样本

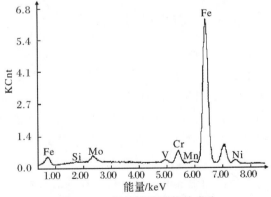

图9-12　滑油碎屑颗粒的成分

滑油品质可通过对滑油进行抽样监控来进行评估。滑油品质监控按CAMP规定对滑油进行取样、理化分析、铁谱分析和光谱分析等。铁谱分析用于检测$1\sim250~\mu m$之间的磨粒,可以对微粒的分布情况、成分、尺寸以及形貌进行分析;而光谱分析用于检测尺寸小于$10~\mu m$的磨粒,可以准确快速地对微粒元素的种类和浓度含量进行定量分析。

通过滑油铁谱分析,可以提取磨损微粒的形貌特征参数,依据摩擦学理论建立识别模型对磨损模式进行识别分类。铁谱分析是利用高梯度强磁场将机器润滑油中所含磨损微粒按其粒度大小有序地分离出来,通过对磨粒形态、尺寸、成分、浓度和粒度分布等方面进行定性定量观测,得到有关摩擦磨损状态的重要信息。

通过滑油光谱分析,可以采集磨损元素的种类和含量,对以时间顺序排列的样本数据建立预测模型,可对磨损趋势进行预测,掌握磨损的总体变化规律。光谱分析是通过测量油样中各种金属元素的原子在跃迁过程中吸收、发射或散射的电磁辐射的波长及强度来了解油样中含有的金属元素的种类及含量的一种技术。目前主要的光谱分析方法有原子发射光谱分析法、原子吸收光谱分析法、X 射线荧光光谱分析法、红外光谱分析法等。

理化性能分析包括黏度、酸值、闪点和抗泡性等理化性能参数的检测。如果航线工作人员嗅到滑油里有燃油味,或者监控滑油消耗量明显变化时,或者经检验发现滑油黏度值异常,还要做滑油闭口闪点测试。CAMP 规定了滑油油样分析间隔时间(如 B747 飞机 JT9D 发动机为 1A 检,即 300 个飞行小时),航线工作人员须在发动机停车后的规定时间段内抽取油样。

9.1.6 孔探检查

孔探检查(又称内窥镜检查)是常用的目视检查方法之一,类似于医用的胃镜检查,图 9-13 是发动机孔探检查设备和高压压气机孔探照片,图 9-14 是发动机燃烧室和高压涡轮叶片的孔探照片。它借助工业内窥镜定期检测及非定期(特殊情况,如鸟击、超温和喘振等)检测发动机内部部件工作状态,及时发现损伤缺陷,以评估发动机的整体性能和健康情况,为航空发动机的安全运行和维修工作提供可靠的技术依据。

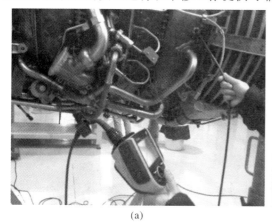
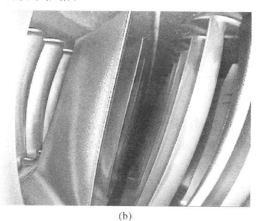

(a)   (b)

图 9-13 发动机孔探检查设备和高压压气机孔探照片

(a)发动机孔探检查设备;(b)发动机高压压气机内部的孔探照片

孔探所用到的设备分为刚性内窥镜(又称直杆镜)、柔性内窥镜(光纤镜)和视频内窥镜。直杆镜结构简单,成像质量好,使用方便;光纤镜采用超细光纤技术,能够提供高品质的图像,采用抗磨损的金属外皮,能增强其适用耐久性,探头本体可弯曲,有导向功能;视频内窥镜采用先进的全数字化光学电子处理技术,使信号的处理及传输过程发展成纯数字化,可直接连接数字显示器,图像清晰,色彩真实准确,具有 360°全方位连续导向,有 2D 和 3D 两种视频内窥镜。孔探检查方法不仅适用于发动机内部结构的故障检查,也可用于飞机的其他不易接近和拆卸的狭小部位,如检查机翼邮箱内部腐蚀及其部件、狭小区域导线束的腐蚀或安装固定、机翼内部操纵系统传动部件的磨损和固定情况等。孔探检查已广泛应用于民航业的机务维修工作中,特别是在航空公司发动机状态监控和健康管理方面起到了举足轻重的作用。

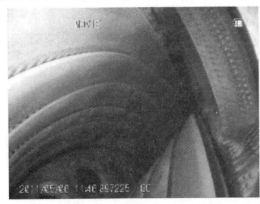

(a)　　　　　　　　　　　　　　　　(b)

图 9-14　发动机燃烧室和高压涡轮叶片的孔探照片

(a)发动机燃烧室和高压涡轮静子叶片前缘;(b)发动机高压涡轮转子叶片前缘

9.3　发动机送修管理

9.3.1　发动机时寿件管理

发动机的时寿件 LLP 几乎都是转子部件、部分承力结构件和高温框架结构件,如发动机的风扇盘、风扇轴、高压压气机鼓筒、高压涡轮盘、高压涡轮叶片等。这些部件的工作环境恶劣、工作负荷较大,因此容易出现疲劳。发动机制造商和适航管理部门都规定了这些部件的使用寿命。适航法规对时寿件的设计生产、允许时间/循环数、保存、转移、修理、标示、记录和报废等做了详细要求。为了使时寿件状态的跟踪控制清晰明了,一般对时寿件状态进行单独跟踪记录。记录内容包括时寿件名称、件号、序号、每次安装/拆卸的时间、累积运行的时间/循环数、安装发动机序号、维修记录和相关履历文件等,确保到寿的时寿件不会再次被安装到发动机上。

航空公司工程部门根据厂家推荐的维修方案或非例行工作确定发动机的下发和送修计划,并确定送修工作范围。此时,航空公司必须提供一份完整、清晰和准确的发动机时寿件运行的状态清单,并由其授权的质量人员签署。发动机大修厂接到送修人的修理指令后,要组织专门的工程技术人员对送修人的送修工作范围进行检查、评估,并制定出发动机大修的具体实施工作任务。发动机大修厂事前制订修理工作计划时就需要明确对时寿件修理、更换的具体要求。根据既定的发动机修理工作范围,制定外送修理计划和时寿件订购等工作计划。

9.3.2　发动机备件预测

合理的备件订货量是航空公司保持机队持续运力和降低备件储存成本的重要方式,也是备件供应商提供产品支援服务的重要方面。在备件支持服务方面,供应商的产品支援部需向客户提供飞机部件和附件的相关参数,如寿命值、故障率、平均故障间隔等,并为客户进行备件订货提供有效的预测方法。数理统计和产品交付后产生的大量使用数据可以作为评估附件寿命、预测备件需求的有效方法。

9.3.3　发动机大修管理

一般情况下发动机出现损坏、故障、性能衰退、时寿件到期、定时大修等,才送到大修厂大修。航空发动机送修模式目前大体上分为小时包修和自行送修两种方式。小时包修能够保证航空公司财务资金流的平稳,但对其基础价格的来源及计算方法,航空公司很难谈得清楚,然而在修理厂商签的多数协议中,经常有一些项目会被排除在外,需要由航空公司来负担,如服务通告改装、附件和航线可更换件的修理,以及时寿件的更换等。对这些内容的忽视,导致航空公司要承担一些预算之外的巨额开支。而自行送修则是指将发动机单台送修或者制定维修工作包后选择维修厂进行维修。采用这种自行送修的模式,如果维修工作范围制定得恰当,将为航空公司省下大笔费用,因此这种方式在国内航空公司中采用较多。

如果航空公司选择自行送修的方式对发动机进行送修,则发动机工程师首先要确定发动机的送修等级。由于现在主流的民用航空发动机都采用了单元体的结构设计,因此确定发动机的送修等级就成了确定单元体的送修等级。单元体等级确定了,对应的单元体维修工作范围也就确定了,所有单元体的维修工作范围就构成了整机的维修工作范围,也称为送修工作包,即发动机在一定的维修等级下所需要执行的全部维修工作。具体的送修范围组成包括要执行的适航指令(Airworthiness Directive,AD)清单、服务通告 SB 清单、各个单元体的送修范围清单、发动机送修后的使用目标以及发动机的大修费用/周期等。一般来说,单元体的维修级别越高,相应的维修成本也越高,修后的效果也越好。所以单元体的维修级别要制定得合适,欠维修或过维修都不好。欠维修导致最终不能满足整机的送修目标,过维修有可能会增加航空公司的维修成本。

送修等级决策理论是现代维修策略与决策科学的高度融合,其核心问题主要是研究在各种维修策略下,在保证整个系统安全性和可靠性的前提下,对成本和收益进行综合权衡,确定和调整维修时机、维修目标和维修计划,实现及时、有效和经济的维修。维修策略目前主要分为预防性维修策略、基于失效的维修策略、基于设计的维修策略。

"发动机修理工作包"包括"发动机/单元体修理工作要求"和"发动机附件/QEC 工作指令"。在制定"发动机修理工作包"时应考虑和参考发动机机队的在翼时间和在翼使用情况、机队的备发状况、机队的短期和长期需求、发动机修理的经济性、维修工作范围计划指南、可靠性报告、航线孔探报告、发动机性能监控报告、适航指令和服务通告的执行状态和时寿件更换等多方面因素。在发动机修理过程中,可根据实际检查结果对大修工作范围进行适当调整。

对于修后发动机,在发动机返回前,需根据"发动机修理工作包"完成发动机的物理验收和技术文件验收。验收合格后应根据承修厂家提供的数据对发动机时寿件等信息及时进行更新。

9.4 发动机性能管理

发动机性能以发动机热天起飞排气温度裕度EGTM或外界温度限制值(Out Air Temperature Limit,OATL)来衡量,可通过远程监控平台或监控软件计算获得排气温度裕度,如图9-15所示。EGTM定义为海平面标准大气压下,发动机在拐点温度(也叫平功率温度)时全推力(全功率或平功率)起飞状态时的实际燃气温度与有关技术文件规定的限制值(红线值)之间的差值,如图9-16所示。对于大多数发动机来说,拐点温度一般在30℃左右。

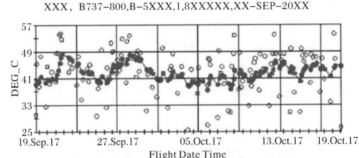

XXX, B737-800,B-5XXX,1,8XXXXX,XX-SEP-20XX

○TAKEOFF EGT Hot Day Margin–DEG_C ●TAKEOFF EGT Hot Day Margin Smoothed–D
Period:Last 30 Days Last data point: 20 OCT 2017 00:06:00

图9-15 远程性能监控软件计算的热天发动机排气温度裕度(EGTM)

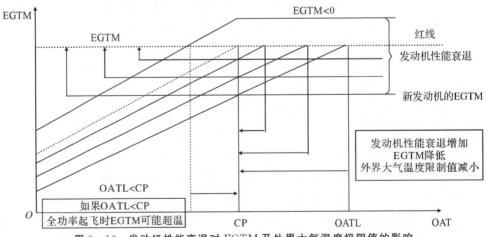

图9-16 发动机性能衰退对EGTM及外界大气温度极限值的影响

随着发动机性能衰退,EGTM降低,外界大气温度限制值也会减小。当EGTM为负或OATL小于额定功率温度时,在使用全功率起飞时排气温度可能超过最大允许极限值,从而损坏发动机,因此发动机 EGTM 通常作为航空公司执飞航线选择和性能换发的依据,对于执飞高原航线或双发延程飞行航线(Extended-range Twin-Engine Operations,ETOPS)要求的发动机,EGTM 具有更高的要求。

发动机出现性能衰退是由于多种因素造成气流在发动机内部的流动损失增大,主要体现在两方面——内部气流通道的叶片表面或机匣出现较多的附着物,叶片或机匣几何形状的改变(如叶片损坏或变形、叶尖间隙增大、烧蚀等)和内部封严磨损。对于因表面附着物造成的性能下降,可通过气路清洗的方法进行在翼性能恢复,而硬件几何形状改变或磨损则只有通过发动机翻修的方法进行修复。预防发动机性能衰退的有效办法包括减推力起飞,足够的冷、暖车时间,以及减少环境因素的影响(定期清洗发动机等)。

9.4.1 发动机气路清洗

发动机在运营过程中受到污染,会使发动机气路变窄、发动机排气温度升高,使发动机性能衰退和燃油消耗率增大。图 9-17 是受污染的和干净的压气机叶片气路对比。造成污染的因素包括风沙、灰尘、盐分、发动机及汽车和飞机排出的污染空气、防冰液蒸汽、昆虫或鸟击等。

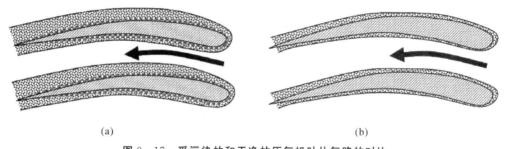

(a) (b)

图 9-17 受污染的和干净的压气机叶片气路的对比

(a)受污染的压气机叶片气路;(b)干净的压气机叶片气路

通过清洗轴流式压气机的发动机外场气路,可恢复发动机性能、降低 EGT、提高 EGT 裕度(如提高 10℃左右)、降低燃油消耗、减少二氧化碳的排放量、延长发动机的在翼时间、延长发动机部件的使用寿命以及降低维修成本。它常被用于外来物在压气机或涡轮转子和静子叶片以及机匣上的沉积物集聚造成发动机性能退化的发动机上。采用一些现代新型的压气机水洗设备,可在 A 检期间完成,不需要打开反推整流罩,气路清洗的水蒸汽可集中收集,不会对环境造成影响。

发动机气路清洗一般使用专用的气路水洗设备来进行清洗(见图 9-18),有两种清洗方法——纯水清洗和采用清洗剂进行清洗。纯水清洗又可采用冷水或热水清洗。如果发动机内部不太脏或只是恢复发动机的 EGT 裕度的话,一般推荐使用纯水清洗。当压气机叶片上有有机碎片、滑油沉积或发动机的剩余 EGT 裕度低于规定值(如小于 10 ℃)时要用清洗剂清洗,以提高清洗效果,用清洗剂清洗后要用水冲洗。清洗剂类型取决于特定的发动机型号。使用清洗剂时,必须严格遵守发动机冲洗和引气系统循环程序,以防飞机恢复使用后客舱内有异味。如果外界气温较低(如-10~5 ℃),要按需在清水或清洗剂中加入防冰剂。

当气温过低(如低于-10 ℃)时,则不能进行压气机气路清洗,以防止发动机结冰。只能在EGT 小于一定数值[如 150 ℉(66 ℃)]时清洗发动机,否则会导致设备损坏。手册规定了清洗发动机气路的清水的标准(包括水中颗粒物的含量、尺寸,钠、钾离子的浓度,水的 pH 值等)和水流速度,饮用水一般是满足要求的。如果使用清洁剂和防冰剂,要确保通风良好。

图 9 - 18　两种类型的发动机气路水洗设备

清洗发动机气路前,要严格按照手册和工卡做好必要的准备工作,关闭飞机引气系统,断开相应的管路并装上堵盖,给滑油系统加入适量的防腐油以防止发动机内部轴承和齿轮等部件腐蚀,添加适量的发动机滑油以满足发动机运转的需要。在大多数型号的发动机上使用发动机起动机干冷转来清洗压气机气路,通过风扇叶片或低压压气机进口(如果使用了特殊装置)注入水,使发动机浸泡一定时间,再根据压气机脏的程度按需重复清洗。在清洗过程中不要超过起动机的循环使用限制,否则会损坏起动机。发动机气路清洗之后,要根据手册拆下已拆管路的堵盖,清除管中的水分,连接好管路并打好力矩值。清洗完成后应将发动机恢复至正常的准备运转状态,然后进行试车烘干,试车时需打开飞机引气系统运转足够长的时间(如冲洗发动机进气道防冰系统和大翼防冰系统),以避免后续执行航班时驾驶舱和客舱出现水雾或异味。

发动机气路清洗一般以发动机排气温度裕度 EGTM 的恢复量来衡量清洗效果。清洗完后需及时将信息反馈到发动机状态监控系统中,避免系统告警,并密切关注 EGTM 的变化情况以确定清洗效果。图 9 - 19 是某型发动机压气机水洗前、后性能的状态监控趋势,可看出发动机 EGTM 增加,发动机性能得到恢复。

9.4.2　发动机大修性能恢复

发动机大修包括对发动机每个单元体的完全分解、更换或修理零件、再装配和试车。大修的任务有清洗、裂纹检查、尺寸检查、静态和动态平衡、轴承腔压力检查、滑油喷嘴流量检查、叶片的称重和力矩称量等。

发动机大修的目的是修复一台发动机,使它既能符合新发动机性能验收极限,又能保持相同的可靠性,从而有能力完成另一个新寿命期的运行。通过分解发动机,检查零件的状态,并决定更换或修理那些可能会因衰退而降低性能或在下次翻修前不能保持可用性状态的零件来达到此目的。

　　翻修间隔时间随发动机的型号不同而有很大的不同,它是根据经营者、适航当局和制造厂商的结果来确定的,从特定发动机系列、使用类型、利用率以及有些时候的气象条件等取得的全部经验均应纳入考虑。如果要延长翻修间隔时间,适航当局可能要考虑经营者的背景、维修设施及其维护人员的经验。

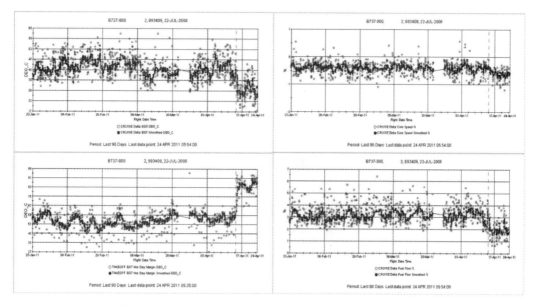

图 9-19　某型发动机压气机水洗前、后性能的状态监控趋势

　　发动机大修对 EGTM 的恢复程度取决于维修深度,全大修工作范围一般可将裕度恢复到新发动机的 70%～80%(见图 9-20),有些发动机可能还会更高。在整个发动机性能衰退中,高压系统引起的衰退占 85%～90%,其中高压压气机的衰退又占核心机主单元体性能衰退的 50% 以上,剩余部分则由热端部件的衰退造成。因此在制定发动机大修工作包时,应充分考虑各单元体对发动机性能的影响,并结合发动机时寿件和维修成本,选择最佳的维修方案。

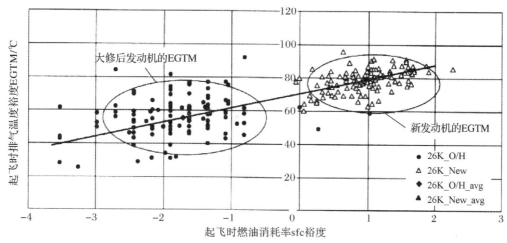

图 9-20　某型发动机的大修性能恢复与新发动机 EGTM 的比较

▶ **拓展阅读**

刘宇辉——中国质量工匠

经中国民航工会推荐,南航机务维修系统专家刘宇辉荣获全国质量奖个人奖"中国质量工匠"。全国质量奖是经党中央、国务院同意,向在实施质量强国战略中作出突出贡献的组织、项目和个人授予的崇高荣誉。全国每年评选"中国质量工匠"20人,旨在对业务能力突出、注重创新、坚持用户至上、追求卓越,创造突出的先进个人进行表彰,为全国各行各业的从业者树立典范与标杆。

刘宇辉,现任中国南方航空股份有限公司工程技术分公司机载信息系统专家、正高级工程师。从事航空电子技术与工程实践26年来,他崇尚自主创新精神,致力于机载电子化系统关键技术基础平台研究,以大数据为依托,不断拓宽维修数据裕度,为实现精准维修、进一步降低维修成本、提高企业安全水平和经营效益、促进行业安全运行和创新发展作出了积极贡献。荣获"大国工匠年度人物"候选人、全国五一劳动奖章、广东省"南粤工匠"、国务院国资委"央企楷模""中央企业劳动模范"、民航科技创新拔尖人才等荣誉。

1. 研发"飞机远诊系统",为飞行大数据应用提供"中国方案"

1996年,刘宇辉大学毕业后进入南航工作,在从事航空电子技术与工程的实践中,将飞机维修中的难点作为自己的兴趣点,主攻飞机健康监控诊断与大数据领域科技创新,2002年成功研发"飞机远程诊断与实时跟踪系统",打破了波音、空客等原厂技术垄断,开启了以飞行大数据为驱动的飞机智慧维修关键技术中国方案,填补了国家发明专利空白。"飞机远诊系统"以统一的技术方案,兼容波音、空客、安博威等主流机型机载设备传感数据的多样性,构建了符合中国航空公司运营与维护特性的远程故障诊断平台,使地面工程师"遥诊千里"成为现实,预判了飞行故障累计数万次,前移安全关口,使传统的飞机视情维修转为预见性维修模式,节约了因引进多个原厂系统而产生的费用约10亿元人民币。

2. 分享核心技术,助力国产大飞机高飞远翔

在国产大飞机研制期间,中国商飞技术团队赴南航学习交流,刘宇辉团队承接中国商飞"飞机运行实时监控与监控管理技术系统"项目,将"飞机远诊系统"核心技术无私分享,完成面向飞机设备原理、线路连接、数据结构等自主化嵌入式编程关键技术的价值输出,提交多达40万字的项目专著,为中国商飞的同类系统构建提供重要技术支撑,同期助力孵化10余名商飞工程师,得到了中国商飞的高度认可。

3. 助力国家科技计划编制与中国民航工程技术研究

2017年至今,刘宇辉担任中国民航维修工程技术中心"飞行大数据应用及飞机健康诊断技术研究室"项目组长,负责技术委员会与相关项目审定工作,用智慧和汗水为基于大数据的民机维修智化赋能工程标准化、产业化作出了贡献。先后完成了《民航科技发展"十四

五"规划》智慧民航之机务维修专业专题科技发展规划研究报告中"维修数字化平台"内容编写、《科技部关于开展国家重点研发计划"十四五"重大研发需求征集工作》项目中"飞机传感大数据"相关技术内容编写,同期完成了中国民航《航空承运人运行监控实施指南》中飞机H 级警告定义与方案实施。

4.以创新工作室为平台,让原创科研成果服务中国民航

2017 年 6 月,南航集团公司工会成立以刘宇辉为技术领衔人的高技能人才创新工作室。刘宇辉带领以飞机故障诊断为自主核心技术的科研与工程团队,深度实施相关科技项目研发与成果转化,构建以工业互联网原理为支撑的面向生态化与平台化的飞机传感大数据维修数字化平台,开发嵌入式机载软件,该软件按国际同类产品折算总价值约为 9 600 万元人民币。刘宇辉参与的项目获新型国家发明专利 4 项,软件著作权 39 项,已投产应用生产作业指导 62 项。由于创新成果突出,刘宇辉劳模创新工作室先后被中国民航工会、广东省总工会命名为全国民航、广东省劳模和工匠人才创新工作室。

长期以来,面对全球科技壁垒、国外技术封锁,刘宇辉带领团队在自主创新的"长征路"上一路奔跑,披荆斩棘。新的征程上,以刘宇辉及其团队为代表的中国民航科技工作者将继续坚守初心、牢记使命、挺膺担当,大力弘扬劳模精神、劳动精神、工匠精神,向着更前沿的领域砥砺奋进,为推动中国民航高质量发展、建设质量强国作出新的更大的贡献。

(资料来源:南航职工 e 家 https://gov.sohu.com/a/627897107_121123900)

思 考 题

1.发动机全寿命管理的含义是什么?

2.发动机重要事件主要包括哪些?

3.发动机换发包括哪两种类型? 各自的含义是什么?

4.发动机管理的指标包括哪些?

5.发动机在翼管理包括哪些内容?

6.发动机监控的工作参数包括哪两大类? 每一类又分别包括哪些参数?

7.发动机状态监控的作用是什么?

8.发动机状态监控的含义是什么?

9.发动机性能趋势分析的概念是什么?

10.发动机性能监控的方法有哪两种?

11.发动机滑油耗量趋势监控的作用是什么?

12.发动机振动是如何进行监测的?

13.发动机滑油系统的监控主要包括哪些内容? 其作用是什么?

14.孔探检查的方法是什么? 其作用是什么?

15.发动机时寿件是如何进行管理的?

16.发动机备件预测的作用是什么?

17.发动机送修模式有哪两种方式?各方式的含义是什么?

18.发动机性能衰退的原因是什么?

19.发动机性能衰退可通过什么方法来恢复?

20.发动机外场气路清洗有什么好处?

21.发动机气路清洗有哪两种方法?

22.发动机气路清洗有哪些注意事项?

23.发动机气路清洗通常用什么指标来衡量清洗效果?

24.发动机大修包括哪些内容?

25.发动机大修的目的是什么?

第 10 章　辅助动力装置

10.1　辅助动力装置概述

10.1.1　APU 的功用

辅助动力装置(Auxiliary Power Unit,APU),其核心部分是一台小型的燃气涡轮发动机。APU 安装在飞机机身的尾部,为飞机和发动机提供气源和电源,如图 10 - 1 所示。APU 主要在地面提供气源和电源,在空中提供备用气源和电源,现在的双发动机的飞机要求 APU 在一定的飞行高度也可以提供正常的气源和电源。在地面发动机未起动时,APU 提供的气源和电源可以保证客舱和驾驶舱内的照明和空调,以提供一个舒适的客舱环境。用 APU 起动主发动机时,可以不依靠地面的气源车和电源车。现代的大、中型客机上,APU 是保证发动机空中停车后再起动的主要设备,直接影响飞机的飞行安全。

由于飞行高度会影响发动机功率,因此 APU 在使用时会受到高度限制。例如:B737NG 飞机使用的联信(AlliedSignal)131 - 9(B)型 APU,其发电机在 32 000 ft(9 754 m)高度以下能供应 90 kVA 的电能,在 41 000 ft(12 500 m)高度以下能供应 66 kVA 的电能。在 10 000 ft(3 048 m)高度以下能同时供应电源和气源。在 10 000 ft(3 048 m)至 17 000 ft(5 183 m)之间时可单独供应气源或电源。在 17 000 ft(5 183 m)高度之上只能单独供应电源。在 41 000 ft(12 500 m)高度以下 APU 可起动。

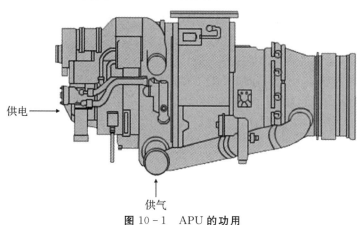

供电

供气

图 10 - 1　APU 的功用

10.1.2　APU 的组成

典型的 APU 主要由功率部分、引气部分、附件齿轮箱部分组成,如图 10-2 所示,APU 的型号不同,在结构上会有些差别。

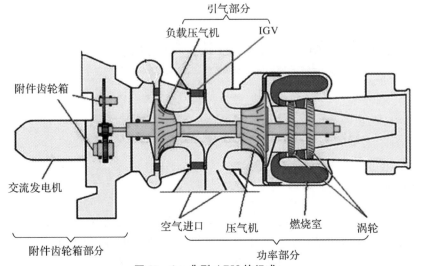

图 10-2　典型 APU 的组成

和所有的燃气涡轮发动机一样,APU 的功率部分,包括压气机、燃烧室和涡轮,其作用是产生动力驱动负载压气机和附件齿轮箱工作。APU 功率部分结构形式的选择主要考虑 APU 的特点和尺寸限制,压气机的主要功用是提供增压空气用于燃烧,主要使用 1 级或者 2 级的离心式压气机,这种压气机性能好、寿命长、尺寸短和不容易被外来物损伤。在早期 APU 上,使用单管燃烧室,但现代 APU 通常使用环形回流式燃烧室,有效减小了 APU 的轴向尺寸。在小型 APU 上使用径向式涡轮,现代 APU 大多使用 2 级或多级的轴流式涡轮。

APU 的引气部分需要为飞机和发动机提供压力为 30~45 psi 的引气。APU 的引气有两种不同的方法,一种是从单独的负载压气机引气(见图 10-2),另一种是从功率部分的压气机引气(见图 10-3)。具有单独负载压气机的 APU 效率高、寿命长,这是因为当飞机不需要引气时,可以断开负载压气机引气,功率部分的工作负荷小,相应的 APU 排气温度低,不容易达到限制值。进入负载压气机的空气流量由可调进口导向叶片(Inlet Guide Vane,IGV)控制,可以根据飞机的需求改变引气量。

APU 的附件齿轮箱上安装有起动机、交流发电机、燃油泵、滑油泵等附件。APU 发电机大多用作飞机的备用电源,大多数 APU 有 1 个交流发电机,非常大的 APU 有 2 个交流发电机,比如空客 A380 的 APU,因为 APU 工作在恒速状态,所以 APU 的发电机不需要恒速驱动装置。APU 是在必要时短时间工作的,一旦主发动机工作后,发电机正常工作,则不需要它供电供气。只有当 APU 达到受控转速时,才允许引气。在地面起动主发动机时,禁止空调供气。

为保证 APU 的正常工作,和主发动机一样,APU 也包括相应的工作系统,主要包括以下子系统:APU 燃油系统、APU 起动点火系统、APU 引气系统、APU 控制、APU 指示系统、APU 排气系统和 APU 滑油系统等。

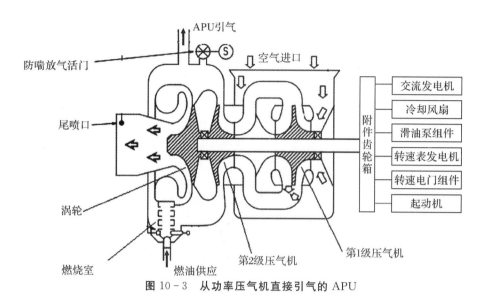

图 10-3　从功率压气机直接引气的 APU

10.1.3　APU 的结构

APU 通常安装在飞机机身后部的尾锥结构内。APU 及其部件安装在设备舱、APU 舱和消音器舱内,如图 10-4 所示。APU 的部件如进气作动筒、灭火瓶、燃油供油管和引气导管位于设备舱。APU 本体位于 APU 舱,APU 舱内的防火墙用于防止高温火焰对机身的影响。APU 的排气管、排气消音器、热屏蔽和密封环位于消音器舱,排气消音器用于降低排气噪声,热屏蔽用于保护周围的区域和设备,抵御排气引起的热传递。

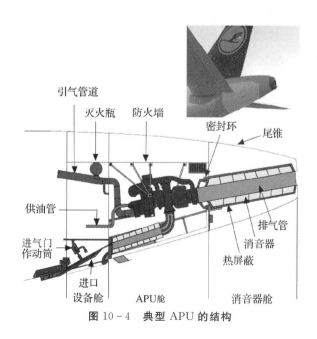

图 10-4　典型 APU 的结构

APU的排气有两种不同类型:一种是使用排气消音器密封环阻止任何排气漏进APU舱,密封环也防止空气进入APU舱引起着火,如图10-4所示;另一种形式是空气冷却系统,由两个管道组成,排气由排气管排出的同时,起到引射作用,周围的空气被引射进入排气消音器和热屏蔽之间的环形通道,起到冷却消音器舱的作用,如图10-5所示。

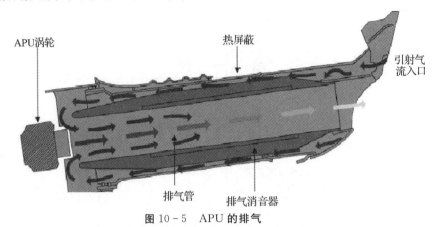

图 10-5 APU 的排气

在后机身底部的APU检查门,用于接近APU进行勤务和维护工作。通常大飞机有一个双开的大检查门,比如A380飞机,小飞机有一个单开的检查门,如图10-6所示。打开检查门上的所有锁扣后,APU检查门由于自身重力打开并很容易推到全开位,安装在检查门内侧的撑杆可以将检查门固定在最大打开位,连接到机身铰链上的快卸销用于迅速拆装检查门。

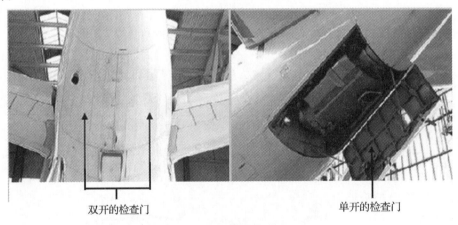

图 10-6 APU 检查门

10.1.4 APU 的安装

APU通常由3个安装节连接到机身结构,如图10-7所示。其中1个固定,用来保证强度和稳定性;另外2个允许热膨胀下的有限移动。安装节内部有减振组件,将APU振动与飞机结构隔离。

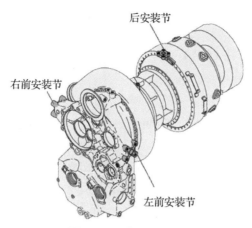

图 10 - 7　**典型 APU 安装节**

APU 需要大修时,需要将 APU 从飞机上拆下,有两种方法:

第一种方法拆卸步骤如下:首先,将起吊设备连接到 APU 舱顶部和侧墙支架上;其次,把起吊设备的钢缆固定到 APU 上,从飞机上断开所有 APU 接头,松开锥形螺栓螺母,将 APU 慢慢放到地面的 APU 台架上,如图 10 - 8 所示。

第二种方法是使用液压升降车、一个转换器和一个维护平台。将维护平台连接到液压升降车上,再将转换器连接到维护平台上,升起液压升降车,将转换器与 APU 连接起来,从飞机上断开所有 APU 接头,松开锥形螺栓螺母,降下液压升降车,即完成了将 APU 从飞机上拆下的工作。

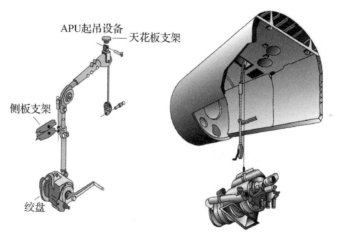

图 10 - 8　**APU 的拆卸**

10.2　APU 进气系统

APU 进气系统的主要部件是空气进气门、进气门作动筒和进气道,如图 10 - 9 所示。波音飞机的 APU 进气门和进气管道位于飞机尾部机身的右侧,空客飞机的 APU 进气门位于飞机尾部的下面,如图 10 - 10 所示。

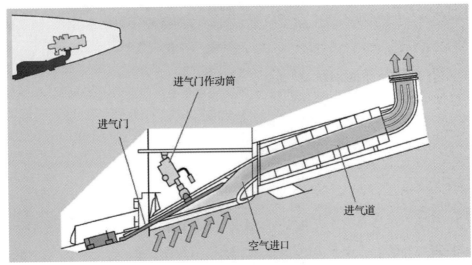

图 10-9　APU 进气系统

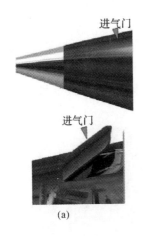

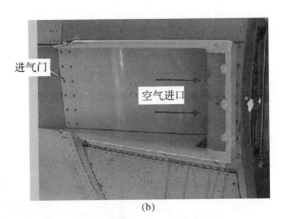

(a) (b)

图 10-10　APU 进气门

(a)波音飞机;(b)空客飞机

APU 工作时,进气门打开为 APU 供应空气,当 APU 停止工作时进气门关闭。其工作原理是:当 APU 电门放到"ON"位或"START"位时,APU 燃油关断活门打开,然后进气门打开。当 APU 停车时,不管是人工操作停车还是自动保护停车,进气门关闭。

进气门的设计应能防止外来物进入 APU 并减少飞行时的空气阻力。进气门作动筒打开或关闭 APU 进气门,APU 进气门的位置由位置电门监视,确保 APU 只能在进气门打开时运行。随着进气门的打开或关闭,位于进气门前部的调节片通过一个推拉钢索偏转,其作用是增加进入进气道的冲压空气,防止进气道的气流扰动,阻断沿着机身蒙皮流动的液体进入进气道,避免发生火灾。

APU 进气道由进口端部、管道和空气进口弯管组成,APU 进气道是一个扩散通道,引导空气进入 APU 并增加空气的静压,空气进口弯管内的进口导流叶片有助于改善空气的流动,进气道和飞机结构间的弹性密封能确保气流平滑地进入进气道,也用作防火密封。

10.3　APU 燃油系统

APU 燃油系统包括从飞机油箱到 APU 燃油控制组件的低压燃油系统和从燃油控制组件到燃油喷嘴的高压燃油系统。

APU 低压燃油系统的功能是将燃油从飞机油箱输送到 APU 燃油控制组件,通常左主油箱为 APU 供应燃油,其他油箱通过燃油交输活门也可以为 APU 供应燃油。典型的 APU 低压燃油系统的主要部件包括 APU 燃油增压泵、燃油关断活门、供油管路和压力电门,如图 10-11 所示。

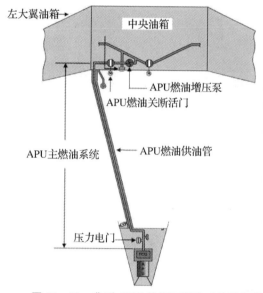

左大翼油箱　中央油箱　APU燃油增压泵　APU燃油关断活门　APU主燃油系统　APU燃油供油管　压力电门

图 10-11　典型 APU 的低压燃油系统及部件

APU 低压燃油系统有一个 APU 燃油增压泵,位于中央油箱的后墙上或者在左侧内主油箱的后梁上,其内部有一个单向活门,保证在拆卸燃油增压泵时油箱内的燃油不会泄漏。燃油增压泵是否工作取决于油箱增压泵是否工作和飞机的种类。APU 燃油增压泵不工作时,油箱增压泵供应燃油不经过 APU 燃油增压泵而直接流到 APU 高压燃油泵。当 APU 燃油增压泵和油箱燃油增压泵都不工作时,通常 APU 附件齿轮箱上安装的高压燃油泵可以将主油箱的燃油抽吸到 APU。

APU 燃油增压泵是电动离心泵,波音飞机通常使用直流电动泵,由单独的 APU 电瓶或由正常的飞机电瓶经电瓶电门供电,如图 10-12 所示;空客飞机通常使用交流电动泵,由电瓶经静变流机供电,如图 10-13 所示。

APU 燃油关断活门通常位于 APU 燃油增压泵的附近,受 APU 控制组件的控制,连通或关断飞机油箱到 APU 的供油管路。通常 APU 燃油关断活门在下述条件同时满足时打开:

(1)APU 控制电门在"START"或"ON"位。

（2）APU 灭火手柄在"NORMAL"位。

（3）APU 火警探测器没有火警信号。

（4）APU 没有任何超限信号。

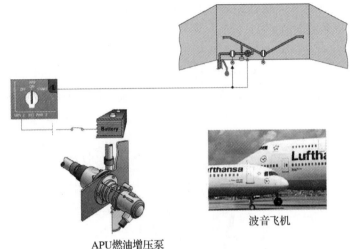

APU燃油增压泵

图 10 - 12　APU 燃油增压泵供电（直流）

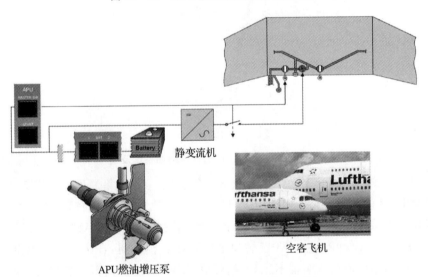

APU燃油增压泵

图 10 - 13　APU 燃油增压泵供电（交流）

　　APU 燃油供油管起始于中央油箱的上壁并沿着主轮舱的舱顶，通过主轮舱后部的密封隔框，沿着机身左侧壁板，在后货舱的侧壁夹层内向后延伸，再穿过后密封隔框并沿着机身左侧的内侧壁进入 APU 舱。由于该供油管较长，一旦出现破裂燃油就会泄漏到飞机内部，将造成极大危险，因此 APU 供油管外安装有密闭套管。当出现漏油时，燃油被限制在套管内，并可经由飞机中部机腹下的排放口排出机外。在地面维护时，需打开排放管上的排放龙头，以检查是否有燃油排出。若有燃油排出，说明 APU 供油管漏油，必须马上维修。典型的 APU 供油管漏油排放口如图 10 - 14 所示。

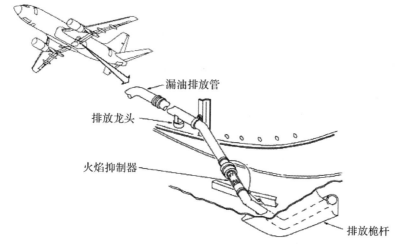

图 10 - 14　典型的 APU 供油管漏油排放口

位于 APU 低压燃油系统出口的压力电门监测从主油箱供应到 APU 的燃油压力,当燃油压力低于设定值时,在驾驶舱的 APU 系统页面上将显示低压警告。

APU 高压燃油系统(见图 10 - 15)与主发动机的高压燃油系统是一样的,为燃烧室供应增压的、经计量的燃油,并且提供压力燃油作动进口导流叶片和防喘控制活门。

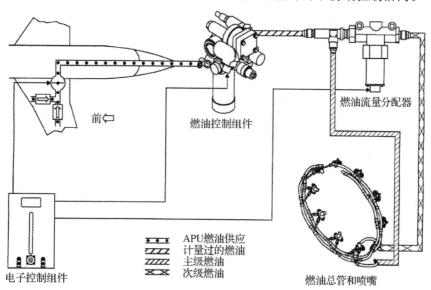

图 10 - 15　典型 APU 的高压燃油系统

APU 高压燃油系统主要包括燃油控制组件(Fuel Control Unit,FCU)、燃油流量分配器、主燃油总管、副燃油总管、燃油喷嘴等。

FCU 包含燃油滤、高压燃油泵、释压活门、压差调节器、电液伺服计量活门、燃油温度传感器等,用来增压、清洁、计量燃油。电子控制组件(Electronic Control Unit,ECU)依据 APU 转速、APU 排气温度、进气压力、进气温度、燃油温度等参数,为 APU 起动和工作计算正确的燃油流量。ECU 给 FCU 提供燃油流量的命令信号,FCU 将正确的燃油流量供到燃油流量分配器,并且给进气导向叶片和防喘控制活门作动筒供应伺服燃油。

燃油流量分配器将燃油导入主、副燃油总管,流量分配器电磁活门控制燃油是否能进入副燃油总管。流量分配器电磁活门的电磁线圈由 ECU 控制,当电磁线圈通电时,活门关闭,燃油不能进入副燃油总管,此时只有主燃油总管供油。电磁线圈通电的条件是 APU 起动过程中,转速低于 30%,或者飞行高度大于 25 000 ft。

主、副燃油总管将燃油供给燃油喷嘴,燃油喷嘴是双路离心喷嘴,将计量好的燃油喷入 APU 燃烧室。

10.4 APU 空气系统

典型的 APU 空气系统如图 10-16 所示,其主要作用有提供引气到飞机气源系统,控制 APU 负载压气机工作,冷却 APU 附件和 APU 舱。

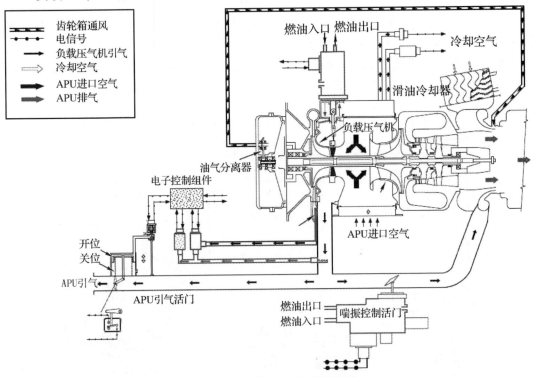

图 10-16 典型的 APU 空气系统

引气部分包括负载压气机、进口导向叶片、引气活门、喘振控制活门等附件,主要有以下作用:

(1)通过 APU 引气活门控制 APU 引气通断。

(2)通过负载压气机进口导向叶片控制引气空气量,既满足了飞机气源系统用气需求,又保护了 APU 不会超负荷运行。

(3)通过喘振控制活门防止负载压气机喘振。

10.4.1　APU 引气供应

APU 引气系统给飞机的主发动机起动、空调和气动增压操作供应具有一定温度和一定压力的空气。

APU 引气活门如图 10-17 所示，通常是电磁线圈控制、气动操作的，用于控制 APU 是否引气。APU 控制组件控制电磁线圈通电，活门作动器使用负载压气机输出的压力空气打开活门。

打开引气活门有 3 个条件：APU 引气电门在"ON"位，APU 起动完成（转速 95% 以上），飞行高度未超出限定。

当需要关断 APU 引气时，将 APU 引气电门放到"OFF"位，APU 控制组件使 APU 引气活门的电磁线圈断电，APU 引气活门关闭。

如果没有关断 APU 引气，直接将 APU 主电门放到"OFF"位，操作 APU 停车。此时，APU 引气活门自动关闭，APU 控制组件内的延时器起作用，APU 在冷车一段时间后停车。

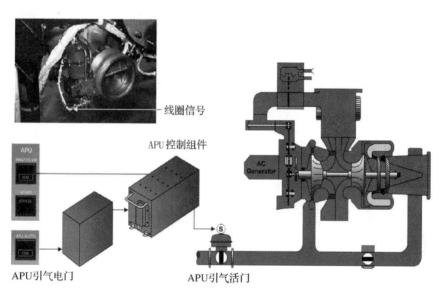

图 10-17　APU 引气系统介绍

10.4.2　负载压气机控制

许多新型的 APU 有独立的负载压气机系统，当飞机不需要 APU 引气时，可以断开负载压气机引气，可调进口导向叶片 IGV 关闭，空气不能进入负载压气机，APU 引气断开，功率发动机部分的工作负荷小，相应的 APU 排气温度低，降低了燃油消耗，延长了 APU 的使用寿命。

负载压气机控制系统的主要部件包括可调进口导向叶片 IGV、带有机械传动组件的

IGV 作动筒和 APU 控制组件,如图 10-18 所示。APU 控制组件计算需要的 IGV 开度,输出指令信号到电液伺服活门的力矩马达,伺服活门控制压力燃油驱动 IGV 作动筒,使 IGV 到正确的位置,控制进入负载压气机的空气量。IGV 作动筒里的 LVDT 将 IGV 实际位置反馈至 APU 控制组件。

APU 控制组件依据飞机的引气要求、APU 排气温度、环境空气状况等参数,来选择进口导向叶片的位置,以控制引气流量。IGV 工作情况如下:

(1)APU 不工作,IGV 处于关闭位置。

(2)APU 起动期间,IGV 处于关闭位置。当 APU 到达 100%转速时,IGV 控制系统进入待命状态。

(3)当 APU 引气电门置于"ON"位时,IGV 移到部分打开位,并根据气源系统对空气量的需求进一步调节 IGV 开度。

(4)利用 APU 引气起动主发动机时,IGV 处于全开位。

(5)若 APU 排气温度过高时,IGV 开度将关小,减少引气流量,以减轻 APU 负荷。

(6)当 APU 进气密度减小时,IGV 开度将适当开大。

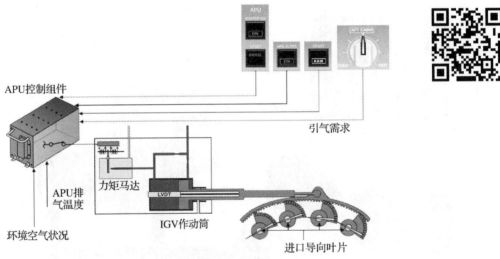

图 10-18　进口导向叶片的控制

10.4.3　APU 负载压气机防喘控制

当引气负载和外界空气环境参数变化时,APU 负载压气机可能发生喘振现象,防止压气机喘振的有效方法是及时放出堵塞在压气机出口的空气,卸掉压气机负荷。

喘振保护系统感受负载压气机引气管道中空气流量的变化,当气流流量不正常减少或停止时,则打开喘振控制活门(Surge Control Valve,SCV),卸掉压气机负荷,防止或解除压气机喘振,如图 10-19 所示。

位于负载压气机出口管路上的空气流量传感器将 APU 引气流量信号转换成电信号,送到 APU 控制组件。APU 控制组件还依据 IGV 开度位置、APU 进气温度、引气方式、飞机空地状态等信息计算负载压气机的喘振边界点。喘振边界点是给定条件下负载压气机不喘振时流过的最小空气流量。当流量传感器探测的实际空气流量低于喘振边界点时,说明负载压气机出现喘振。APU 控制组件控制喘振控制活门打开,将负载压气机出口的压缩空气直接引入 APU 排气管释放,卸掉负载压气机的负荷,使负载压气机脱离喘振状态。

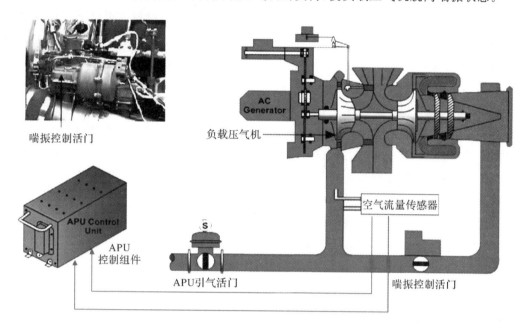

图 10 - 19　有负载压气机的 APU 喘振控制系统

喘振控制活门的控制方式为:APU 控制组件判定负载压气机处于喘振状态时,输出指令信号到喘振控制活门作动筒的电液伺服活门力矩马达,伺服活门输送压力燃油到作动筒,驱动喘振控制活门打开,使负载压气机出口的压缩空气通过喘振控制活门排放至 APU 排气管道。作动筒里的 LVDT 将喘振控制活门的实际位置反馈至 APU 控制组件。喘振控制活门的开关控制逻辑如下:

当 APU 停车时,喘振控制活门打开。

当 APU 起动时,喘振控制活门打开。

APU 工作期间,若 APU 引气电门在"OFF"位,喘振控制活门打开;当 APU 引气电门放到"ON"位,喘振控制活门关闭。

在使用 APU 引气期间,若负载压气机正常工作,则喘振控制活门保持关闭;若 APU 控制组件判定负载压气机喘振,则喘振控制活门打开。

10.4.4　直接从功率压气机引气的 APU 空气系统

有些 APU 没有专门用于引气的负载压气机,其向飞机气源系统供气是直接从功率压气机引出的。一种直接从功率压气机引气的 APU 空气系统如图 10 - 20 所示。

APU 引气活门是一个电控气动活门,由驾驶舱 P5 板上的 APU 引气电门控制。当

APU 转速达到 95% 以上时，APU 引气电门放到"ON"位，引气活门打开，APU 第二级压气机后的压缩空气将经过引气活门供应到飞机气源系统。在引气活门打开过程中，一个可调的速率控制活门限制其打开速度，通常完全打开引气活门需要 12～14 s。使引气活门缓慢打开的目的是，避免 APU 发动机负载突然上升造成危险。

如果 APU 负载过大，造成 EGT 过高，一个电子式温度控制器将使得比例控制活门打开，减小引气活门作动器"打开"腔的压力，使引气活门开度减小，甚至关闭。当 APU 负载下降，燃油供应量减少，EGT 降低之后，电子式温度控制器关闭比例控制活门，引气活门将回到正常开度。

在第二级压气机出口安装有一个防喘放气活门，活门打开可以将多余的压缩空气放至机外，减轻压气机负担，防止压气机喘振（这是由于压气机的设计空气流量是包括引气部分的，如果 APU 没有向飞机供气，压气机出口的空气流量就会超出燃烧室的需要量）。其工作原理是：当飞机在"地面"时，防喘放气活门始终关闭；当飞机在"空中"时，若引气活门关闭，防喘放气活门打开，若引气活门打开，防喘放气活门关闭。

在 APU 起动过程中，转速低于 95% 时，一个三通恒温选择活门将比例控制活门连接到加速限制器控制气路，相当于通过比例控制活门给压气机放气，起防喘作用。当转速达到 95% 以后，三通恒温选择活门将比例控制活门连接到引气活门，用于 EGT 控制。

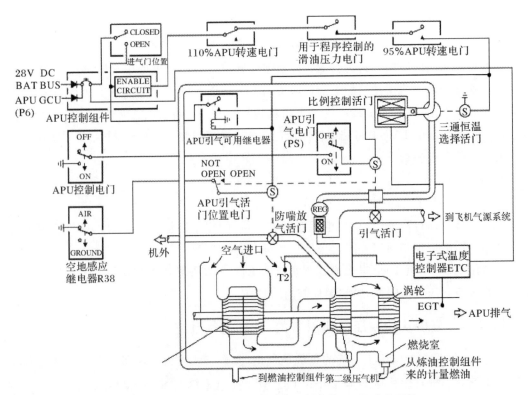

图 10 - 20　一种直接从功率压气机引气的 APU 空气系统

10.4.5　APU 冷却系统

APU 冷却系统向 APU、APU 舱、滑油冷却器、交流发电机供应冷却空气。APU 冷却原理是利用持续、足量的空气流动,对 APU 舱进行通风,对发热附件进行冷却。典型 APU 冷却系统的主要部件包括冷却空气关断活门、冷却风扇、冷却空气分配管和排气管,如图 10－21所示。

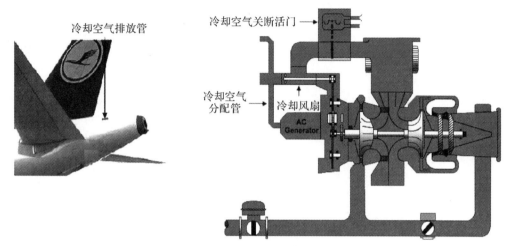

图 10-21　典型 APU 冷却系统的主要部件

冷却空气关断活门由来自 APU 功率压气机的引气压力气动操作。在 APU 起动期间,当功率压气机压力足够时,活门打开。当 APU 停车时,作动压力降低,活门关闭。冷却风扇由附件齿轮箱机械传动,供应持续、足量的冷却空气。冷却空气在经过相关附件带走热量后,通过 APU 舱后部的排放口排到尾锥外面,持续流通的冷却空气对 APU 舱起到通风作用。

10.5　APU 滑油系统

APU 滑油系统功能和主要部件与燃气涡轮发动机的滑油系统基本相同,但为了改善 APU 的起动过程,大多数 APU 中有一个除滑油活门。在正常的飞行中,APU 是不工作的,APU 的滑油温度很低,滑油黏度很大。当 APU 需要在空中起动时,滑油流动的摩擦力很大,必然增加起动机的起动功率,因此在齿轮箱高于滑油表面的位置设置一个除滑油活门。在 APU 起动的初始阶段,APU 控制组件打开除滑油活门,滑油泵从齿轮箱吸入空气,空气与滑油混合,可稀释滑油,减小滑油系统内的摩擦力。当 APU 达到起动机脱开转速时,APU 控制组件关闭除滑油活门。如果 APU 达到 100% 转速后,除滑油活门仍未关闭,则滑油压力将低于设定值,APU 控制组件控制 APU 自动停车。在 APU 停车过程中,APU 控制组件再次打开除滑油活门,排空供应管道和回油管道中的滑油,并且减少滑油喷嘴上的积炭。

典型的 APU 滑油系统如图 10-22 所示,用于润滑和冷却 APU 的轴承和齿轮箱。

APU 滑油系统的主要部件包括滑油箱、供油泵、滑油滤、供油管道、滑油喷嘴、回油泵、滑油冷却器和回油管道。其作用包括供油、回油、通气。

1.供油

滑油箱内的滑油经供油管路,由供压泵增压后供到压力管路,经过滑油滤过滤后的清洁滑油,对 APU 的轴承和齿轮箱进行润滑冷却。

2.回油

从 APU 轴承腔和齿轮箱收集的滑油,经回油管路、回油泵、滑油冷却器返回滑油箱。

3.通气

APU 滑油系统通气较为简单,轴承腔通过管道和滑油箱顶部相连,然后通过通气管连到 APU 排气管,进行系统通气。

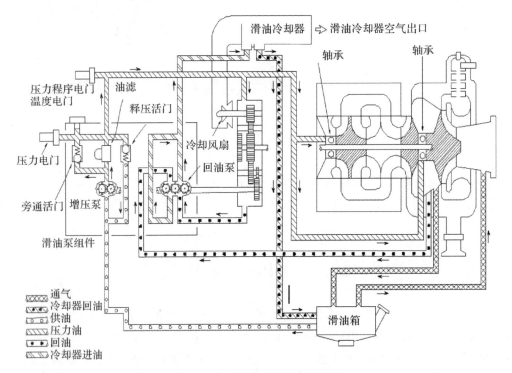

图 10-22　典型 APU 的滑油系统

大多数现代 APU 发电机也使用来自滑油系统的滑油冷却,具有独立的回油系统,如图 10-23 所示。其回油系统的部件包括回油泵、回油滤和回油管道。安装在 APU 发电机上的滑油温度传感器监测发电机的滑油温度,如果滑油温度过高,那么 APU 控制组件控制 APU 自动停车。回油滤内设有压差电门和旁通活门,当压差电门指示回油滤堵塞后应及时更换或清洗油滤,否则随着回油滤的逐渐堵塞,旁通活门打开,回油经过旁通活门旁通油滤直接回油,将污染滑油箱并造成增压泵损坏。

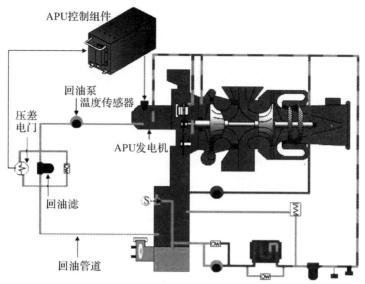

图 10 - 23　滑油冷却的交流发电机

10.6　APU 起动和点火系统

10.6.1　APU 起动系统

典型 APU 起动系统的主要部件包括 APU 控制电门、APU 控制组件、APU 起动机、APU 起动继电器、飞机电瓶、传递电瓶电源到 APU 起动马达的导线,如图 10 - 24 所示。

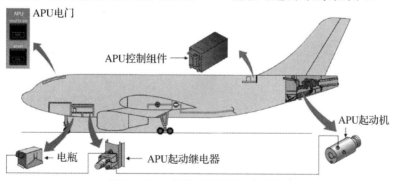

图 10 - 24　典型 APU 的起动系统

起动控制电门位于驾驶舱,用于 APU 的起动准备、起动和关车。控制组件通常位于飞机的尾部,接受来自控制电门的起动信号并闭合继电器。起动继电器通常安装在飞机的电子设备舱内,控制飞机电瓶与起动机马达间导线的通断。起动机位于 APU 附件齿轮箱上,提供 APU 的起动动力。

起动机通常有电动起动机、起动-发电机和空气涡轮起动机等。大多数 APU 使用直流电动起动机,电动起动机通常由飞机电瓶、独立的 APU 起动机电瓶或地面直流电源供电。起动机必须受到起动机工作时间、冷却时间和循环次数的限制,确保起动机不会过应力和过热。

典型的 APU 起动机主要组成部件是直流马达和起动机离合器。起动机离合器连接起动机传动轴到 APU 齿轮箱传动齿轮。小型 APU 通常使用安装在齿轮箱内的楔块式离合器,而大型 APU 通常使用与发动机的起动机相同的棘轮型离合器,其结构位于起动机马达内。起动机马达开始运转时离合器啮合,当 APU 到达设定转速时离合器自动脱开啮合。

10.6.2　APU 点火系统

典型 APU 点火系统的主要部件包括 APU 控制组件、点火激励器、点火导线和点火电嘴,如图 10 - 25 所示。直流电瓶供直流电给点火激励器,转换成高压电供给点火电嘴。

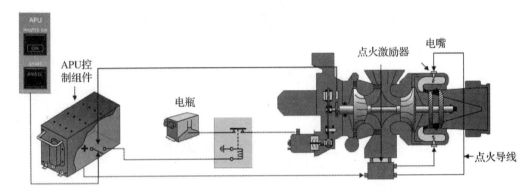

图 10 - 25　典型 APU 的点火系统

10.7　APU 的指示和控制

10.7.1　APU 的指示

APU 指示系统监控 APU 发动机的工作状况。

对于波音飞机,以 B737 - 300 飞机为例,APU 指示系统包括排气温度指示器、维护灯、低滑油压力警告灯、故障灯、超速警告灯,如图 10 - 26 所示。排气温度指示器和 4 个指示灯位于驾驶舱 P5 板。

APU 发动机排气温度指示器用于监控发动机排气温度。热电偶感受 APU 发动机的排气温度,并将温度显示在 P5 前板上的排气温度指示器上。

维护灯为蓝色,当滑油量过低时,维护灯亮。

低滑油压力警告灯为琥珀色,当 APU 达到工作转速,滑油压力过低时,低滑油压力警告灯亮,APU 自动停车。

故障灯为琥珀色,当 APU 达到工作转速,滑油温度过高时,故障灯亮,APU 自动停车。

超速警告灯为琥珀色,当 APU 转速达到 110% 时,超速警告灯亮,APU 自动停车。

1 个计时器安装在 APU 滑油冷却器壳体上,用于记录 APU 累计工作总时间。

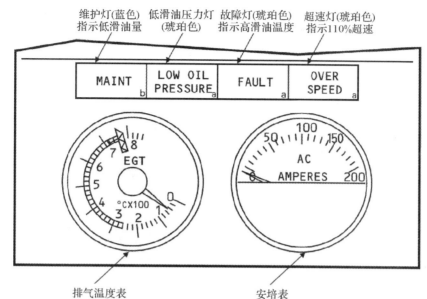

图 10-26 B737-300 飞机 APU 的指示系统

对于空客飞机,以 A320 飞机为例,APU 页面主要显示如下信息:APU 发动机的转速,APU 的排气温度,APU 进气门的状态等,如图 10-27 所示。当 APU 的工作转速达到 100%时,APU 处于可用状态,可以向飞机提供电源或气源。

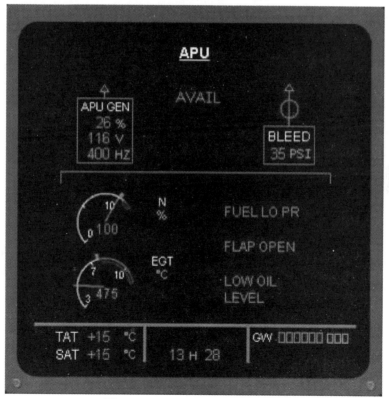

图 10-27 A320 飞机 APU 的指示

10.7.2　APU 的控制

APU 的起动电门位于驾驶舱:对于波音飞机,是一个扳钮式电门,有 OFF、ON、START 三个位置;对于空客飞机,是按键式电门,有主电门(MASTER SW)和起动电门(START)两个电门,如图 10 - 28 所示。

波音飞机　　　　　　　　　空客飞机

图 10 - 28　APU 的起动电门

起动 APU 只能在驾驶舱进行,但 APU 的停车操作可以在驾驶舱进行,也可以在地面进行。驾驶舱的紧急停车开关多为 APU 灭火手柄,飞机外部的紧急停车开关在地面人员容易接近的地方,如前起落架,主轮舱,或加油勤务面板,对于不同机型,紧急停车开关的位置不同。A380 的控制开关分布如图 10 - 29 所示。

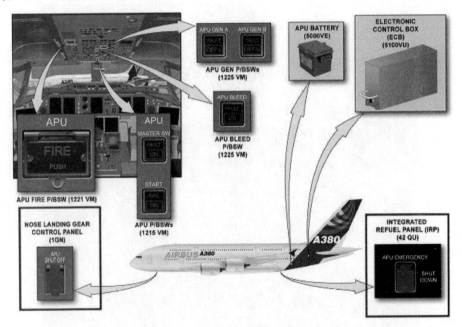

图 10 - 29　A380 的控制开关分布

APU 控制组件控制 APU 的所有工作状态。新型 APU 的控制组件采用电子控制组件 ECU 或电子控制盒(Electronic Control Box,ECB)(见图 10 - 29),可从控制显示组件查找相关数据,进行自测试。

APU 的作用主要是为飞机提供气源和电源,因此 APU 的控制,和发动机相比,是相对简单的恒速控制。APU 控制组件采用三种运行方式来控制 APU:

(1)起动方式,从 APU 开始起动直到 APU 达到 100% 的转速。

(2)恒速工作方式,在工作负荷变化时,保持转速恒定工作。

(3)停车方式,监视和控制 APU 停车。

10.7.3　APU 的起动和停车

1. APU 的起动

任何类型的 APU 起动程序都是相似的,下面以 B737 飞机 APU 的起动为例进行介绍。

在起动 APU 之前,必须按照起动检查表来进行安全检查。将电瓶电门扳到"ON"位,使电瓶向飞机电网供电。将 APU 电门拨到"START"位置,保持 2 s 后释放,开关自动弹到"ON"位。这将给 APU 控制组件发送一个起动 APU 的指令信号。APU 控制组件打开 APU 燃油关断活门和 APU 进气门。APU 控制组件还使"滑油压力低"警告灯点亮。当进气门完全打开,位置电门闭合,发送一个门已完全打开的信号给 APU 控制组件,起动机接通电源开始带动 APU 转子加速。

大约在 10% 转速时,点火并供应燃油;大约在 37% 转速时,"滑油压力低"警告灯灭;大约在 50% 转速时,点火装置停止工作、APU 起动机脱开;大约在 95% 转速时,使 APU 正常运行的所有控制和保护电路都已经准备就绪,APU 可以提供气源和电源。

APU 控制组件控制 APU 的起动程序,如图 10-30 所示,以上转速值是典型的切换点,不同型号的 APU 稍有不同。

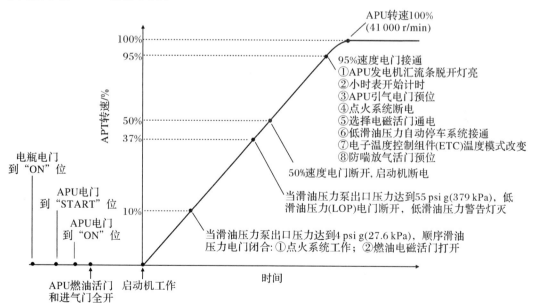

图 10-30　B737 飞机 APU 的起动顺序

2.恒速控制

在 APU 达到 100% 转速后,APU 控制组件控制 APU 在排气温度不超限的前提下保持转速恒定。为达到恒速控制的目的,APU 控制组件比较设定转速和来自转速传感器的实际转速信号,然后改变力矩马达的信号,来改变计量燃油流量。

在 APU 正常运行期间,APU 引气负载、电负载、空气进气温度和空气进气压力的变化都会使 APU 的转速发生变化。引气负载和电负载的增加,都有使 APU 转速减小的趋势,APU 控制组件会增加计量燃油来保持转速恒定,但会相应地升高排气温度。空气进气温度过高将使排气温度超限,空气进气压力的变化将改变空气密度,因此,APU 控制组件需要根据空气进气温度和空气进气压力的信号来控制和优化计量燃油。

3.APU 的停车

APU 有 3 种不同的停车方式:正常停车、自动停车和紧急停车。

正常停车是指当 APU 工作结束后,将 APU 引气电门置于"OFF"位,在驾驶舱按下空客飞机上的 APU 主电门或将波音飞机上的 APU 电门置于"OFF"位,APU 停车。如果维修人员直接关断 APU,则 APU 控制组件自动关断引气和电气负载,继续运转一段时间后关断燃油供应,APU 在正常冷却后停车。正常冷却所需要的时间(0~120 s 之间)可以由维修人员设定。

自动停车是指当 APU 工作时,主要工作参数超限或者重要部件故障,APU 控制组件控制 APU 不经冷却而立即停车。触发自动停车的主要运行极限包括 APU 排气温度过高、APU 转速过高、滑油压力过低、滑油温度过高、压气机喘振等。当 APU 自动停车后,维修人员应在驾驶舱按下空客飞机上的 APU 主电门或将波音飞机上的 APU 电门置于"OFF"位,并查找 APU 自动停车的原因,进行排故。

当 APU 出现火警时,维修人员在驾驶舱提起灭火手柄或在地面操作紧急停车电门(或手柄),APU 不经冷却立即停车。

10.7.4 典型 APU 的常见维护及安全注意事项

在 APU 起动过程中,应注意以下事项。

(1)维护人员不要进入 APU 进气排气区域以免发生危险,这些区域包括 APU 进气口周围、APU 尾喷口后方、APU 空气滑油冷却器气流出口。

(2)不要在机库内起动 APU,密闭空间内的高温有害燃气可能对人员造成伤害。

(3)打开 APU 舱门进行试车,可能会导致 APU 灭火瓶中的灭火剂不足以扑灭可能发生的火灾。

(4)在飞机加、放油过程中,不要起动 APU,否则可能造成人员与设备伤害。

(5)APU 的起动机连续起动有时间和次数限制,通常要求连续起动不超过 3 次,连续第 3 次起动后再次起动需间隔 1 h,短时间内多次连续起动 APU 可能导致起动机过热失效。

(6)起动 APU 前,请参考相关机型维护手册做好安全预防措施,以避免对人员和设备造成伤害。

▶拓展阅读

WS-15

1. 概述

WS-15 全称是涡扇 15 "峨眉" 涡扇发动机 (见图 10-31),是为我国第五代战斗机而研制的小涵道比推力矢量涡扇发动机,主要用于双发隐身战斗机歼-20。由 606 所、624 所、614 所、410 厂、430 厂和 113 厂等单位专家组织研制,在 2006 年 5 月首次台架运转试车成功。

图 10-31　WS-15 发动机

2. 基本介绍

(1) 进气口。进气口采用全钛结构环形进气机匣,带 18 个可变弯度的进口导流叶片,其前部为径向支板,后部为可调部分,前缘则以来自高压压气机的空气防冰。

(2) 风扇。风扇采用 3 级轴流式宽弦实心钛合金风扇叶片,第 1 级风扇叶片采用宽弦设计,风扇叶片可拆换,带有中间凸台。第 2 和第 3 级风扇为用线性摩擦焊技术焊接成的整体叶盘结构。风扇机匣是整环结构,风扇转子做成可拆卸的,即第 2 级盘前、后均带鼓环,分别与第 1、3 级盘连接。增压比约为 4.01。3 级静子和转子均为三维流设计。

(3) 高压压气机。高压压气机采用 6 级轴流设计。前 3 级转子为整体叶盘结构,是在锻坯上用电化学加工出来的。后 3 级转子叶片通过燕尾形榫头与盘连接。前 3 级定子叶片材料为钛合金。转子为电子束焊和螺栓连接的混合结构,采用三维流技术设计。定子部分进口导流叶片和第 1、2 级静子叶片为可调的,前 3 级盘用高温钛合金制成,第 2 级盘前、后均带鼓环,分别与第 1、3 级盘连接。第 4～6 级盘由镍基高温合金粉末冶金制成,用电子束焊焊为一体,用长螺栓前与第 3 级盘连在一起。钛合金整体中介机匣和对开的压气机机匣,设有孔探仪窥孔,用以观察转子和其他部件。

(4)燃烧室。燃烧室采用短环燃烧室,火焰筒采用激光打孔的多孔结构进行冷却,火焰筒为整体双层浮壁结构,外层为整体环形壳体,采用双通路喷嘴,燃油经 22 个双锥喷嘴和 22 个小涡流杯喷出并雾化,实现无烟燃烧,具有均匀的出口温度场。

(5)高压涡轮。高压涡轮采用单级轴流式,采用国内第三代单晶涡轮叶片材料、隔热涂层和先进冷却结构。单级轴流式,不带冠,采用气膜冷却加冲击冷却方式。转子叶片和导向器叶片材料均为国内第三代单晶材料,叶身上有物理气相沉积的隔热涂层。机匣内衬扇形段通过冷却空气进行叶尖间隙控制。转子叶片和导向器可单独更换。涡轮部件采用单元体结构设计,由涡轮转子、导向器、涡轮机匣、涡轮后机匣和轴承机匣等五个组件组成。

(6)低压涡轮。低压涡轮采用单级轴流式,与高压转子对转,空心气冷转子叶片,带冠。转子叶片均可单独更换,导向器叶片可分段更换。仍然采用低压涡轮导向器。低压涡轮轮盘中心开有大孔,以便安装高压转子的后轴承。

(7)加力燃烧室。加力燃烧室采用整体式,采用径向火焰稳定器,火焰稳定器由 1 圈 "V"形中心火焰稳定器与 36 根径向稳定器组成。径向稳定器用风扇空气冷却,加力筒体采用阻燃钛合金以减轻质量,筒体内有隔热套筒,两者间的缝隙中流过外涵空气对筒体进行冷却,中心环形火焰稳定器沿圆周做成 12 段,可以自由膨胀,整套火焰稳定器可以在发动机安装在飞机上的情况下进行更换。

(8)尾喷管。尾喷管采用全程可调收敛、扩张三元矢量喷管——在俯仰方向可作 ±10° 偏转。从 +10° 到 −10° 的行程中只需 1.5 s,用于调整飞机俯仰飞行姿态,其上安装有先进的陶瓷基复合材料的尾喷管调节片。

(9)控制系统。控制系统的推力和矢量由双余度全权限数字电子控制系统控制,按风扇转速和核心机压比调节发动机工作,有故障隔离功能。

按照飞机任务要求,涡扇 15 在循环参数选择上采用较高的涡轮进口温度、中等总增压比和比较低的涵道比。采用的新技术主要有损伤容限和高效率的宽弦叶片、三维黏性叶轮机设计方法、整体叶盘结构的风扇和压气机、单晶气冷涡轮叶片、粉末冶金涡轮盘、刷式封严、树脂基复合材料外涵机匣、整体加力燃烧室设计、陶瓷基复合材料喷管调节片、三元矢量喷管和具有故障诊断和状态监控能力的双余度全权数字电子控制系统。

3. 意义

涡扇-15 的量产,标志着我国小涵道比大推力发动机经过多年苦心钻研,终于完全成熟。包括其核心机技术、涡轮叶片制造技术、发动机的材料技术、涡轮盘技术等核心技术,不仅拥有了自主产权,在材料方面也基本实现了国产化。

涡扇-15 发动机对全面提高歼-20 的作战效能意义重大,目前歼-20 装备的还是涡扇-10 发动机,涡扇-10 只能算是上一代发动机的成熟产品,对于歼-20 来说,要实现稳定的超声速巡航以及超机动飞行,涡扇-10 尚不成熟,而涡扇-15 可以弥补这个短板。

涡扇-15 的产量足以振奋人心,不仅标志着中国在高端发动机领域取得了重大突破,为中国的航空工业和军事实力提升作出了重要贡献,更是向世界展示了中国航空工业的实力和技术水平。

(资料来源:涡扇-15 百度百科 https://baike.baidu.com/item/％E6％B6％A1％E6％89％87-15/4500541? fr＝ge_ala)

思 考 题

1.APU 的主要功用是什么?

2.APU 的核心部分是一台单轴燃气涡轮发动机,它的基本组成有哪些?

3.APU 发动机的功率部分采用的结构有何特点?

4.APU 排气尾喷口上部的引射口的主要功用是什么?

5.APU 低压燃油系统中,如何给燃油增压泵供电?

6.APU 引气系统主要有哪几个主要任务?

7.APU 的防喘控制活门有何特点?

8.B737 飞机 APU 指示系统包括哪些?

附录　英文专业名词缩写

英文缩写	专业名称	英语全拼
A/D	模拟量/数字量	Analog to Digital
ACARS	飞机通信寻址与报告系统	Aircraft Communication Addressing and Reporting System
ACMS	飞机状态监视系统	Aircraft Condition Monitoring System
AD	适航指令	Airworthiness Directive
ADEM	先进诊断和发动机管理	Advanced Diagnostic & Engine Management
ADIRU	大气数据惯性基准组件	Air Data Inertial Reference Unit
AGB	附件齿轮箱	Accessory Gear Box
AIMS	飞机信息管理系统	Airplane Information Management System
AMM	飞机维护手册	Aircraft Maintenance Manual
APU	辅助动力装置	Auxiliary Power Unit
AVM	机载振动监控器	Airborne Vibration Monitor
BSV	燃烧室分级活门	Burner Staging Valve
CAMP	持续适航维修大纲	Continuous Airworthiness Maintenance Program
CCDL	跨通道数据链	Cross Channel Data Link
CDS	通用显示系统	Common Display System
CDU	控制显示组件	Control Display Unit
CFDS	中央故障显示系统	Centralized Fault Display System
CIT	高压压气机进口温度	Compressor Inlet Temperature
CMCS	中央维护计算机系统	Central Maintenance Computer System
COMPASS	状态监控性能分析软件系统	COndition Monitoring Performance Analysis Software System
CONT	连续	Continue
CPU	中央处理器	Central Processing Unit
DCV	方向控制活门	Directional Control Valve

续 表

英文缩写	专业名称	英语全拼
DEU	显示电子组件	Display Electronics Unit
DMC	显示管理计算机	Display Management Computer
DOD	内物损伤	Domestic Object Damage
DSP	显示选择面板	Display Select Panel
DU	显示组件	Display Unit
ECAM	电子式飞机中央监控系统	Electronic Centralized Aircraft Monitoring System
ECB	电子控制盒	Electronic Control Box
ECM	发动机状态监控	Engine Condition Monitoring
ECP	ECAM控制面板	ECAM Control Panel
ECU	电子控制组件	Electronic Control Unit
EDIU	发动机数据接口组件	Engine Data Interface Unit
EEC	发动机电子控制器	Electronic Engine Controller
EFIS	电子飞行仪表系统	Electronic Flight Instrument System
EGT	发动机排气温度	Engine Gas Temperature
EGTM	热天排气温度裕度	Exhaust Gas Temperature Hot Day Margin
EHM	发动机健康监控	Engine Health Monitoring
EHSV	电液伺服活门	Electro-Hydraulic Servo Valve
EICAS	发动机指示和机组警告系统	Engine Indication and Crew Alerting System
EIU	发动机接口组件	Engine Interface Unit
ELMS	电负载管理系统	Electrical Load Management System
EM	发动机手册	Engine Manual
EPCS	发动机推力控制系统	Engine Propulsion Control System
EPR	发动机压力比	Engine Pressure Ratio
ETOPS	双发延程飞行航线	Extended-range Twin-engine Operations
EVMU	发动机振动监视组件	Engine Vibration Monitoring Unit
EWD	发动机/警告显示组件	Engine/Warning Display
FADEC	全功能数字式发动机控制	Full Authority Digital Engine Control
FCU	飞行控制组件	Flight Control Unit
FCU	燃油控制组件	Fuel Control Unit
FDAU	飞行数据采集组件	Flight Data Acquisition Unit
FF	燃油流量	Fuel Flow
FFG	燃油流量调节器	Fuel Flow Governor

续 表

英文缩写	专业名称	英语全拼
FIT	风扇进口温度	Fan Inlet Temperature
FLT	飞行	Flight
FMC	飞行管理计算机	Flight Management Computer
FMS	飞行管理系统	Flight Management System
FMU	燃油计量装置	Fuel Metering Unit
FMV	燃油计量活门	Fuel Metering Valve
FOD	外来物损伤	Foreign Object Damage
FWC	飞行警告计算机	Flight Warning Computer
FWS	飞行警告系统	Flight Warning System
GRD	地面	Ground
HDS	水平驱动轴	Horizontal Drive Shaft
HMU	液压机械装置	Hydro-Mechanical Unit
HPC	高压压气机	High Pressure Compressor
HPSOV	高压关断活门	High Pressure Shut-Off Valve
HPTACCV	高压涡轮主动间隙控制活门	High Pressure Turbine Active Clearance Control Valve
IDG	整体驱动发电机	Integrated Drive Generator
IGB	进口齿轮箱	Inlet Gear Box
IGN	点火	Ignition
IGV	进口导向叶片	Inlet Guide Vane
IV	隔离活门	Isolation Valve
LC DU	下中央显示组件	Lower Center Display Unit
LED	发光二极管	Light Emitting Diode
LLP	时寿件	Life Limited Part
LPTACCV	低压涡轮主动间隙控制活门	Low Pressure Turbine Active Clearance Control Valve
LVDT	线性可变差动传感器	Linear Variable Differential Transducer
MAT	维护接近终端	Maintenance Access Terminal
MCDU	多功能控制显示组件	Multifunction Control Display Unit
MEC	发动机主控制器	Main Engine Controller
ND	导航显示器	Navigation Display
OATL	外界温度限制值	Out Air Temperature Limit
PFD	主飞行显示器	Primary Flight Display
PLA	功率杆角度	Power Lever Angle

续 表

英文缩写	专业名称	英语全拼
PMA	专用永磁交流发电机	Permanent Magnet Alternator
PMAT	便携式维护接近终端	Portable Maintenance Access Terminal
PSEU	邻近传感器电子组件	Proximity Sensor Electronics Unit
QAD	快卸环	Quick Attach Detach
QEC	发动机快速更换	Quick Engine Change
RD	远程诊断	Remote Diagnostics
RDS	径向驱动轴	Radial Drive Shaft
RVDT	旋转可变差动传感器	Rotary Variable Differential Transducer
RVT	旋转可变传感器	Rotary Variable Transducer
SAGE	燃气涡轮发动机分析系统	System for Analysis of Gas Turbine Engines
SAT	大气静温	Static Air Temperature
SB	服务通告	Service Bulletin
SCV	喘振控制活门	Surge Control Valve
SD	系统显示组件	System Display
SDAC	系统数据采集器	System Data Acquisition Concentrator
SEC	扰流板和升降舵计算机	Spoiler and Elevator Computer
SEI	备用发动机显示器	Standby Engine Indicator
SL	服务信函	Service Letter
SLV	同步锁活门	Synchronize Lock Valve
TAT	大气总温	Total Air Temperature
TBO	翻修间隔时间	Time Between Overhaul
TBV	瞬时放气活门	Transient Bleed Valve
TGB	转换齿轮箱	Transfer Gear Box
TRAS	油门杆解算器角度系统	Throttle Resolver Angle System
UC DU	上中央显示组件	Upper Center Display Unit
UTC	世界协调时间	Universal Time Coordinated
VBV	可调放气活门	Variable Bleed Valve
VIB	振动	Vibration
VSV	可调静子叶片	Variable Stator Vane

参 考 文 献

[1] 许春生. 燃气涡轮发动机[M]. 北京:兵器工业出版社,2006.

[2] 蒋陵平. 燃气涡轮发动机[M]. 2版. 北京:清华大学出版社,2016.

[3] 宋静波. 波音737飞机动力装置(CFM56 - 3&APU)[M]. 广州:中山大学出版社,2008.

[4] 宋静波. 波音737NG飞机动力装置(CFM56 - 7B&APU)[M]. 西安:西北工业大学出版社,2018.

[5] J KROES M J,WILD T W. Aircraft Powerplants[M]. Glencoe:McGraw-Hill, 1995.